中国软科学研究丛书

丛书主编：张来武

"十一五"国家重点图书出版规划项目
国家软科学研究计划资助出版项目

中国资源循环利用产业发展研究

杜欢政 等 著

科学出版社
北京

内 容 简 介

本书遵循"回顾—总结—分析—展望"的结构体例,对我国资源循环利用产业的发展进行了全面、系统的研究。首先,分析了我国发展资源循环利用产业的必要性与重要性;其次,回顾了我国资源循环利用产业的发展历程和阶段特征,并从产业规模及区域分布、资源循环利用分类及资源循环利用技术等角度分析了资源循环利用产业的发展现状;再次,从产业管理模式、保障体系、国际合作等角度结合实践系统介绍了资源循环利用产业在现阶段的发展;最后,分析了资源循环利用产业对区域经济发展的影响及未来的发展趋势。

本书适合循环经济、区域经济管理等领域的企事业单位、政府相关部门参考使用,也可供高校相关专业师生阅读。

图书在版编目(CIP)数据

中国资源循环利用产业发展研究/杜欢政等著. —北京:科学出版社,2013.3
(中国软科学研究丛书)
ISBN 978-7-03-036995-6

Ⅰ.①中⋯ Ⅱ.①杜⋯ Ⅲ.①自然资源—资源利用—绿色产业—产业发展—中国 Ⅳ.①F124.5

中国版本图书馆 CIP 数据核字(2013)第 043952 号

丛书策划:林 鹏 胡升华 侯俊琳
责任编辑:杨婵娟 邹 聪 闵敬淞 /责任校对:李 影
责任印制:吴兆东/封面设计:黄华斌 陈 敬

科学出版社 出版
北京东黄城根北街 16 号
邮政编码:100717
http://www.sciencep.com

北京厚诚则铭印刷科技有限公司印刷
科学出版社发行 各地新华书店经销
*

2013 年 4 月第 一 版 开本:B5(720×1000)
2025 年 5 月第四次印刷 印张:15 3/4
字数:291 000

定价:128.00 元
(如有印装质量问题,我社负责调换)

"中国软科学研究丛书"编委会

主　编　张来武
副主编　李朝晨　王　元　胥和平　林　鹏
委　员　（按姓氏笔画排列）
　　　　于景元　马俊如　王玉民　王奋宇
　　　　孔德涌　刘琦岩　孙玉明　杨起全
　　　　金吾伦　赵志耘

编辑工作组组长　刘琦岩
副组长　王奋宇　胡升华
成　员　王晓松　李　津　侯俊琳　常玉峰

总 序

软科学是综合运用现代各学科理论、方法,研究政治、经济、科技及社会发展中的各种复杂问题,为决策科学化、民主化服务的科学。软科学研究是以实现决策科学化和管理现代化为宗旨,以推动经济、科技、社会的持续协调发展为目标,针对决策和管理实践中提出的复杂性、系统性课题,综合运用自然科学、社会科学和工程技术的多门类多学科知识,运用定性和定量相结合的系统分析和论证手段,进行的一种跨学科、多层次的科研活动。

1986年7月,全国软科学研究工作座谈会首次在北京召开,开启了我国软科学勃兴的动力阀门。从此,中国软科学积极参与到改革开放和现代化建设的大潮之中。为加强对软科学研究的指导,国家于1988年和1994年分别成立国家软科学指导委员会和中国软科学研究会。随后,国家软科学研究计划正式启动,对软科学事业的稳定发展发挥了重要的作用。

20多年来,我国软科学事业发展紧紧围绕重大决策问题,开展了多学科、多领域、多层次的研究工作,取得了一大批优秀成果。京九铁路、三峡工程、南水北调、青藏铁路乃至国家中长期科学和技术发展规划战略研究,软科学都功不可没。从总体上看,我国软科学研究已经进入各级政府的决策中,成为决策和政策制定的重要依据,发挥了战略性、前瞻性的作用,为解决经济社会发展的重大决策问题作出了重要贡献,为科学把握宏观形势、明确发展战略方向发挥了重要作用。

20多年来，我国软科学事业凝聚优秀人才，形成了一支具有一定实力、知识结构较为合理、学科体系比较完整的优秀研究队伍。据不完全统计，目前我国已有软科学研究机构2000多家，研究人员近4万人，每年开展软科学研究项目1万多项。

为了进一步发挥国家软科学研究计划在我国软科学事业发展中的导向作用，促进软科学研究成果的推广应用，科学技术部决定从2007年起，在国家软科学研究计划框架下启动软科学优秀研究成果出版资助工作，形成"中国软科学研究丛书"。

"中国软科学研究丛书"因其良好的学术价值和社会价值，已被列入国家新闻出版总署"'十一五'国家重点图书出版规划项目"。我希望并相信，丛书出版对于软科学研究优秀成果的推广应用将起到很大的推动作用，对于提升软科学研究的社会影响力、促进软科学事业的蓬勃发展意义重大。

科技部副部长

2008年12月

前言

从产业演化的历史规律来看,在工业化进程中,每一个阶段都存在着不同的主导产业,如20世纪20年代的石油产业、50年代的钢铁产业、60年代的汽车产业、80~90年代的IT产业。到了21世纪,资源循环利用产业将成为新的主导产业。

从全球区域发展的角度看,以英国为首的欧洲工业革命改变了世界,以美国为首的美洲信息革命改变了世界。如今,以中、日、韩为首的亚洲将开启一场绿色革命,引领世界新一轮的发展。资源循环利用产业则是绿色革命中的一项重要内容。

我国当前正处于经济发展的重要转型时期。从高(资源、能源)消耗、高污染、高投资、低附加值的"三高一低"的粗放型发展模式向低消耗、低污染、低排放、高附加值的生态型发展模式转化,迫切需要大力发展资源循环利用产业,以实现经济的转型发展。

尽管资源循环利用产业起源于废品回收,但它与传统意义的废品回收利用有着本质的区别。它是集约化、系统化、无害化的再生资源的高效利用,通过再生资源的高效利用,形成"资源——产品——资源"的闭路循环模式,借助于先进的资源循环技术,确保产品、能源、资源的循环再生利用,以及污染的零排放。

在我国,随着可持续发展的理念日益深入人心,资源循环利用产业也逐步受到政府的高度重视。2005年10月,中华人民共和国国家发展和改革委员会(简称国家发改委)联合国家环境保护总局(简称环保总局)、中华人民共和国科学技术部(简称科技部)等单位出台了《循环经济试点工作方案》并组织开展了循环经济试点工作;2006年3月,在《中华人民共和国国民经济和社会发展第十一个五年规划纲要》中,明确提出了"要逐步建立全社会的资源循环利用体系";2008年8月,《中华人民共和国循环经济促进法》正式通过并发布，标志着我国以减量化、再利用、资源化为主要内容的循环经济得到法律保障；2010年5月，国家发改委、财政部组织开展"城市矿产"示范基地建设；2010年10月，国务院发布《关于加快培育和发展战略性新兴产业的决定》，明确提出要"加快资源循环利用关键技术研发和产业化示范，提高资源综合利用水平和再制造产业化水平"；2011年3月，在《中华人民共和国国民经济和社会发展第十二个五年规划纲要》中，再次提出"要健全资源循环利用回收体系，推进再生资源规模化利用"；2012年6月，在国务院发布的《"十二五"节能环保产业发展规划》中，明确提出要发展资源循环利用产业；2012年11月，党的十八大报告更是把"初步建立资源循环利用体系"写入2020年我国全面建成小康社会的目标。

本书总结提炼了我国资源循环利用产业发展的历程与现状，深入研究了资源循环利用产业与区域经济发展的关系，全面介绍了我国资源循环利用产业的管理模式、保障体系，以及国际合作状况，也对资源循环利用产业的未来发展进行了展望。

本书的完成，有望为我国资源循环利用产业体系的建立提供理论支撑，也望起到抛砖引玉的作用，激励更多的从事资源循环利用产业研究的学者积极投入到相关的理论研究和实证研究中，共同为建立资源循环利用学科做出贡献。

本书研究团队成员主要来自长三角循环经济技术研究院和嘉兴学院，团队将持之以恒深入调研、总结资源循环利用产业发展的实践，探索建立资源循环利用理论。

本书由杜欢政教授负责统筹，参与编写的有李亚、丁海军、贾建新、宁自军、施敏颖、杨国华、李斌、张芳等，施敏颖教授协助审定全书，朱渝铖参与全书校对。

本书在写作过程中，得到了国家发改委副主任解振华、资源节约和环境保护司司长何炳光，以及郭启明、赵怀勇、幺清、罗恩华、张德元等人的大力支持，也得到了中国社会科学院中国循环经济研究中心主任齐建国教授、国务院发展研究中心周宏春教授、北京大学城市与环境学院王学军教授、国家发改委体制改革研究所杨春平研究员等人的大力支持，在此一并致谢！

资源循环利用产业是一个新兴的产业，相关的理论研究及实证研究都正处于不断完善过程中。受理论水平和知识水平的限制，作者在撰写过程中难免存在不足和疏漏，希望广大读者批评指正。

杜欢政
2012年12月于嘉兴

目 录

- 总序（张来武）
- 前言
- 第一章　国际产业分工与资源循环利用产业 ··· 1
  - 第一节　资源循环利用产业的产生与发展 ·· 1
  - 第二节　国际产业分工 ·· 5
  - 第三节　世界主要矿产资源的分布及消费 ·· 9
  - 第四节　工业制成品及再生资源的国际贸易流向 ·························· 19
- 第二章　中国资源循环利用产业的发展历程 ····································· 34
  - 第一节　资源循环利用产业发展的驱动力 ···································· 34
  - 第二节　中国资源循环利用产业的发展演变 ································ 41
  - 第三节　中国资源循环利用产业发展的阶段特征 ·························· 44
- 第三章　中国资源循环利用产业发展现状 ··· 49
  - 第一节　资源循环利用产业规模及其区域分布 ···························· 49
  - 第二节　主要资源循环利用分类 ·· 60
  - 第三节　资源循环利用技术 ·· 76
- 第四章　中国资源循环利用产业管理模式 ··· 90
  - 第一节　再生资源回收体系 ·· 90
  - 第二节　国际再生资源监管园区 ·· 106
  - 第三节　资源循环利用产业园 ·· 114
- 第五章　资源循环利用产业与区域经济发展 ··································· 125
  - 第一节　资源循环利用产业对社会发展的影响 ·························· 125
  - 第二节　资源循环利用产业对区域经济发展的影响——以浙江为例　128

第三节　资源循环利用产业对环境的影响 …………………………… 132

　　第四节　资源循环利用产业的宏观经济效应 ………………………… 135

◆ 第六章　中国资源循环利用产业发展的保障体系 ………………………… 145

　　第一节　法律法规保障 …………………………………………………… 145

　　第二节　经济政策保障 …………………………………………………… 153

　　第三节　技术创新保障 …………………………………………………… 166

　　第四节　体制机制保障 …………………………………………………… 169

◆ 第七章　资源循环利用产业发展的国际合作 ……………………………… 178

　　第一节　中日资源循环利用产业领域的合作 ………………………… 178

　　第二节　中欧资源循环利用产业领域的合作 ………………………… 182

　　第三节　中美资源循环利用及清洁能源产业的合作 ………………… 184

　　第四节　国际资源循环利用产业的规则体系 ………………………… 186

◆ 第八章　中国资源循环利用产业发展展望 ………………………………… 194

　　第一节　资源循环利用产业发展相关理论 …………………………… 194

　　第二节　中国资源循环利用产业的发展环境 ………………………… 204

　　第三节　中国资源循环利用产业的发展趋势 ………………………… 209

◆ 参考文献 ……………………………………………………………………… 221

◆ 附录一　国务院关于加快培育和发展战略性新兴产业的决定 ………… 228

◆ 附录二　国家发展改革委　财政部关于开展城市矿产示范基地建设的通知

　　……………………………………………………………………………… 237

第一章　国际产业分工与资源循环利用产业

第一节　资源循环利用产业的产生与发展

一、资源循环利用产业的产生

（一）人类面临资源短缺和可持续发展的严峻挑战

人类生产活动的本质是人与自然界进行物质循环交流，其目的是使人类自身生存和发展下去。人类通过不断生产实践，不断发明创造具有强大生产能力的技术体系，从自然界索取越来越多的原始资源，然后进行加工改造，使其成为消费品，来满足人们物质和精神的需要，并且在使用后再把它们抛回自然界。

18世纪中叶，人类发明了机器，从自然界更大规模、更高效率地索取物质资源并对它们进行加工和改造，生产更多的工业消费品。在科学技术革命的推动下，大工业诞生，生产力急速发展，人类进入了资本主义社会。资本主义社会用更少的消耗从自然界取得更多的物质资源，制造更多的物质产品。进入工业化社会以后，这种效率使得经济规模越来越大。早期的资本主义大生产方式是建立在对自然环境的自由免费利用基础上的，私人资本的获利与社会付出的生态环境成本是不对称的。在这种不对称的经济制度下，人类经济活动一直沿袭资源开采、加工制造、废弃物排放、产品流通消费、废旧产品抛弃的线性过程，其直接后果是人类赖以生存和发展的自然环境不断恶化。

20世纪60年代，发达国家开始进入后工业化时期。在全世界仅有不到1/5的人口进入现代化社会的情况下，资源的短缺和生态环境问题就已经成为经济继续增长的重大障碍，环境污染也开始成为发达国家社会关注的焦点之一。1972年联合国人类环境会议召开，通过了《人类环境宣言》。1972年罗马俱乐部在其第一份研究报告《增长的极限》中首次正式向世界发出了警告："如果让世界人口、工业化、污染、粮食生产和资源消耗以现在的趋势继续下去，那么这个行星上增长的极限将在今后100年中出现。"这份报告被认为是第一次系统地考察了人口、自然资源、生态环境和科学技术进步之间的关系。从此，生态环境作为制约经济增长的要素引起了全世界的注意。

20世纪70年代，生态环境已从单纯自然意义上的人类生存要素转变为社会意义上的经济要素，原因如下：其一，符合人类生活需要的良好的自然生态环境已经稀缺，拥有这样的环境已经成为人类追求幸福的目标之一；其二，从人类生产活动的技术特性和生态环境本身的承载能力来说，生态环境对生产排放废弃物的吸纳能力已经饱和，甚至超载，要继续利用并进行生产必须再开发出新的环境容量，需要人类投入资源进行生态恢复和污染治理。这表明，良好的自然生态环境已经成为人类的劳动"产品"，即从生活的角度看，它是目标；从生产的角度看，它已经变成生产要素和条件。

（二）发展资源循环利用产业是建立可持续发展社会的必然选择

20世纪80年代末期开始，以信息技术为核心的新技术革命推动的新经济在发达国家兴起，并向全世界扩散，经济全球化浪潮风起云涌。但是，新经济在逐渐改变人们生活习惯和经济发展方式的同时，并没有减少人们对传统产品和资源的需求。恰恰相反，它是建立在发达的工业基础设施和强大的能源供给规模基础上的。

在上述背景下，循环经济理念应运而生。循环经济的理论基础是工业生态学。生态工业是按生态规律和生态经济原理组织的循环网络型工业，既充分考虑生态系统承载能力，又具有高效的经济过程与和谐的生态功能。运用工业生态学规律指导经济活动的循环经济，是建立在物质、能量不断循环使用基础上的与环境友好的新型范式。它融资源综合利用、清洁生产、生态设计和可持续消费等为一体，把经济活动重组为"资源利用—产品—资源再生"的封闭流程和"低开采、高利用、低排放"的循环模式。其实质是以尽可能少的资源消耗和尽可能小的环境代价实现最大的发展效益，强调经济系统与自然生态系统和谐共生，是实现从末端治理转向源头污染控制、从工业化以来的传统经济转向可持续发展的经济增长方式。

资源循环利用产业的技术体系以提高资源利用效率为基础，以资源的再生、循环利用和无害处理为手段，以经济社会可持续发展为目标，推进生态环境保护。一方面，要求企业纵向延长生产链条，从生产产品延伸到废旧产品回收处理和再生；横向拓宽技术体系，将生产过程中产生的废弃物进行回收利用和无害处理。另一方面，要求整个社会技术体系实现网络化，使资源实现跨产业循环利用，综合对废弃物进行产业化无害处理。作为科学技术发展方向的高技术发展既关注经济增长，也将环境保护和资源再生利用作为重点领域。这实质上是在技术范式革命的基础上实现人与自然的和谐，建立一种新的经济发展模式。

上述分析表明，循环经济作为一种新的生产方式，它是在生态环境成为经济增长制约要素、良好的生态环境成为一种公共财富阶段情景下的一种新的技术经济范式，是建立在人类生存条件和福利平等基础上的以全体社会成员生活福利最大化为目标的一种新的经济形态。其本质是对人类生产关系进行调整，其目标是追求可持续发展。

二 我国参与国际资源循环利用的现实意义

（一）进口再生资源有利于缓解我国资源约束的矛盾

目前，我国以每年 50 亿吨的资源消耗速度超越美国成为资源消耗大国，位居全球第一。随着对各种基础材料、能源需求的不断增加，我国对国内矿产资源的开发强度逐年加大。但我国资源的产出率、回收率和综合利用率较低，生产、流通和消费的浪费惊人，资源不足的矛盾进一步加剧。我国目前共生、伴生矿的利用率只有 20% 左右，矿产总回收率只有 30%，而国外先进水平都在 50% 以上。我国铜、铅、锌伴生金属冶炼回收率为 50% 左右，而发达国家的平均水平在 80% 以上。再生资源利用与开发原生矿产资源相比，省去了大量繁杂的开采过程，不仅有效节约了自然资源，大幅度降低了能耗与生产成本，而且从源头和生产过程中减少了污染，实现了废弃物排放的最小化和无害化。因此，进口国际再生资源，对缓解我国资源约束矛盾，从源头上治理污染，实现经济社会的可持续发展有着重要意义。

（二）进口再生资源有利于我国利用国际资源

发达国家在工业化进程中消耗大量资源的同时，也留下了大量可利用的废弃物，如报废汽车、废旧轮胎、可回收的废旧钢材、废旧塑料和废纸等再生资源。有关资料显示，发达国家每年产生的废弃物约 60 亿吨，其中，1/3 作为再生资源就地利用；1/3 因无法开发利用作为垃圾处理；还有 1/3 尚可利用，但由于劳动力昂贵而没有得到充分利用，从而形成废轮胎堆、废金属堆、废电器堆等"城市矿山"。我国在《中共中央关于制定国民经济和社会发展第十一个五年规划的建议》中指出:"经济全球化趋势深入发展,我国与世界经济的互相联系和影响日益加深,国内、国际两个市场、两种资源互相补充。"随着经济全球化加速推进,再生资源将在全球进行合理配置,再生资源由发达国家流向发展中国家已成为一种趋势。作为制造业大国,随着我国对金属、塑料、木材等资源的需求的急剧增长,相当一部分资源需要进口再生资源来满足。据统计,我国每年进口再生资源4500万吨。同时,全球再生资源的蓄积量以每年60亿吨的速度在增长。进口国际再生资源、参与"废物国际循环",不仅可以缓解我国日益加剧的资源短缺、能源供应紧张的局面,为我国打造"制造业大国"提供充足的原材料,而且有利于解决就业问题、保护生态环境和节能减排。

(三)参与国际资源循环利用有利于提高我国产业国际竞争力

近几年来,我国东南沿海一些地区通过进口再生资源或二手设备,发挥当地劳动力优势,形成了"再生资源+二手设备+劳动力=廉价产品"的再生资源产业发展模式,为资源较为匮乏的浙江、广东等省提供了大量优质原材料和元器件。东南沿海地区进口废旧物资占全国进口废旧物资的80%,从国际市场获得的廉价原料最多,出口、解决就业也最多。企业的生产经营方式已从单一的"废旧电器拆解—拆解物销售",发展到"废旧电器进口—废旧电器拆解—拆解物分类—拆解物加工—产成品出口"的两头在外的国际化生产经营模式。固废电器拆解业的发展,为我国五金汽摩配、塑料、缝制设备、家用电器等制造业发展提供了大量质优价廉的工业原料,提高了产业的出口竞争力。

(四)发展资源循环利用产业有利于减轻环境污染的压力

据测算,截至2010年,通过矿产资源综合利用和提高资源利用效率,每年为国家提供的矿石产量为煤炭2.5亿吨、煤层气32.5亿立方米、石油700万吨。其中,利用低品位、难利用的储量开发500万吨,利用采残矿100万吨,利用非常规油页岩和油砂资源生产石油100万吨。我国固体废弃物综合利用率若提高1个百分点,每年就可减少约1000万吨废弃物的排放;粉煤灰综合利用率若能提高1个百分点,就可以减少排放近200万吨,并将使环境质量得到极大改善。发展资源循环利用产业,加强资源综合利用是落实科学发展观,实施节约资源基本国策,发展循环经济,提高资源利用效率,保护生态环境,以及建设资源节约型、环境友好型社会和实现可持续发展的重要措施。

第二节 国际产业分工

经过持续的发展和演变，国际分工逐渐形成了今天的格局。深入了解这种新的国际分工格局将有利于我国在国际分工战略选择中做出正确判断。

一 当代国际分工格局的结构体系及形成原因

国际分工体系经过不断发展变化，到20世纪80年代逐步形成了这样一种分工格局：发达国家主要生产高科技产品、中高档资本密集型产品和某些档次较高的劳动密集型产品；新兴工业化国家和地区除了继续发展一些资本密集型产业外，也逐步开始生产一些技术密集型产品；大部分发展中国家主要生产劳动密集型产品和某些资本密集型产品及初级产品，大体上形成了"三重结构"的国际分工格局。

（一）20世纪90年代国际分工格局的新变化

进入20世纪90年代后，在经济全球化浪潮和知识经济迅速崛起的大背景下，国际分工格局又发生了新的变化，这种变化主要体现在以下三个方面。

（1）主要发达国家之间的国际分工由汽车经济时代的水平国际分工逐渐地转变成为信息经济时代的垂直国际分工。其中，美国成为信息产品的发明与生产大国；以德国为首的欧洲国家，部分参与了国际信息产品的分工，但是它们中的大部分仍然在生产汽车经济时代的制成品；日本由于其结构调整不能顺利地推进，至今仍以生产汽车为主。正是这种垂直国际分工格局的形成，造成了美国长达10多年的经济繁荣、北欧国家的异军突起、欧洲核心国家——德国的经济低迷及亚洲最富有国家——日本的经济衰退。

（2）美国、德国和日本等世界经济增长的中心国家所在区域内的国际分工则发生了反方向的变化，即北美、西欧和东亚地区内部的国际经济分工日益呈现出扁平化的发展态势。特别是在东亚，日本经济学家小岛清所发现的"雁形分工模式"已经不复存在，亚洲新兴经济体的经济结构越来越相似。

（3）从全球产业结构大系统中发达国家与发展中国家在国际分工体系中的地位变化来看，差距在继续拉大，有可能出现两极分化的趋势。这中间处在产业级差过渡阶梯中的新兴工业化国家和地区，在国际分工体系中处于不稳定的位置。一部分国家和地区抓住经济全球化和新技术革命改变了产品的生命周期，使产品在不同收入水平国家间依次转移的时间差消失等机遇，抓紧吸收新技术并调整结构，从而向发达国家靠拢；另一部分国家可能滑向一般发展中国家。向发达国家靠拢的一部分新兴工业化国家与所在区域的发达国家的差距将缩短，这有可能使原来区域分工的"阶梯状"朝"扁平状"方向发展。

（二）当代国际分工格局形成的原因

当代国际分工出现上述各种新趋向、形成新格局的原因是多方面的，主要有以下三点。

1. 产业内分工成为国际分工的主导形式

20世纪90年代以来，经济全球化已经成为国际经济发展的基本趋势，同时，知识经济的迅速崛起极大地促进了国际分工的深化发展，使产业内分工代替产业间分工成为国际分工的主导形式。在新的分工形式主导下，特定行业最具竞争力的国家占据具有垄断地位的战略环节，获得价值链上最多的价值增加量；具有一定竞争力的国家占据不完全竞争环节，获得一定的价值量；在价值链中不具国际竞争力的国家，只能占据价值链中完全竞争环节，在价值链生产中获得很少的价值增加量。因此，国际产业分工的内部化使一国的竞争优势不再体现在最终产品和某个特定产业上，而是体现在该国在全球化产业的价值链中所占据的环节上。美国等一些主要发达国家顺应这一趋势，在全球范围内配置资源，实行产业结构调整，不断占领高科技制高点，从产品生命周期上看，美国等发达国家主要从事研究开发及技术创新产品开创期、成熟期的生产，抢占具有垄断地位的战略环节，而发展中国家则主要进行产品的标准化生产，靠适度规模的生产和渐进性创新才能得到微薄的收益。例如，从制造业的产业链来看，在研究与开发、核心部件制造、零部件制造、组装、销售五个阶段中，发达国家向发展中国家转移的多为获利最少的第四和第五阶段，即零部件制造和组装阶段。因此，从总体上看，发达国家与发展中国家在国际分工体系中的距离在拉大，有可能出现两极分化的趋势。

2. 国家之间按照比较优势和竞争力分处同一产品生产的不同生产环节

产业间分工逐步被产业内分工所取代，各国按照比较优势和竞争优势分处同一产品生产的不同生产环节。因此，出口产品的产业类别渐渐不能准确地反映各国在产业链条中位置的变化。然而，这种在产业链中位置的变化和在国际分工中地位的变化的深层原因是，在全球化进程中，知识经济正在崛起，而知识经济是有别于工业经济的人类社会生产力发展的新阶段。因而，决定一国在当代国际分工中地位高低的已不是工业化时代的要素结构（如一般劳动力、生产型货币资本、土地与自然资源、生产性管理要素），而是对知识经济时代要素结构的拥有状况（如知识型劳动力、知识、信息、金融、创新能力、核心技术、制度等要素）。虽然，由于经济发展的成就，不少发展中国家已经形成了现代制造业并有了较强的出口能力，但是，发达国家产业结构提升的结果是使现代服务业在国际分工中形成强势地位，研究开发成为发达国家参与国际分工的主要方式。作为知识经济主导性要素的金融要素与信息要素基本上只掌握在最发达的国家手中。因此，发展中国家在国际分工格局中的不利地位，表面上看是由它们的发展水平决定的，实际上是由它们要素禀赋结构的弱势地位所决定的，因而使国际间的差距进一步扩大。

3. 知识经济要素拥有状况对一国国际分工地位具有重要影响

美国对世界经济的主导地位就是建立在其知识经济要素丰裕基础之上的，在拥有知识经济的核心要素（如信息要素和金融要素）后，美国走在发达国家的前列。虽然在20世纪80年代初美国和日本及西欧发达国家距离一度拉近，但80年代后期美国开始调整结构，90年代经济持续高增长，在发展知识经济方面取得了十分显著的成就，特别是在信息技术及信息化革命方面，走在全球前列，信息产业发展领先于其他发达国家。金融业的巨大发展使美国的金融力量在世界上居于强大的统治地位。因此，在当今国际分工体系中，美国和日本、西欧一些发达国家又拉开了一定的距离。

二 我国在国际分工中的地位

当代国际分工格局的形成可以说是以发达国家跨国公司为主导和载体的全球范围内的产业结构调整的结果。从20世纪60年代开始直至整个70年代，科学技术的发展和跨国公司全球战略的实施，不仅使发达国家之间的社会再生产过程相互交织，还将发展中国家纳入跨国公司内部的生产过程之中。

（一）我国成为世界分工链条上重要的一环

近30年来，我国吸引了约500万亿美元的海外直接投资，大批跨国公司到中国开展业务，以便使用我国的廉价劳动力，分享我国市场。这表明，我国已成为世界产业分工链条上不可或缺的一环，各国都可以得到我国生产的价格低廉的制成品。同时，我国也是世界市场供应链上的重要一环。联合国工业发展组织战略报告显示，我国工业总产值已于2009年超过日本，我国成为世界第二大工业国家。在世界工业总产值中，我国的份额增至15.6%，仅落后于美国（19%），成为名副其实的"制造大国"。2009年我国进出口贸易总额为22 073亿美元，其中，出口总额达12 017亿美元，上升至世界第一位，占全球出口的比重提高到9.6%；进口总额为10 056亿美元，上升至世界第二位。这样"大进大出"的对外贸易规模表明，在今天世界市场的供应链上，中国离不开世界，世界也离不开中国。

（二）我国处于国际贸易的较低层次

传统理论在分析国际分工关系时，往往认为发展中国家从事农业、一般制造业，而发达国家从事现代工业，因而广大发展中国家处于国际分工的不利地位。这一分工格局在今天发生了显著变化，经济全球化正在导致一种新的国际分工格局的产生：发达国家主要发展知识密集型的高技术产业和服务业，而将越来越多的劳动和资源密集型产业及污染环境的企业向发展中国家转移。我国除继续作为原材料、初级产品的供应者外，还成为越来越多的工业制成品的生产基地。截至2009年，我国虽然已有300多种产品的产量居世界第一，但仍然处于国际分工的低层次弱势地位。在经济全球化过程中，贸易保护主义隐蔽性更强。发达国家制定一些技术标准、卫生标准、环境标准等，以此来阻止我国产品进入发达国家市场，这就导致了我国与发达国家在国际贸易上差距的扩大。

（三）我国处于全球价值链低端

当代国际分工包含着不同产业之间、相同产业不同产品之间和相同产品内不同工序、不同增值环节之间等多个层次的分工，价值链上的国际分工是国际分工深化和经济全球化的崭新结果。新兴的附加值高的产业只掌握在一部分国家手中，产业结构的国际差异日益增大。在产品的价值链上，发达国家往往控制着具有核心技术意义的主要零部件的生产制造，处于价值链的上游，而发展中国家则处于产品价值链的下游。其中，大部分产品属于高消耗、低附加值的产品，尚处于全球产业链的低端。据海关统计，2009年高新技术产品在我国出口的工业制成品中的比例仅为33.1%，而加工贸易在高新技术出口中所占比例高达81.5%，并且这些所谓的高新技术产品绝大部分使用国外的核心零部件或者关键性技术。在价值链中的低端地位还有可能进一步加大我国产业改革的难度，使能源更趋紧张。

（四）我国成为重要的能源生产和消费国

我国是世界能源生产和消费链上重要的一环。我国的能源生产和消费已位居世界第二，仅次于美国。我国是世界主要原煤和焦炭出口国之一，同时，我国是世界上仅次于美国的石油进口国。2009 年，我国进口原油达 2.038 亿吨，原油进口依赖度[①]达到 52%，已超过 50% 的警戒线。我国已认识到过分依靠矿石能源的经济发展是不可持续的，正在采取积极措施提高能源利用率和开发可再生能源。从长期趋势看，我国的经济发展将会解决再生能源问题，从而为人类可持续发展作出重要的贡献。

第三节 世界主要矿产资源的分布及消费

一 世界主要矿产资源

自然资源按是否能够再生，可划分为可再生资源和不可再生资源。不可再生资源是指人类开发利用后，在相当长的时间内，不可能再生的自然资源，主要指自然界的各种矿物、岩石和化石燃料，如泥炭、煤、石油、天然气、金属矿产、非金属矿产等。这些矿产资源为人类提供了 95% 以上的能源来源、80% 以上的工业原料、70% 以上的农业生产资料，是人类社会赖以生存和发展的重要物质基础。全球矿产资源一般分为能源矿产资源和非能源矿产资源两大类。能源矿产资源指石油、天然气、煤炭等。非能源矿产资源既包括铁、锰、铬等黑色金属矿产，又包括铜、铅、锌、钴、镍等有色金属矿产，金、银、铂等贵金属矿产，铀、镭、钍等放射性金属矿产，铊、铟、铈等稀有金属矿产；还有非金属矿产，其中又包括钾盐、磷、硫等化工矿产。人类对不可再生资源的开发和利用，只会消耗，而不可能保持其原有储量或再生。其中，一些资源可重新利用，如金、银、铜、铁、铅、锌等金属矿产资源；另一些是不能重复利用的资源，如煤、石油、天然气等化石燃料。

为了节约和合理开发利用有限的资源，国家积极支持和鼓励企业采用先进

---

① 原油进口依赖度是衡量一国能源消费状况的重要指标，其计算公式如下：原油进口依赖度 = 全年原油进口量 /（全年原油产量 + 全年原油进口量）

技术，综合开发回收利用不可再生资源的资源循环利用产业，尤其是对那些稀缺的战略性资源，如钨、钼、锑、锡、钴、镍、钽、铌、铋、金、银、铂、钯、铑、稀土、铜、铝、铅、锌等废旧金属资源，开发一个再生资源项目，就等于开发一座同等金属量规模的矿山。

本书资源循环利用产业中的再生资源主要指不可再生的在人类的生产、生活、科教、交通、国防等各项活动中被开发利用一次并报废后，还可反复回收加工再利用的物质资源，它包括以矿物为原料生产并报废的钢铁、有色金属、稀有金属、合金、无机非金属、塑料、橡胶、纤维、纸张等。因本书所提及的再生资源中涉及的矿产资源主要是金属矿产资源，所以本书以金属矿产资源为主要分析对象。

（一）世界及我国主要金属矿产资源

世界及我国主要黑色金属（铁、铬、锰、钛、钒）、有色重金属（铜、铅、锌、镍、锑）、有色轻金属（铝、锂）、稀有金属（钨、钼、锡、钴、汞）、贵金属（金、银、铂族）及稀土金属等22个矿种的储量及基础储量见表1-1。

（二）世界主要矿产资源的分布

由于矿产资源的地质属性，其在世界各地的分布是不均衡的，矿产资源的开发利用也是有限的。世界上10种主要矿产资源的分布如下。

1. 铁

世界铁矿石总资源量约8500亿吨，探明储量约4000亿吨，含铁量约800亿吨，主要分布在巴西（17.5%）、俄罗斯（16.8%）、加拿大（11.7%）、澳大利亚（11.5%）、乌克兰（9.8%）、印度、中国、法国、南非、瑞典、英国等。其中，富铁矿约1400亿吨，分布以澳大利亚、巴西、俄罗斯、乌克兰、印度、瑞典、南非等居多。

2. 铜

据国外统计，世界现铜储量为4.7亿吨（金属含量），70%分布在4个不同的地质-地理区：①智利和秘鲁的斑岩铜矿区，是世界最大铜矿藏区，占世界总储量的27%；②美国西部的斑铜矿区和砂页岩型铜矿，约占总储量的20%；③赞比亚北部与扎伊尔毗邻处的砂页岩铜矿带，约占总储量的15%，分布在长55公里、宽65公里的带状区，是世界储量最大、最著名的铜矿带；④俄罗斯、哈萨克斯坦各类铜矿占10%。按国家分，智利居首位（20.9%），其次为美国、澳大利亚、俄罗斯、赞比亚、秘鲁、扎伊尔、加拿大、哈萨克斯坦等。

表 1-1 世界及我国主要金属矿产的储量和基础储量

矿产种类及储量	世界主要金属矿产总储量		我国主要金属矿产储量		我国储量占世界总储量的比重 /%		中国排位（2001 年）
	储量	基础储量	储量	基础储量	储量	基础储量	
铁 / 亿吨	800	1 800	70	150	8.8	8.3	2
铬铁矿 / 亿吨	8.1	18	—	—	—	—	11
锰矿石 / 亿吨	3.8	51	0.4	1.0	10.5	2.0	3
钛铁矿 / 亿吨	6.6	13	—	—	—	—	—
金红石 / 万吨	5 400	13 000					
钒 / 万吨	1 300	3 800	500	1 400	38.5	36.8	3
铜 / 亿吨	4.7	9.4	0.26	0.63	5.5	6.7	7
铅 / 万吨	6 700	14 000	1 100	3 600	16.4	25.7	2
锌 / 亿吨	2.2	4.6	0.33	0.92	15.0	20.0	1
镍 / 万吨	6 200	14 000	110	760	1.8	5.4	6
锑 / 万吨	180	390	79	240	43.9	61.5	1
铝土矿 / 亿吨	230	330	7	23	3.0	7.0	6
锂 / 万吨	410	1 100	54	110	13.2	10.0	2
钨 / 万吨	290	620	180	420	62.0	67.8	1
钼 / 万吨	860	1 900	330	830	38.4	43.7	3
锡 / 万吨	610	1 100	170	350	27.9	31.8	1
钴 / 万吨	700	1 300	—	—	—	—	—
汞 / 万吨	12	24	2*	8*	16.7*	33.3*	2*
金 / 万吨	4.2	9	0.12	0.41	2.9	4.6	7
银 / 万吨	27	57	2.6	12	9.6	21.1	5
铂族 / 吨	71 000	80 000	23.3*	303.7*	0.033*	0.38*	5*
稀土 / 万吨	880	1500	270	890	30.7*	59.3*	1*

注：表中的基础储量代表目前有经济意义的储量（即储量）、有边缘经济意义的储量和接近有经济意义的储量，它不同于地质储量；储量为基础储量的一部分，在一定的时期内可被经济地提取或生产出矿产品
* 王世元. 2001. 中国国土资源年鉴 2000
资料来源：Groat C G. 2005. USGS Mineral Commodity summaries 2005. Washington: United States Government Printing office

近年来，波兰、菲律宾等国也有新的发现，并进入世界前列。

3. 铝

世界铝土矿总储量约为 230 亿吨，主要分布在几内亚、澳大利亚、巴西、牙买加、印度等国，五国合占总储量的 60%；中国、喀麦隆、苏里南、希腊、印度尼西亚、哥伦比亚等也有分布。

4. 铅锌

自然界中的铅锌资源多为铅锌复合矿床，其消费量仅次于铁、铝、铜，居第四（锌）和第五（铅）。已探明铅储量为0.67亿吨，锌储量为2.2亿吨，主要分布在美国、加拿大、澳大利亚、中国和哈萨克斯坦等国，合计约占世界铅储量的70%和锌储量的60%。

5. 锡

世界探明锡储量为610万吨。锡矿呈带状分布，太平洋地区是主要蕴藏区。其主要分布在东南亚和东亚两大锡矿带。东南亚锡矿带北起缅甸的掸邦高原，沿缅泰边境向南经马来半岛西部，延伸到印度尼西亚的邦加岛和勿里洞岛，伴生有钨，故有"锡钨地带"之称，其储量占世界总储量的60%。东亚锡矿带：①西起中国云南个旧，向东沿南岭构造带延伸到广西；②南起朝鲜北部，经中国东北地区一直延伸到俄罗斯的西伯利亚；③从中国的海南岛起，沿中国东南沿海延伸到香港一带；④日本本州岛北部的小型锡钨矿，是中国大陆锡矿带的侧端。此外，南美洲安第斯锡矿带、非洲中部等地也有锡矿分布。从国家看，印度尼西亚、中国、泰国、马来西亚、玻利维亚等国锡矿储量较多。

6. 锰

现世界已探明锰储量为3.8亿吨，集中分布在南非(80%)、乌克兰、澳大利亚、巴西、印度和中国等国。

7. 镍

世界镍的总储量约为0.62亿吨，集中分布在新喀里多尼亚、古巴、加拿大、澳大利亚、俄罗斯和印度尼西亚等国。

8. 金

金，属贵金属，世界总储量约为4.2万吨，主要分布在南非（69%）、俄罗斯（约10%）、美国（9%）、加拿大等国。

（三）我国金属矿产资源分布

1. 黑色金属

探明储量的有铁、锰、钒、钛等，其中铁矿储量近500亿吨，主要分布在辽宁、河北、山西和四川等省。

2. 有色金属

凡是世界上已发现的有色金属矿在中国均有分布。其中，稀土的储量占世界总储量的80%左右，锑矿的储量占世界总储量的40%，钨矿的储量则为世界其他国家储量总和的 4 倍。截至 2000 年年底，我国已经发现有色金属矿产 171 种，其中探明储量的矿产 157 种，矿产地 2 万多处。

3. 金属矿产资源

我国属于世界上金属矿产资源比较丰富的国家之一。世界上已经发现的金属矿产在中国基本上都有探明储量。其中，探明储量居世界第一位的有钨、锡、锑、稀土、钽、钛；居世界第二位的有钒、钼、铌、铍、锂；居世界第四位的有锌；居世界第五位的有铁、铅、金、银等。我国金属矿产资源的特点如下：①分布广泛，但又相对集中于几个地区，如铁矿主要分布在鞍山—本溪、冀北和山西三大地区，铝土矿主要集中于山西、河南、贵州、广西等省区，钨矿主要分布于江西、湖南、广东，锡矿主要分布于云南、广西、广东和湖南；②部分矿产储量大、质量高，在国际上具有较强竞争力，如钨、锡、铝、锑、稀土等；③许多重要矿产质量欠佳，如铁、锰、铝、铜等矿产，贫矿多，难选冶矿多；④中小型矿床所占比例大，大型、超大型矿床所占比例小。

二 世界主要金属资源消费特点

20 世纪资源的快速大量消耗主要是由于以发达国家为主体的工业化过程和全球人口增长。21 世纪，以占世界人口 40% 以上的发展中大国为主体的新一轮工业化进程，加速了矿产资源的消耗。同时，以科技进步和知识经济为特征的新经济增长方式，在新一轮工业化进程中对矿产资源供需格局也产生了一些新的影响。

（一）金属矿产资源消费主体已从发达国家转向新兴工业化国家

从消费总量上来看，世界金属矿产资源消费主体已从发达国家逐渐转移到发展中国家。随着新兴经济体工业化进程的推进，其矿产资源需求量持续增长。以中国和印度为代表的发展中国家，随着工业化进程，矿产资源需求量持续增长。其中，中国的表现最为突出，三种主要金属需求占世界需求的比例逐年显著上升，铝、铜、铁矿石的需求分别从 1990 年的约 4.5%、6% 和 4% 上升到 2005 年的约 22%、22% 和 42%，铁矿石 2009 年进一步上升到 65%。但从人均消费量来看，发达国家与发展中国家仍然存在巨大差距。以中国为例，中国人均钢消费量为世界人均消费量的 88%，不到日本的 20%；人均铝消费量相当于世界人均水平的 67%，不到美国的 13%；人均铜消费量仅为世界人均水平的 59%，不到美国的 14%。

（二）新兴经济体成为影响金属矿产资源市场的关键因素

近年来，以"金砖四国"为代表的新兴市场和发展中国家的经济增长占全球经济增长的2/3，主要新兴经济体对世界经济的驱动一定程度上确立了金属矿产品市场格局。

如表1-2和表1-3所示，就矿产资源市场而言，"金砖四国"需要一分为二来看：巴西、俄罗斯、印度是矿产金属资源主要供应方和出口大国，在金属商品价格上涨中是获益者和推动者；只有我国因资源禀赋结构和快速发展成为主要需求方，是金属资源价格波动的关键拉动者和价格上涨的受损者。2002～2005年，世界镍和锡消费的所有增量几乎都来自我国；铅和锌的消费，我国的贡献甚至超过了世界消费的净增长；铁、铜和铝这三种使用最广泛的基础金属，世界消费增

表1-2　1993～2005年世界金属资源消费情况　　（单位：%）

金属	1993～2002年			2002～2005年		
	世界消费增长	对消费增量的贡献		世界消费增长	对消费增量的贡献	
		中国	其他主要新兴市场*		中国	其他主要新兴市场*
铝	3.8	38	9	7.6	48	9
铜	3.5	43	15	3.8	51	41
铅	3.0	42	15	4.3	110	-7
镍	4.4	12	-11	3.6	87	-11
铁	3.4	38	11	9.2	54	8
锡	1.3	34	16	8.1	86	2
锌	3.4	42	10	3.8	113	7

＊巴西、印度、墨西哥、俄罗斯
资料来源：项安波，2010

表1-3　1993～2005年世界GDP增长率与中国工业产值增长率　　（单位：%）

项目	1993～2002年	2002～2005年
世界GDP增长率	3.5	4.8
中国GDP占世界GDP比重	10	13
中国工业产值增长率	10.5	16.2

量中约一半来自我国。我国对世界金属消费增加的贡献远远超过了我国 GDP 占世界 GDP 的比例。

（三）矿产资源高强度集中消耗和环境问题集中出现

早期以机械化和电气化为主体的工业化国家经历了较长的工业化过程，累计消耗了较多的矿产资源总量。相较之下，利用经济全球化浪潮的新兴快速工业化国家和地区，通过高速耗费矿产资源，仅花费相当于先期工业化国家 1/3～1/2 的时间，消耗相当于其 1/2 的人均累计资源总量，就达到或基本达到了与之相同或相近的社会经济发展水平。与压缩式工业化进程对应，后起工业化国家和地区的矿产资源消费强度也较高，具有明显的赶超特征。这说明，后发工业化国家可以以较少的人均资源累计消费总量完成这一进程，实现资源消耗的跨越式发展。压缩式工业化进程与集中高强度消耗矿产资源是新一轮工业化的重要特点。同时，发达国家上百年工业化过程中逐步出现的环境问题会集中出现，而这一问题在我国已经发生。

（四）再生金属循环利用占比逐年加大

当前，全球"可工业化开采"的金属矿产资源大部分已不在地下，而是以"制成品"或"废旧物资"的形态存在于人类社会中，且大多能以再生金属的形式循环利用。金属资源的循环利用既可缓解工业化进程与不可再生的有限矿产资源之间的矛盾，又不损害环境，已成为矿产资源开发的主要趋势。随着消费的快速增长和金属蓄积量的不断增加，废旧金属的再回收利用不断增多，在世界精炼金属产量中的比例不断提高。再生资源在世界矿产供应中的比例逐步加大，一些发达国家某些再生金属产量已接近或超过矿山产量。

（五）矿产资源全球化配置程度日益增强

矿产资源全球空间分布的不均匀性，使得各国必须顺应经济全球化的进程，在全球范围内通过投资开发或贸易，合理有效地配置所需资源。资源全球化战略成为主要发达国家整体战略的重要组成部分，与国家的政治、经济、军事等政策统筹考虑，并随形势变化适时调整。在这种思想指导下，主要发达国家强化其一贯的廉价利用国外矿产资源的全球化资源战略，如美国的全球资源统治战略、日本的海外投资立国战略和德国的全方位支持矿业发展政策等。跨国矿业公司在母国政府的支持下，通过并购、投资、联合等方式，不断强化对全球矿产资源的控制。另外，资源丰富的发展中国家为发展经济，一般都开始实行更加开放的矿产资源投资政策，吸引外资勘查、开发本国矿产资源。当前全球矿产资源争夺更为隐蔽、更加"文明"，矿产资源全球化配置程度日益增强。

三 我国金属资源消费特点

我国矿产资源虽然品种齐全、总量丰富，但人均占有量低。在经济发展中占支柱性地位的大宗矿产储量不足，以中小矿居多，缺少特大型矿产和富矿石。我国45种主要矿产可供利用储量对消费需求的最新研究表明：2010年可以保证需求的矿产为21种，其他24种矿产难以保证需求；2020年可以保证需求的矿产仅为9种，其他36种矿产难以保证需求，特别是铁、锰、铜、铝铁矿及钾盐等关系国家经济和安全的大宗矿石将严重短缺。

我国目前已成为世界有色金属生产和消费大国。2003年以来全球有色金属生产、消费和贸易发展迅速，我国在世界有色金属业中占有重要地位，钨产量占世界产量的80%，锑产量占世界产量的66%，钼产量占世界产量的40%。

铜、铝和镍三种有色金属是我国比较短缺的，进口量比较大，对外依存度有上升的趋势。铜约有2/3需从国外进口，铝约有2/5来源于国外，镍约有3/5依赖进口。铜、铝、镍短缺的资源供应局面将长期存在。锡的消费量增长迅速，已成为净进口国。铅、锌、钨、钼、锑等是我国的优势矿产，大量出口，为全球的有色金属行业的发展作出了巨大的贡献。

（一）我国金属矿产品消费起步较晚但增长迅猛

20世纪70年代，我国铝、铜消费不及美国的1/5。80年代末和90年代初，我国铜业进行了大量的项目投资。到1995年前后，受国家经济恢复、出口迅速增长、电网改造实施、基建规模扩大等因素影响，铜等金属的消费增长速度极快。90年代后半期，虽受基建的压缩、亚洲金融危机等的影响，铜、铝等的消费增长有所缓和，但仍以较快速度增长；进入21世纪后，金属等矿产品消费势头不减。近年来我国房地产市场长期大幅增长，导致金属密集型产品如电器、供暖设备、空调、管件及公共交通运输的需求激增，矿产品面临更多的消费挑战。相比发达国家消费量的平稳增长，我国的消费量增速较快。从2003年起，我国超过日本成为全球最大的铁矿石进口国，2005年进口铁矿石2.75亿吨，占铁矿石国际海运贸易量的43%。2008年中国铜消费占全球消费比重达26.4%，成为全球较大的铜消费国和铜精矿进口国。目前，我国铜矿石的对外依存度已经仅次于铁矿石，2/3 的铜精矿要依赖进口。我国已成为世界最大的铝合金生产国，而我国铝土资源的人均占有量仅为 283 千克，相当于世界水平的 7.3%。随着国内铝合金产量的快速增长，我国的氧化铝需求的 1/2 依靠进口。

（二）20 世纪 90 年代以来我国有色金属消费进入高消费阶段

当前我国矿产品的消费从 20 世纪 70 年代的低消费迈入了高消费阶段，与国外发达国家和发展中国家的金属和能源的消费量进行对比后发现，我国的矿产品及能源的消费已经由原来的低水平上升到超越发达国家的水平。2008 年，我国精炼铜的消费量达 490 万吨，约占世界精炼铜消费量的 26.8%；原铝消费量为 1260 万吨，约占世界原铝消费量的 33.1%；精铅消费量为 321 万吨，约占世界精铅消费量的 36.8%；锌消费量达到 401 万吨，约占世界锌消费量的 34.9%。我国已成为世界上主要的有色金属消费国，我国有色金属需求的增长对全球有色金属需求的拉动十分显著。钨、锑、锡、锌、稀土等原材料矿产品在产量上占世界主导地位，而且其产量远远超过我国国内的消费能力，需要长期出口。目前，除精炼铅的消费量与美国基本持平外，粗钢、精炼铝、精炼铜和精炼锌的消费量均已超过了美国、英国、日本等发达国家。

随着我国有色金属的生产和消费在世界上的地位越来越重要，我国有色金属的进出口贸易也受到越来越多的关注。我国的有色金属的自然资源条件决定了其有进有出的格局：铜、铝的国内生产满足不了快速增长的国内需求，需要大量进口，铜、铝在我国有色金属产品进口额中一直占 90% 左右；锡、锑、钨、稀土等是我国有色金属出口的传统产品。海关数据显示，2009 年我国主要有色金属进出口贸易额达到 831.97 亿美元，成为世界上最大的有色金属贸易国。其中，进口额为 659.39 亿美元，出口额为 172.6 亿美元，贸易逆差为 486.79 亿美元，比 2008 年增加 133.4 亿美元。

（三）矿产品消费弹性系数连续多年大于 1

矿产品消费弹性系数是研究矿产品消费增长速度与国民经济增长速度之间关系的指标。其计算公式如下：

矿产品消费弹性系数＝矿产品消费年平均增长速度／国民经济年平均增长速度

从经济发展的历史看，发达国家在工业化过程中均消耗了大量的矿产资源。矿产资源的消费规律：在前工业化阶段，矿产资源的消费增长缓慢；在工业化阶段，矿产资源消费快速增长，矿产资源的消费弹性系数大于1；工业化完成后，钢、铜、铝等矿产资源消费增长趋于平稳，有些产品的消耗达到顶峰，不再增长，但能源消费一直呈增长状态。

我国的钢、铜、铝、铅、锌的消费弹性系数均已连续多年大于1，呈现出与发达国家工业化阶段相类似的矿产资源消费规律，即矿产资源消费的增长比GDP的增长更快，其他许多经济指标也表明我国已进入工业化阶段。我国矿产品消费弹性系数的变化过程如下：20世纪80年代由于技术进步，大部分矿产品消费弹性系数小于1；90年代城镇化步伐加快，钢铁、水泥、电解铝等高耗能行业投资过度增长，矿产品消费增长速度快于国民经济增长速度。例如，钢材的消费弹性系数大于2，即消费增速是经济增速的2倍多，如按此速度增长下去，矿产资源将消耗殆尽。

（四）我国单位产值矿产品消耗过多

单位产值矿产品消费即GDP每增长1个百分点的矿产品消耗量，它可在一定程度上反映经济发展水平和工业化进程。一般的资源消费与经济发展呈"S"形相关关系，人均GDP与人均资源消费量呈"S"形相关关系。以美国为例，工业化进入加速阶段，自然资源消费成倍增长，工业化完成后，多数资源的消费增长需求开始趋缓。

我国经济的高速增长是以消耗大量的矿产品资源为代价的。2004年我国单位GDP精炼铝消费是英国、美国、日本等发达国家的5.7～17.8倍；精炼铜消费是英国、美国、日本等发达国家的4.3～17.6倍；单位GDP能源消费是英国、美国、日本等发达国家的3.5～6.1倍，单位能耗所创造的财富远远低于发达国家。[①]

从我国矿产品消费量、矿产品消费弹性系数和单位产值的矿产品消费情况可以看出，我国是一个资源消费大国，矿产品消费量的增长速度超越了经济的增长速度，且经济每增长1个百分点，矿产品的消耗量就越大，资源的利用率就越低。矿产品的过量消耗和矿产资源的供给有限使经济增长面临严峻挑战。

---

① 王威. 2006-07-07. 从矿产品的生产消耗看我国的矿业循环经济. http://www.lrn.cn/specialtopic/zjtg/academicPaper/200611/t20061122_5091.htm

第四节　工业制成品及再生资源的国际贸易流向

一　世界商品贸易流向

（一）世界商品贸易总额

据世界贸易组织的统计，2009年世界商品贸易总额为248 950亿美元，比2008年的323 650亿美元下降23.1%。其中，出口（包括转口贸易）123 180亿美元，同比下降22.7%；进口（包括欧盟内部的进口及进口再出口）125 770亿美元，同比下降23.4%。

分地区来看，北美洲出口16 021.55亿美元，占世界比重为13.0%，进口21 663.45亿美元，占比17.2%；南美洲出口4632.00亿美元，占比3.8%，进口4407.00亿美元，占比3.5%；欧洲出口49 981.55亿美元，占比40.6%，进口51 466.85亿美元，占比40.9%；独联体出口4382.35亿美元，占比3.6%，进口3301.60亿美元，占比2.6%；亚洲出口38 669.00亿美元，占比31.4%，进口36 547.00亿美元，占比29.1%；其他地区出口9484.11亿美元，占比7.7%，进口8383.00亿美元，占比6.7%。

从对外贸易总额来看，世界贸易前10强依次是美国、中国、德国、日本、法国、荷兰、英国、意大利、比利时、韩国。

从出口总额来看，世界出口前10强依次是中国、德国、美国、日本、荷兰、法国、意大利、比利时、韩国、英国。

从进口总额来看，世界进口前10强依次是美国、中国、德国、法国、日本、英国、荷兰、意大利、比利时、中国香港。

（二）世界工业制成品贸易结构及流向

从国际分工看，相互依存、优势互补的分工程度大大提高，制造业重心继续东移。原来的传统垂直分工体系，是发展中国家提供能源、资源和原材料，发达国家提供工业制成品的两极配对。现在已演变成一般发展中国家提供能源和资源，以中国为首的一些新兴经济体提供大部分工业制成品，发达国家提供关键技术、零部件、高端产品和服务，然后进行总集成或总装的格局。发达国家是主要的工业制成品的消费地,而其消费产生的可利用的废弃物一部分因劳动力成本过高而出口至发展中国家进行拆解和再利用,再生资源也由发达国家流向发展中国家,如图1-1所示。

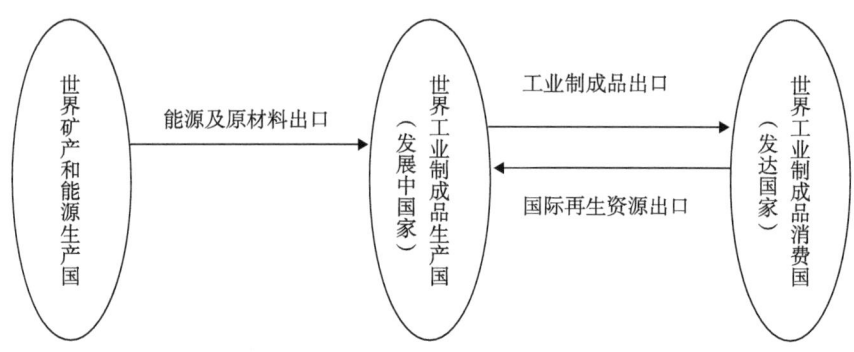

图1-1 世界工业制成品贸易结构与流向

在出口结构上,世界制成品的出口约占总出口的70.1%,北美制成品出口占其总出口的比例超过73.5%,欧洲为78.4%,亚洲制成品出口比例也高达81.9%。中东、非洲和独联体国家2/3的出口则依赖燃油和矿产品,中美洲、南美洲农产品出口占23.8%,燃料和矿产品出口占42.4%。最不发达国家3/4的出口收入来源于初级产品,只有1/4来源于服装制成品出口。在进口结构上,发达国家是最终的消费和进口市场,美国进口总额占世界进口总额的15.8%,欧盟25国为39.2%,日本为4.8%,三者合计高达约60%。近几年,"金砖四国"的进口份额从2001年的6.3%上升到2007年的10.7%,尤其是中国,进口份额几乎每10年翻一番,已经超过日本。

二 我国商品贸易流向

(一)我国商品贸易概况

从图1-2和表1-4中可以看出,我国进出口贸易总额呈现逐年增长的趋势,对外贸易在世界贸易总额中的比重不断提高,居世界贸易的位次迅速提升。1978年,我国货物贸易进出口额占世界贸易总额的比重仅为0.8%,在世界贸易中居第29位;2000年进出口贸易总额为4742.9亿美元,在全世界居第8位;2004年,我国在世界贸易中的位次跃升到第3位,仅次于美国和德国;2008年,我国货物贸易进出口总额达25 618亿美元,占世界货物贸易总额的7.9%,其中出口额占世界出口总额的 8.8%，进口额占世界进口总额的 6.8%，居世界第 3 位，成为名副其实的贸易大国。

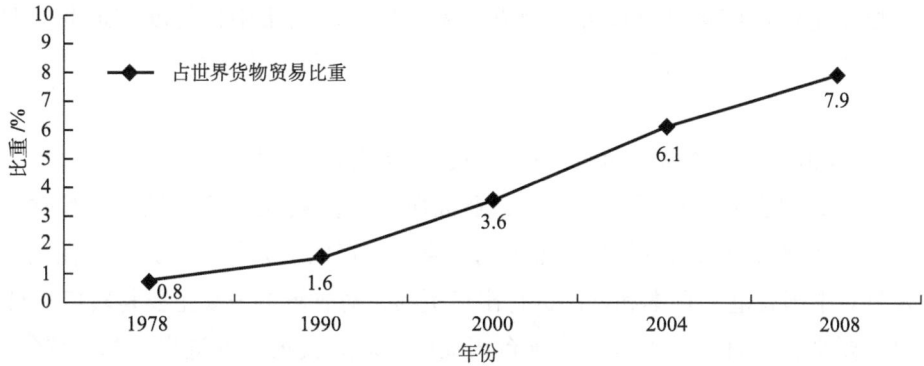

图 1-2　我国货物贸易占世界比重

资料来源：国家统计局（2009）

表 1-4　2008 年世界货物贸易进出口额前 10 位

国别	出口额 / 亿美元	占比 /%	国别	进口额 / 亿美元	占比 /%
世界	160 700	100	世界	164 220	100
德国	14 619	9.1	美国	21 695	13.2
中国	14 283	8.8	德国	12 038	7.3
美国	12 874	8.0	中国	11 325	6.9
日本	7 820	4.8	日本	7 626	4.6
荷兰	6 330	3.9	法国	7 056	4.3
法国	6 054	3.8	荷兰	5 732	3.5
意大利	5 380	3.4	意大利	5 549	3.4
比利时	4 731	2.9	英国	6 320	3.8
俄罗斯	4 716	2.9	比利时	4 674	2.8
英国	4 586	2.8	加拿大	4 183	2.5

资料来源：根据国家统计局和国家商务部网站统计数据整理所得

（二）我国工业制成品贸易流向

我国对外贸易中工业制成品贸易流向的总体特征是高度集中化，无论是出口市场还是进口市场都是如此。但近年来出口流向的集中化程度在逐渐减弱，而进口的集中化程度则稍有增强的趋势。我国对外贸易流向的特点表现为以下三个方面。

1. 我国的对外贸易流向集中在亚洲、欧洲及北美地区

统计数据表明，在贸易总额上，亚洲所占比重最大，其次是美洲和欧洲，而且这些区域与中国的贸易额在近期内一直呈积极的上升趋势。其中，在亚洲，主要是对中国香港、日本和韩国进行出口贸易，对香港的贸易主要是转口贸易；进口主要来自于日本、韩国和中国台湾地区。对北美地区的进出口都主要集中在美国，而对欧洲的贸易则相对分散一些。

2. 在区域分布范畴上，我国的贸易相对集中在本地区或距离较近的地区

从地理位置上看，我国的对外贸易相对集中在环太平洋国家和地区。可见运输成本也是影响我国对外贸易流向的一个重要因素。一般来说，地理位置接近的国家和地区之间，文化和风俗习惯的相互影响和渗透比较多，市场需求的相似性比较大，企业对这些市场的开发和维护也更加容易些。

3. 从经济发展程度来看，我国对外贸易相对集中在发达国家和新兴工业化国家和地区

我国对东盟的出口在总出口中占很小的比例，亚洲金融危机以后，我国对东盟的出口下降，到2000年才开始逐年上升，与此同时，对美洲、欧洲两大贸易对象区域的出口总额一直稳步增长。我国在与处于更低阶梯的其他发展中国家进行的贸易中，主要是劳务输出（如工程建设），而这些国家市场需求有限，因此，我国与其他发展中国家的贸易规模不大。此外，我国缺乏具有国际经营经验和能力的大型跨国公司，与发展水平接近的国家之间开展产业内分工的广度和深度不够。

2009年受世界经济危机的影响，我国重要贸易伙伴经济都出现衰退，国内需求不振，我国对前十大出口市场的出口都出现不同程度的下降。如表1-5所示，2009年我国前十大出口市场分别是欧盟、美国、中国香港、东盟、日本、韩国、印度、中国台湾地区、澳大利亚和俄罗斯。

其中，我国对俄罗斯、日本、韩国和中国台湾地区的出口下降幅度最大。由于印度和东盟经济率先回升，中国对印度和东盟的出口下降幅度最小，仅

表1-5 我国对十大出口市场的出口情况表

国别（地区）	2007年			2008年			2009年		
	出口额/亿美元	增长率/%	占比/%	出口额/亿美元	增长率/%	占比/%	出口额/亿美元	增长率/%	占比/%
欧盟	2 451.9	29.2	20.1	2 928.8	19.5	21	2 362.8	-19.3	19.6
美国	2 327	14.4	19.1	2 523	8.4	17.7	2 208.2	-12.5	18.4
中国香港	1 844	18.8	15.1	1 907.4	3.4	13.4	1 662.3	-12.8	13.8
日本	1 020.7	11.4	8.4	1 613.4	13.8	11.3	979.1	-39.3	8.1
东盟	941.8	32.1	7.7	1 141.4	20.7	8	1 063.0	-6.9	8.8
韩国	561.4	26.1	4.6	739.5	31	5.2	536.8	-27.4	4.5
俄罗斯	284.8	79.9	2.3	330.1	15.9	2.3	175.1	-47.0	1.5
印度	240.2	64.7	2	315	31.2	2.2	296.7	-5.8	2.5
中国台湾地区	234.6	13.1	1.9	258.8	10.3	1.8	205.1	-20.7	1.7
澳大利亚	180	32.1	1.5	222.4	23.6	1.6	206.5	-7.1	1.7
其他	2 091.6	—	17.3	2 305.7	—	15.5	2321	—	19.4
总值	12 178	25.7	100	14 285.5	17.3	100	12 016.6	-15.9	100

资料来源：根据国家海关总署网站数据整理所得

为5.8%和6.9%。我国前十大出口市场同2008年相比排列发生变化，东盟超过日本成为我国第四大出口市场。由于受经济衰退的影响，日本失业情况严重，居民收入下降，国内需求萎缩，2009年我国对日本出口大幅下降，降幅达到39.3%，日本降为我国第五大出口市场。2009年韩国经济微弱复苏，但国内失业严重，物价大幅上涨，使得韩国国内需求萎缩，我国对韩国出口大幅下降，降幅达到27.4%。2009年受俄罗斯整顿"灰色清关"的牵连，中国对俄罗斯出口大幅下降，降幅达到47%，俄罗斯从我国第七大出口市场降为第十位。2009年由于受外需大幅下降的冲击，台湾地区经济严重衰退，失业严重，居民收入下降，市场需求萎缩，内地对台湾地区出口大幅下降，下降幅度达到20.7%。

2009年我国前十大进口市场是日本、欧盟、东盟、韩国、中国台湾地区、美国、澳大利亚、俄罗斯、巴西和沙特阿拉伯，如表1-6所示。

表1-6 我国对十大进口市场的进口情况

国别（地区）	2007年			2008年			2009年		
	进口额/亿美元	增长率/%	占比/%	进口额/亿美元	增长率/%	占比/%	进口额/亿美元	增长率/%	占比/%
日本	1340	15.8	14	1506.5	12.5	13.3	1309.4	-13.1	13.0

续表

国别（地区）	2007年			2008年			2009年		
	进口额/亿美元	增长率/%	占比/%	进口额/亿美元	增长率/%	占比/%	进口额/亿美元	增长率/%	占比/%
欧盟	1 110	22.4	11.6	1 327	19.6	11.7	1 277.6	-3.7	12.7
东盟	1 084	21	11.3	1 169.7	7.9	10.3	1 067.1	-8.8	10.6
韩国	1 038	15.6	10.9	1 121.6	8.1	9.9	1 025.5	-8.6	10.2
中国台湾地区	1 010	16	10.6	1 033.4	2.3	9.1	857.2	-17.1	8.5
美国	693.8	17.2	7.26	814.4	17.4	7.2	774.4	-4.9	7.7
澳大利亚	258.5	33.8	2.7	374.2	44.8	3.3	394.4	5.4	3.9
俄罗斯	196.7	12.1	2.1	238.3	21	2.1	212.8	-10.7	2.1
巴西	183.3	42	1.9	297.5	62.7	2.6	282.8	-4.9	2.8
沙特阿拉伯	175.6	16.4	1.8	310.1	76.6	2.7	236.2	-23.8	2
其他	2 468.3	—	25.84	3 137.3	—	27.8	2 618.2	—	26.5
总值	9 558.2	20.8	100	11 330	18.5	100	10 055.6	-11.2	100

资料来源：根据国家海关总署网站数据计算整理所得

三 我国进出口商品结构变化

改革开放以来，我国对外贸易快速增长，2009年我国进出口贸易总额为22 072.7亿美元，其中货物贸易总额为19 204.7亿美元，服务贸易总额为2868亿美元。受国际金融危机影响，世界市场需求萎缩，比上年减少13.9%。其中，出口12 016.7亿美元，减少16%；进口10 056亿美元，减少11.2%。中国已经超过日本，成为继美国、德国之后的第三大贸易国。我国的进出口商品结构呈现不断优化的演进趋势，贸易对象已有230多个国家和地区。

（一）我国出口商品结构变化特征

改革开放以来，我国出口商品结构的变化体现在两个方面：一是出口的初级产品和工业制成品的比例变化；二是工业制成品内部劳动密集型产品和资本技术密集型产品的出口比例变化。

1. 出口商品结构以工业制成品为主

新中国成立初期，我国出口商品中 80% 以上是初级产品。1978 年，初级产品出口占我国出口的 53.5%，工业制成品出口占 46.5%。1990 年，初级产品和工业制成品比重分别转变为 25.6% 和 74.4%，工业制成品在出口产品中的比重大幅提高。2008 年，初级产品和工业制成品所占比重分别转变为 5.4% 和 94.6%，工业制成品成为我国主要出口商品，如图 1-3 所示。

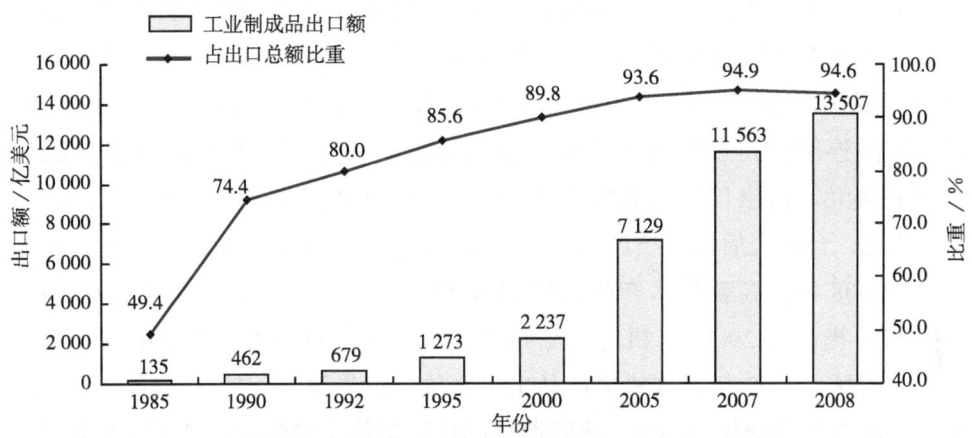

图 1-3　工业制成品出口额及占全国出口总额的比重

资料来源：国家统计局（2009）

由此可见，工业制成品已经占据了我国出口商品的绝对主导地位。部分年份我国出口商品结构如表 1-7 所示。

表 1-7　部分年份我国出口商品结构

年份	出口总额/亿美元	初级产品		工业制成品	
		出口额/亿美元	占比/%	出口额/亿美元	占比/%
1957	10.22	8.11	79.4	2.11	20.6
1970	22.6	12.1	53.6	10.5	46.5
1975	72.64	40.98	56.4	31.66	43.6
1980	181.2	91.1	50.3	90.1	49.7
1985	273.5	138.1	50.6	135.4	49.5
1990	620.9	158.3	25.6	461.8	74.4
1995	1 497.8	214.9	14.4	1 272.8	85.6
2000	2 492	254.6	10.2	2 237.5	89.8
2004	5 933.7	390.5	6.58	5 543.2	93.3
2008	14 278.1	771	5.4	13 507	94.6

资料来源：根据历年《中国海关统计年鉴》整理

2. 工业制成品内部出口商品结构变化

按照国际贸易标准分类，工业制成品分为化工产品、轻纺和橡胶，以及矿冶产品和相关制成品、机械及运输设备、杂项制品和其他未分类产品。其中，化工产品和机械及运输设备可归为资本及技术密集型产品，而其他产品则可归为劳动及资源密集型产品。工业制成品内部出口商品结构的变化主要表现为资本及技术密集型产品和劳动及资源密集型产品所占出口比例的变化。

20 世纪 90 年代以来，我国出口商品结构实现了从以轻纺等劳动密集型产品出口为主向以机电和高新技术产品等资本技术密集产品为主的转变（表 1-8）。1978 年我国机电产品出口 6.59 亿美元，占出口总额的 6.8%；1995 年以来，机电产品连续保持我国第一大出口商品地位。2008 年，机电产品出口额为 8229 亿美元，占出口总额的比重达 57.6%。1999 年，我国开始实施"科技兴贸"战略，自此之后高科技产品出口贸易快速发展，在对外贸易中的比重大幅提高。2008 年，高新技术产品出口 4156 亿美元，占出口总额的比重由 1998 年的 11% 提高到 29.1%。机电产品和高技术产品在我国出口贸易中的主导地位日益明显，2007 年我国机电产品出口已位居世界第二。1979~2008 年，机电产品出口年均增长 26.8%，比同期全部货物贸易出口年均增速高 8.7 个百分点。出口市场结构也逐步走向多元化，目前机电产品出口已覆盖 220 多个国家和地区。

表 1-8 我国出口商品结构的发展变化阶段

阶段	时间	特点
第一阶段	1970~1981 年	完成从出口初级产品向工业制成品的转变
第二阶段	1982~1991 年	以出口轻纺产品为主的劳动资源密集型产品增长迅速，所占份额较大
第三阶段	1992~2003 年	以出口机电产品、高新技术产品等为主，重化工制成品增长迅速
第四阶段	2004~2008 年	资本技术密集型产品的出口超过劳动资源密集型产品的出口

资料来源：赵晓丽和洪东悦（2009）

（二）我国进口商品结构变化特征

1981 年我国货物进口总额为 220.2 亿美元，在世界货物进口总额中的比重仅为 1.1%，居世界第 21 位。此后我国进出口总额迅速增长，到 2008 年，进口额增长至 11 331 亿美元，居世界第 2 位。同时，进口商品结构也在不断变化。合理的进口结构将对经济发展起到促进作用，同时也将对国内资源结构有优化作用。

1. 我国初级产品进口结构变化

1985年以来，我国进口产品构成中的初级产品比重基本保持稳定，并且略有提高。1996~2006年，初级产品进口增长速度高于工业制成品，初级产品进口所占比重从1996年的18.3%逐渐上升到2006年的23.6%，工业制成品所占比重相应地从81.7%下降到76.4%。

在我国进口商品结构中，矿物燃料、润滑油及有关原料与非食用原料占了绝大部分，并保持继续升高的趋势。由表1-9可以看出，矿物燃料、润滑油及有关原料与非食用原料进口占我国初级产品进口的比重从1995年的63%大幅攀升到2008年的93%，反映了我国进口能源大幅增加的事实。我国大量进口原油、化工原料等高能耗、高污染产品，之后被跨国公司利用中国的廉价劳动力和优惠税收政策进行生产后再将制成品出口到国外或运回国内，利用中国较低的环境标准和廉价劳动力进行加工，这种贸易方向导致其生产过程中的环境成本全部转移至中国，加剧了我国生态环境的负担。

表1-9　1980~2008年中国初级产品进口比重变化　　　（单位：%）

年份	合计	XP_1	XP_2	XP_3	XP_4	XP_5
1980	34.77	14.62	0.18	17.75	1.01	1.19
1985	12.52	3.68	0.49	7.66	0.41	0.29
1990	18.47	6.25	0.29	7.70	2.38	1.84
1995	18.48	4.64	0.30	7.69	3.88	1.97
2000	20.76	2.11	0.16	8.88	9.17	0.44
2005	22.40	1.42	0.12	10.64	9.69	0.51
2008	32.01	1.23	0.16	14.76	14.92	0.93

注：XP_1，食品及主要供食用的活动物；XP_2，饮料及烟类；XP_3，非食用原料；XP_4，矿物燃料、润滑油及有关原料；XP_5，动、植物油脂及蜡

资料来源：1980~2007年数据来源于2008年《中国统计年鉴》；2008年数据来源于商务部网站

2. 我国高污染、高能耗工业制成品进口比重过大

由表1-10可以看出，与初级产品进口比重变化的趋势相反，工业制成品进口额占当年货物进口总额的比重先升后降。我国工业制成品进口中，机械及运输设备是历年来进口的第一大类，其次是纺织、橡胶制品和化学产品。消费品中，轿车、家用电器、通信设备等高档消费品进口比重过大，这些大部分为高耗能、高污染性产品,而将"洋垃圾"从国外转移至国内进行处理的现象更是屡见不鲜。

表 1-10　1980~2008 年中国工业制成品进口比重变化　　（单位：%）

年份	合计	XM_1	XM_2	XM_3	XM_4	XM_5
1980	65.23	14.53	20.75	25.57	2.71	1.67
1985	87.48	10.58	28.16	38.43	4.50	5.81
1990	81.53	12.46	16.70	31.58	3.94	16.85
1995	81.52	13.10	21.78	39.85	6.26	0.52
2000	79.24	13.42	18.57	40.84	5.66	0.73
2005	77.62	11.78	12.30	44.01	9.22	0.30
2008	67.98	10.52	9.46	39.00	8.62	0.39

注：XM_1，化学品及有关产品；XM_2，轻纺产品、橡胶制品、矿冶产品及其制品；XM_3，机械及运输设备；XM_4，杂项制品；XM_5，未分类的其他商品

资料来源：1980~2007 年数据来源于 2008 年《中国统计年鉴》；2008 年数据来源于商务部网站

我国进口工业制成品中，机电产品和高新技术产品逐渐成为主要商品。2008 年机电产品进口增加到 5387 亿美元，占全国进口总额的 47.5%；高新技术产品进口增至 3419 亿美元，占进口总额的比重提高到 30.2%。机电产品和高新技术产品进口的快速增长，不仅弥补了国内经济建设资源和技术的不足，也为产业结构调整和升级创造了条件。

四 我国进口再生资源总体概况

我国国民经济保持平稳增长的同时，资源循环利用产业也初具雏形。在金融危机席卷全球的情况下，我国再生资源回收利用依然取得了不错的成绩。我国再生金属产业是在我国逐步成为全球制造业基地的国际环境中快速发展起来的。在过去的十几年里，全球制造业逐步向我国沿海和内陆地区转移，民营经济蓬勃发展，制造业对基础材料的需求始终保持着强劲的势头。在有色金属矿产资源不足以满足原料需求的现实状况下，我国再生金属产业一方面深入到国内废旧金属回收利用的所有领域；另一方面，产业链的上游则把资源寻求的体系搭建在发达国家产业转移的物流体系上。我国再生金属产业异军突起，成为国际资源循环利用产业中最强劲的一支力量。

（一）我国再生资源进口总量变化情况

2008 年，废钢铁、废有色金属、废塑料、废纸、报废船舶这五个类别的再

生资源共进口 4321.6 万吨，比 2007 年增长了 7.17%（表 1-11）。其中，报废船舶的进口量增幅最大，比 2007 年增长了 44.74 万吨，增幅为 257.13%。

表 1-11　我国主要再生资源类别进口情况表　　（单位：万吨）

类别	2006 年	2007 年	2008 年
废钢铁	538	339	359
废有色金属	678	771.75	772
废塑料	586	648.47	707.46
废纸	1962.33	2256	2421
报废船舶	19.1	17.4	62.14
总计	3783.43	4032.62	4321.6

注：我国进口废有色金属实物量按 36% 的比例计算

资料来源：商务部商贸服务管理司．2009．2008 年中国再生资源行业发展报告

我国目前是全球进口再生金属最多的国家，占全球 1/3 废旧金属贸易量。2007 年和 2008 年，我国进口的废旧有色金属为我国有色金属工业和制造业发展提供了大量的基础材料。近几年，我国进口废金属实物数量如表 1-12 所示。

表 1-12　我国进口废金属实物数量（2002～2008 年）（单位：万吨）

年份	总量	含铜废料	含铝废料	含锌废料
2002	357.8	308	44.7	5.1
2003	387.7	316	65	6.7
2004	523.0	396	120	7.0
2005	657.6	482	168	7.6
2006	678.2	494	177	7.2
2007	771.75	558.48	209.05	4.22
2008	773.69	557.64	215.43	0.62

资料来源：根据中国海关统计数据整理所得

（二）我国进口废旧金属的地域变化

我国进口废旧金属的数量和地域受全球经济的影响比较明显。全球经济发展较快时，废旧金属产生数量就比较大，品种也比较齐全。当发生全球性金融危机时，由于全球制造业的萎缩及产品更新换代的放缓，废旧金属的产生数量及出口国废旧金属产生量就会下滑，我国废旧金属的进口量也会随之萎缩。据海关统计，近几年，我国有色金属废料主要来源地集中在日本、西班牙、美国、

澳大利亚、中国香港、荷兰等国家和地区。我国沿海地区已经形成的进口废旧金属的市场和集散地,是将这些废旧物品拆解加工为制造业和有色金属工业需要原料的主要地区。

五 工业制成品贸易引起的环境污染

(一)进口商品结构中的污染转移

20世纪七八十年代出现了发达国家将污染转移到发展中国家的现象,转移的方式多种多样。

第一种是废弃物直接跨境转移。一些发达国家利用本国强大的经济实力,以支付一笔可观的金钱为诱饵,将废弃物偷换概念为"资源性"废物,诱使发展中国家进口垃圾,以达到减轻本国污染压力的目的。由于发达国家环境标准严格,民众环境意识强烈,对产品的环保性要求较高,对废弃物处理的要求也较高,社会公众环保力量强大而且工作有力度,对垃圾和废弃物露天堆放或掩埋的处理方式进行了严格的监督和管理。企业迫于社会压力不得不妥善处理生产的废弃物,若按照本国严格的环保标准进行分类处理和无污染处理,将花费大笔垃圾处理费用,所以,越来越多经济实力强大的污染性企业宁愿出钱在别的国家处理垃圾,也不愿按照本国环境标准和垃圾处理标准处理。由于我国缺乏妥善处理和回收利用垃圾的技术、资金和设备,进口垃圾往往被简单地堆置于露天场所或者掩埋于地下,直接进入了土壤和水源,导致环境的污染。

第二种是跨境转移污染产品、污染设备。污染产品和污染设备是指那些在生产过程中会对环境产生较严重的影响,已被禁止或限制销售和使用,或者限期淘汰的产品和设备。在我国,污染产品和污染设备分为以下三类:我国没有相关标准,不符合出口国环保标准的;符合我国环保标准,但不符合出口国环保标准的;不符合我国环保标准,也不符合出口国环保标准的。随着环保标准的提高和我国对较高生态环境质量的要求,某些需要消耗大量原材料或者将导致严重环境污染的产品被禁止在本国生产。为了收回成本并从中获利,有些厂商会施展各种招数以招徕买家,而发展中国家因为检验技术和检验设备的缺乏,常常不能检测出或者不能完全检测出进口产品和设备会给本国带来的污染。

第三种是污染行业输出。污染行业是指在产品生产过程中若疏于治理则会直接或间接产生大量污染物的产业。这些污染物对动植物特别是人类有害,会恶化生态环境，增加环境压力，降低生态质量。发展中国家为了促进本国产业发展不得不实行较低的环保标准，而且很多发展中国家有关外资引进的环境标准的法律、法规不健全，甚至有的发展中国家为了吸引更多的外资进入，会对某些外资行业进入提供税收和其他优惠政策，这些都为发达国家的污染行业转移提供了有利的条件。再加上发展中国家低廉的劳动力和丰富的自然资源，很多发达国家为了避开本国较高的环境标准，通过贸易的形式将污染密集型产业（如化工、采矿洗选业、造纸业等）转移到发展中国家去。

（二）环境成本转移

随着我国经济的增长和出口增长，工业三废排放也随之增长，这表明我国贸易发展对生态环境的破坏是确实存在的。环境成本中不仅包括我国产品生产过程中消耗的环境成本，同时还包含发达国家通过贸易向我国转移的环境成本。国际贸易中的环境成本转移是伴随着贸易产品的进出口发生的，是双向变化的。一国生产污染密集型产品并出口此类产品就会使环境成本留在本国，而一国进口污染密集型产品就会把环境成本转移到出口国。

我国出口的工业制成品主要集中在以下几个行业：化学工业、纺织业、金属冶炼及制品业、电气机械及器材制造业、皮革毛皮羽绒及其制品业、采掘业。这六个行业的产品均为污染密集型产品，近年来，这六个部门的出口额之和占工业品总出口的比重基本都在80%以上。由表1-13可知，在我国的出口产品中，出口额之和占工业品出口总额一半以上的两种产品是电气机械及器材制造业和纺织业产品。我国环境污染物排放总量的增加和这些污染密集的工业产品生产和出口有密切的关系。

表1-13　1997～2006年我国六个行业的出口比重　　（单位：%）

年份	电气机械及器材制造业	纺织业	金属冶炼及制品业	化学工业	采掘业	皮革毛皮羽绒及其制品业
1997	24.1	28.2	8.4	6.0	5.4	4.0
1998	26.7	24.8	7.7	5.9	4.0	3.6
1999	29.8	23.6	7.2	5.7	3.4	3.4
2000	32.6	22.1	7.2	5.2	4.4	3.4
2001	35.4	20.8	6.7	5.3	4.1	3.5
2002	39.0	19.5	6.4	4.9	3.3	3.2

续表

年份	电气机械及器材制造业	纺织业	金属冶炼及制品业	化学工业	采掘业	皮革毛皮羽绒及其制品业
2003	42.7	18.2	6.2	4.6	3.2	2.9
2004	44.8	16.1	7.9	4.5	3.0	2.5
2005	41.7	13.9	7.4	4.1	2.7	2.0
2006	42.7	14.3	8.9	3.9	2.2	1.6

资料来源：根据1998~2007年《中国统计年鉴》计算整理

进一步对六个行业的进出口额的比值进行分析，若比值大于1，则说明我国将环境成本转移到了其他国家；若比值小于1，则说明其他国家把环境成本转移到了我国。

从表1-14中可以看出，近年来，在我国六个最主要的产业部门中，采掘业和化学工业的进出口额之比始终大于1，这表明，我国环境成本随着贸易转移到了其他国家，特别是采掘业，10年间比值提高了3倍多。与采掘业、化学原料及化学制品制造业的情况相反，在皮革毛皮羽绒及其制品业和纺织业两部门中，该比值始终小于1，说明在这两个行业的贸易过程中，一直有环境成本转移至我国，其中纺织业环境成本转移现象最为严重。

表1-14 1997~2006年我国六个污染密集型行业的进出口额比值

年份	化学工业	采掘业	纺织业	金属冶炼及制品业	皮革毛皮羽绒及其制品业	电气机械及器材制造业
1997	1.10	1.51	0.40	0.94	0.43	1.22
1998	1.14	1.43	0.36	1.00	0.41	1.17
1999	1.60	1.98	0.34	1.20	0.43	1.21
2000	1.56	2.67	0.34	1.24	0.43	1.17
2001	1.49	2.28	0.33	1.36	0.41	1.14
2002	1.66	2.49	0.29	1.39	0.38	1.08
2003	1.72	2.96	0.26	1.57	0.37	1.02
2004	1.73	4.05	0.26	1.11	0.37	0.94
2005	1.59	4.41	0.22	0.99	0.35	0.84
2006	1.49	5.77	0.19	0.70	0.41	0.79

资料来源：根据1998~2007年《中国统计年鉴》计算整理

（三）大气污染

我国出口贸易增长造成了能耗高涨，燃料的消耗带来了不可忽视的环境问题——CO_2 和其他大气污染物排放量急剧增加。由表 1-15 可知，我国出口贸易造成的 CO_2 的完全排放总量五年内增长了 147.6%，2006 年达到 84 500.5 万吨。非能源行业出口带来的 CO_2 完全排放量占出口贸易 CO_2 完全排放量的比重上升至 90%，能源行业出口带来的 CO_2 完全排放量占出口贸易 CO_2 完全排放量的比重降至 10%，因此，非能源行业成为出口贸易 CO_2 排放总量增长的主要原因。

出口污染强度方面，2002~2006 年，非能源行业出口 CO_2 污染强度由 0.847 吨/万元增加为 0.911 吨/万元，增长 7.56%；能源行业出口 CO_2 污染强度由 0.812 吨/吨标准煤增加为 0.844 吨/吨标准煤[①]，增长 3.94%。能源行业和非能源行业同步增长，说明我国为单位出口产值牺牲了越来越多的环境，付出了越来越多的生态代价（表 1-15）。

表 1-15 出口贸易造成 CO_2 和大气污染物质排放总量、构成及排放强度

污染物	年份	完全排放总量/万吨	非能源行业			能源行业		
			污染/万吨	比重	污染强度/（吨/万元）	污染/万吨	比重	污染强度/（吨/万元）
CO_2	2002	34 131.3	25 005.3	73.3	0.847	9 126.1	26.7	0.812
	2006	84 500.5	76 066.6	90.0	0.911	8 433.9	10.0	0.844
SO_2	2002	840.5	615.8	73.3	0.0209	224.7	26.7	0.0200
	2006	2 081.0	1 873.3	90.0	0.0224	207.7	10.0	0.0208
NO_x	2002	794.7	582.2	73.3	0.0197	212.5	26.7	0.0189
	2006	1 967.4	1 771.0	90.0	0.0212	196.4	10.0	0.0196
烟尘	2002	489.1	358.3	7303	0.0121	130.8	26.7	0.0116
	2006	1 210.9	1 090.0	90.0	0.0131	120.9	10.0	0.0121

资料来源：孙小羽和臧新（2009）

同时，我国出口贸易导致的 SO_2、NO_x 和烟尘的污染排放也呈现出与 CO_2 排放类似的变化趋势。这进一步说明我国为单位出口产值付出了越来越多的环境污染和生态恶化的代价，这种进出口结构给我国生态环境造成了巨大压力。

[①] 污染排放系数取自王庆一编著的《可持续能源发展财政和经济政策研究参考资料 2005 能源数据》的中国石化燃料燃烧大气污染物和 CO_2 排放系数：SO_2（0.0165 吨/吨标准煤）、NO_x（0.0156 吨/吨标准煤）、烟尘（0.0096 吨/吨标准煤）和 CO_2（吨/吨标准煤）

第二章 中国资源循环利用产业的发展历程

第一节 资源循环利用产业发展的驱动力

一 农民脱贫致富是我国资源循环利用产业发展的原生动力

理性经济人作为主流经济学的假设前提支撑着整个经济学分析大厦,而该假设的一个核心内涵就是经济人能够在现有资源约束下实现效用最大化。从中国资源循环利用产业的发展历程考察,农民作为我国再生资源回收的主体,扮演了理性经济人的角色。

(一)农民生存本能构成我国资源循环利用产业的原生态形式

就自然资源的丰度而言,我国是一个人均资源相对不足的国家,原生资源的人均占有量低于世界平均水平,如我国人均石油储量仅为世界平均水平的11%,天然气仅为4.5%,即使是储量最丰富的煤炭,人均储量也仅为世界平均水平的79%。我国自然资源的短缺和工业化过程中对各种基础材料、能源的巨大需求,使得我国逐年加大对国内矿产资源的开发强度,同时,又不得不从国际市场上大量进口各种基础材料和生产这些材料所必需的原料、能源。按常态而论,直接靠农业来谋生的人是依附于土地的。特别是我国东部地区,在土地稀缺、农民难以活命时,农民离开土地就是一种理性的选择。即使在计划经济时代,虽然存在"左"的高压政策,但人多地少的矛盾仍然迫使农民外出收破烂、弹棉花、补鞋、打铁、做木工、打金、挑糖担,随地设摊、沿街叫卖等手工业和小商小贩活动屡禁不绝。这意味着在最基本生存需要难以满足的情况下,为环境所迫,农民必然具有较强烈的自主谋生意愿。正是这些衍生于农民生存本能的弃农经商活动构成了我国资源循环利用产业的原生态形式。

(二)资源循环利用成为我国农民脱贫致富的重要选择

实践证明,我国沿海地区的改革成功离不开农民的伟大创造。20世纪50

年代中期，收购废钢铁的小商贩在浙江台州、永康、富阳等地应运而生，他们走村串户，上门收购各种废旧物资，为中小企业提供原料。

从20世纪70年代后期起浙江路桥、温岭、永康、乐清等地就开办了机械、五金、低压电器等小工厂，依靠自己的力量发展经济。但是，在计划经济体制下，工厂所需要的机械、设备和钢、铝、铜等金属材料属国家统配物资，无法解决。路桥、温岭、永康人就外出收购废旧钢铁、铝、铜材和塑料、橡胶等废旧物资，运回本地，成了"抢手货"。于是，有更多的人到全国各地以低廉的价格购买报废的机床、电机、汽车、船只乃至境外的飞机、坦克零部件，千辛万苦地运回来，经过拆解、分类转卖给小厂。

由于缺乏技术和环保意识，个体回收利用者手工拆解废旧五金及电器，将废钢、废铝、废铜、铁件、塑料等出售，其余均当做垃圾随意丢弃，只顾眼前的收益而不顾环境污染和资源浪费，曾对某些区域的生态环境及居民生活质量构成严重威胁。

再生资源"简单利用"的过程，使再生资源回收者和利用者得到了"第一桶金"，为自身发展积累了资本，为当地企业发展提供了宝贵的工业资源，还使这些废杂物分拣者、流动收购者、废品收购站、小冶炼、塑料再生等经营者在实践中逐步增强环保意识，并萌发再生资源产业链延伸的思路及开发"资源共生产业链"的需求。

从目前看来，回收再生资源、获取再生资源也许并非我国农民最优的选择，但衍生于脱贫致富的朴素行为成为我国资源再生产业发展的原生动力。

二 利润最大化是我国资源循环利用产业的内在动力

新古典经济学在完全信息、环境确定及经纪人理性等严格又脆弱的假设基础上对个体的行为，乃至组织的行为进行了理论抽象。他们认为，从长期来看，只有那些实现了利润最大化的企业才能生存下来。尽管该理论因其一些不符合现实的假设越来越成为制度经济学等非主流经济学派抨击的焦点，但从我国资源循环利用产业的发展历程来看，利润最大化原则实际上已经内化于企业的经营行为，成为我国资源循环利用产业的内在动力。

（一）再生资源回收利用是我国民营企业资本原始积累的关键步骤

以民营企业为主体的再生资源回收利用，不仅促使"制造产品"形成了较强的竞争优势，也被誉为再生资源回收利用和区域特色经济互动发展的成功典范。

1978年以前，社队集体企业是我国经济发展的一支重要力量。但相当数量的社队企业基本属于"三无"（无原材料供应户头、无银行账号、无正规产品销售渠道）企业，经营者只能通过正常或非正常手段在计划经济夹缝中求得生存。例如，浙江永康人曾经从外地购进废杂铝，开始小冶炼，这既给永康五金企业的发展提供工业原料，又由于小冶炼成本低、投资少、技术易、效益高等特点，迅速成为永康人的"致富门路"。

虽然民营企业拿不到国家计划原材料供应和销售的订单，但这种情况却成为我国农民走南闯北跑起供销的契机。他们吃别人不能吃的苦、干别人不想干的活、赚别人看不上眼的钱，从四面八方收购"废铜烂铁"，拆解加工，获取再生资源。例如，浙江路桥的废旧物拆解业开始于20世纪80年代初，之后如燎原之火蓬勃发展，并逐渐成为了台州经济的"市场之源"。即使到了今天，众多诸如吉利汽车、钱江摩托等企业仍然离不开拆解业等相关产业所提供的原材料。许多企业主和工人已经积累了大量的废旧物收集、拆解和销售的经验，而废旧物拆解已经成为了他们日常生活中所必不可少的一部分，其经济来源和就业机会都是建立在这个基础之上的。

缺资金、缺技术、缺设备的"三缺"现实，使我国农民从小零件起步。比如，半导体收音机有个手拉天线，天线顶端有个小塑料件，这个"小不点"只有黄豆大小。但浙江慈溪人把这个利用废塑料制成的小配件卖给国有企业，价格比国有企业自己生产的成本低，从而以低成本优势赢得了市场。慈溪人从利用废金属、废塑料等再生资源起家，以传统模具技术为支撑，从小配件、小加工，逐步完成从国内家电配件基地到创建中国慈溪家电科技城的历史跨越。

以废杂铝冶铸的合金铝，用于五金件、汽摩配件和电机外壳的制造价格要比用电解铝配置的铝合金每吨至少低1000元；用再生铜生产的铜材每吨要比电解铜生产的铜材低2000~3000元；用废杂黄铜生产的铜阀门每吨比采用电解铜配置的黄铜原料成本低3000~5000元。以废杂铝、废杂铜、废旧钢铁为主体的永康再生资源回收利用，使一个金属资源极度匮乏的永康，有了充足、廉价的金属原料，永康五金制造在原材料上的价格优势，使永康大批民营企业在激烈的竞争市场中较快地完成了资本原始积累。

（二）产业结构优化与产业链延伸是我国资源循环利用企业扩大盈利的关键

我国再生资源回收利用是在以家庭经营为基础、以市场为导向、以小城镇为依托、以农村能人为骨干的基础上,由家族式企业、合伙制企业及集体企业改制发展起来的。最近10余年来,我国的再生资源产业组织结构,即企业规模从小打小闹向规模化转变呈现出两种规模化的发展趋势。首先,部分实力比较强的再生资源民营企业及集体企业,经过股份制改造,由传统的中小型、初级加工型企业向"专、精、特、优"的优势企业和大型集团化企业发展。其次,企业集群与产业链延伸,发挥企业之间的高度社会分工、专业化协作和生产成本低廉、市场反应灵敏、规模经营的群体等优势。在实践中,涌现出浙江台州齐合天地金属有限公司(固废拆解与再生铝熔铸)、宁波金田铜业集团(废杂铜加工)、金光集团宁波亚洲浆纸有限公司(废纸再生)、宁波大发化纤有限公司(废旧塑料加工)等一批大规模、高水平、上档次的,在国内市场颇具竞争力的资源再生产业的"龙头企业";涌现出以构建工业园区或产业功能区为载体的再生资源产业管理模式,并收到显著效果。

例如,台州再生金属加工园区内的规模企业已经走出了传统家庭小作坊式的生产模式,朝着集团化产业升级的方向发展,涌现出了一批规模大、技术装备比较先进的企业。尤其是位于前十名的企业,不仅其拆解总量占全市固废拆解量的70%,而且企业的生产经营方式已从单一的废旧电器拆解→拆解物销售,发展到废旧电器进口→废旧电器拆解→拆解物分类→拆解物加工→产成品出口,形成两头在外的国际化生产经营模式。龙头企业——台州齐合天地金属有限公司,年拆解固体废弃物的能力已达30万吨,固体废弃物几乎全部来自国外,2004年公司兴建的大型再生铝厂,产能达20万吨/年。

经过多年的发展,温州打火机产业形成了设计、生产、销售各个环节成龙配套、分工协作的区域经济格局。温州防风打火机产销量,占全世界防风打火机总量的70%以上。与国内同档同类产品相比,温州打火机出口供货价要低1/4~1/3;与国外竞争对手相比,温州打火机的出口价格在1~2欧元,而欧洲同类产品至少10欧元,多则几十欧元甚至更贵。同档同类产品较大的价格差距,使温州打火机在市场上极具竞争力。温州打火机明显的市场价格竞争力来源于民管机制、再生资源利用、产业集聚、专业市场所形成的产品低成本优势。

(三)再生资源产业集群是区域特色经济快速发展的重要环节

浙江台州是我国最大的进口废旧电器(机)拆解基地,近年来,其拆解及有效资源回收量已达每年200万吨以上。固废拆解利用业的发展,提供了大量廉价、优质工业原料;传统模具业的发展带动台州塑料、五金、汽摩配、缝制设备、家用电器等制造业发展。台州主导产业之间相互关联、相互支持、相互促进的产业优势形成叠加效应：集群的高度分工提供了任何单个企业都无法达到的低成本；集群的规模优势弥补了企业的规模劣势；集群创新能力弥补了企业创新能力的不足；区域的市场开拓能力弥补了企业能力的不足，真正提高了区域产业的竞争力。目前，产业集群成为民营企业应对国际竞争的重要依托，许多民营企业与跨国公司正面竞争，并在竞争中涌现出钱江、飞跃、吉利、星星、伟星、苏泊尔等一批在全国有影响的龙头企业，从而形成了汽摩及配件、家用电器、模具塑料、阀门水泵、工艺礼品、服装机械等产业集群，推动了台州特色经济的繁荣。

在永康，废旧物料回收商、废旧金属市场、利废企业、五金生产企业和"中国科技五金城"之间形成了完整的产业链。永康资源再生产业链延伸，从家用五金、衡器、电动工具、防盗门、汽摩配，朝电动滑板车、电动自行车、农用车、经济型轿车等大五金方向发展。五金产品依托"中国科技五金城"这个全国最大的五金产品市场销往国内外。

■三 区域效益最大化的管制行为是我国资源循环利用产业发展的外在动力

经济学领域在很长的时间里都对政府是否应该干预市场存在争议，而且这种争议在目前也并没有完全达成一致。政府作为亚当·斯密自由市场理论中的"守业人"，在很多经济学家看来是不应该对市场施加干预的，但随着市场童话的破灭，政府在很多经济学理论中又被当做消除市场失灵、实现帕累托最优均衡的最好工具之一。在浙江资源再生产业发展过程中，地方政府为了追求地区效益最大化而进行的管制行为，在很大程度上为再生资源回收利用的发展起到了保驾护航作用。

（一）地方政府的不干预政策加速了经济制度变迁

地方政府的积极不干预政策使得私营经济在我国沿海地区得到迅速发展。政府作为制度供给者在当时体制相对真空时运用市场经济的运作方式，形成一种"体制外"自主增长的格局，从而构筑了比其他区域产权效率更高的"体制落差"优势。在党的"十五大"关于所有制理论的重大突破之前，产权制度的实际供给仍然是受政治约束的，在那样的历史背景下，我国民营经济得以制度创新的一个重要原因就是各级政府在制度变迁中采取了一些默许乃至支持的做法，使得民营经济能超前发展。例如，1982年6月，全国第一家工商注册的股份合作企业（温岭牧南工艺品厂）诞生了，台州由此成为"中国股份合作经济的发祥地"。当时是改革开放的初期，个人合股创办企业，各地争议非常激烈。但台州政府允许股份合作企业戴上"乡办集体"的"红帽子"，"纵容"它红遍了台州。当许多地方还在为农民家庭联产承包责任制犹豫观望时，台州已经实行了彻底的大包干；当全国还在为计划与市场的关系问题争论时，台州改革与发展的市场化取向已经十分明确；当许多地方还在为姓"资"还是姓"社"辩论时，台州民营经济已成了大气候。

（二）地方政府为民间拆旧利废业的发展提供体制保障

有必要指出的是，20世纪七八十年代在浙江、广东沿海地区逐步形成了一定规模的拆解业，进而派生出废旧钢铁、废杂有色金属市场。浙江仙居炼银业也是在这种情况下形成的。仙居人到各地把含银的废定影液、废旧胶卷、过期的X光片及损坏了的电火花塞、含银下脚料等"废物"收集起来，炼成"银渣"，最后炼成纯度达99.99%的白银，并在此基础上逐步形成了中国最大的利废白银交易市场。在当时的大环境下，金属材料一直由国家严格控制，对于民间经营上级主管部门明确表示不允许，尤其是白银属于国家统购统销的专项物资，私人从事白银的生产和交易皆属违法。在这种情况下，台州、温州、永康等地方政府大胆地冲破根深蒂固的框框，一直默许、保护与支持民间拆旧利废业的发展。政府的保护和支持是这些地区资源再生产业发展的重要体制保障，我们很难想象，如果当时地方政府根据上级的有关指示行事，是否还有今天的发展规模与先行者优势？

（三）地方政府引导与规范促使我国资源循环利用产业的可持续发展

在市场经济条件下，从事资源回收利用的产业往往以民间资本为主体，市场调配是"铁定"法则。但政府的引导作用效果明显：一是政府扶强扶优的政策，促使区域要素向优势企业集中。在利废领域，浙江台州齐合天地金属有限公司、宁波金田集团、金光集团宁波亚洲浆纸有限公司等一批在国内市场颇具竞争力的重点骨干企业迅速崛起，成为浙江乃至全国再生资源再生产业的"龙头企业"。二是政府规划建设工业园区，推进产业向优势区域集中，逐步实现生态化。浙江各级政府在规划建设工业园区方面颇有成效。例如，1999年，台州筹建再生金属加工园区，掀开了我国固废拆解业实行"圈区管理"的序幕。2006年，路桥区对固体废物拆解业进行专项整治。峰江街道共取缔6547家场外拆解散户，完成204家废金属储存压块点的申报和预验收，清理拆解场地20.76万平方米，拆除违章搭建工棚1750多个，共7.8万多平方米，清运垃圾10 600多吨，完成覆土改造3.4万平方米。通过专项行动，规范了再生金属定点加工利用单位的经营行为，促进固废拆解业走上有序的资源再循环产业道路，使峰江拆解园区朝着循环经济示范园区迈进。宁波市镇海区人民政府结合自身地域优势规划建设的宁波再生资源加工园区，被国家环保总局定为试点园区。由富阳市规划建设的春江、大源、灵桥三大造纸业功能区，分期建设了5个集中污水处理工程和3个公用热电项目，对规划范围内的工业企业和城镇实行了集中供热，使3个造纸功能区内的造纸企业实施污水集中处理，污水达标排放；污水处理产生的污泥用于热电厂焚烧，残渣制作墙体材料；热电供园区内造纸企业、污水集中处理厂使用，实现了园区内的物质闭路循环。富阳造纸产业功能区建设及其生态化改造被有关部门及专家称做浙江产业园区生态化改造之范例。特色工业园区建设还拓展了许多家庭工业的发展空间，使行业管理更加规范，并为企业信息化建设、实现资源循环利用和高效利用创造条件。

此外，政府在鼓励技术进步、实现资本与技术结合及通过法律或税收手段规范产业有序发展等方面也发挥了很大作用。

近年来，浙江各级政府以科学发展观为指导，创新经济和社会职能，对"经济调节、市场监管、社会管理、公共服务"等职能充分认识、科学定位。改变政府职能在再生资源回收利用方面的缺位、越位、错位状态，积极探索合理的让位机制，为再生资源回收利用的生存与发展，创造更加高效、更加宽松的政府支持与服务环境，而政府产业管制理念与方式的转变，在某种程度上给浙江再生资源回收利用的快速发展提供了体制保障。

浙江是国内最早开拓再生资源回收利用的省份，也是较早接受循环经济理念、进行再生资源有效回收利用的实验区。20世纪50年代，浙江率先在全国涉足再生资源回收领域。台州小商贩走村串户收购废旧钢铁，送到路桥下洋殿集市交易，为小企业提供原材料。1966年，苍南宜山的一批纺织能手将南通式的铁制纺纱机改为木制纺纱机，把手摇纺纱改为动力纺纱，将破布、旧棉被等开发成再生棉花，纺成棉纱，既解决了原料问题，又提高了工效。周边农户纷纷仿效，很快遍及整个宜山。永康人利用外出流动的机会，从全国各地回收废钢铁及边角料，生产菜刀、剪刀、锉刀、刨刀、锄头、镰刀等铁制小农具。20世纪90年代后，浙江人借助临海港口及当地劳动力资源、民营企业经营机制等优势,将台州海门、宁波北仑发展成为全国进口废五金电器最大口岸,台州路桥、宁波镇海成为全国最大的再生资源供应基地,有力地支撑了浙江特色制造业与块状经济的发展。

第二节 中国资源循环利用产业的发展演变

一 资源循环利用产业的管理机构演变

供销社机构三合三分。1955年供销总社成立"废品管理总局",在北京、天津、上海设置直属经营处,主管全国的废品回收业务。1958年到1962年7月的"一合一分":1958年全国供销社与城市服务部、第一商业部合并为商业部,部内设"土产废品局";1962年7月,恢复全国供销合作总社,原土产废品局改为副业生产指导局,局内设废品业务处。1970年7月到1975年2月的"二合二分":1970年7月总社与粮食部、商业部、工商行政管理局合并为商业部;1975年2月又恢复供销总社,成立"日杂废旧物资局"。1982年3月到1995年的"三合三分":1982年3月总社与商业部、粮食部合并为商业部,设废旧物资局,1989年5月,改设商业部再生资源管理办公室和中国再生资源开发公司。1993年8月,商业部与国家物资局合并成立国内贸易部,同年9月国内贸易部再生资源管理办公室与中国再生资源开发公司合署办公。

二 资源循环利用产业的发展历程

(一)名称的历史演变,经营范围、规模不断扩大

供销合作社从事回收是从1950年开始的。新中国刚刚成立,以结合生产自救、为群众增加收入为目的,供销合作社组织少数品种的"破烂"收购。1955年废品管理总局成立时,第一次将俗称的"破烂"正式称为"废品"。1965年6月,废品管理总局在上海召开全国废旧物资工作会议,第一次将"废品"改称为"废旧物资",以确切表达废物利用价值,更加充分体现行业经营废品旧货回收利用的内涵。1986年11月,国家经济委员会和国家科学技术委员会在天津召开"再生资源政策研究"会议。研究结果认为对废旧物资回收的意义需要再认识,要

从资源综合利用的高度来认识回收废旧物资工作的地位和作用，建议将"废旧物资"改为"再生资源"，以体现废旧物资回收利用既能节约原生资源又能保护环境。1987年6月，国家经济委员会、财政部、商业部、国家物资局联合发出《关于进一步开发利用再生资源若干问题的通知》（经综字〔1987〕353号）（以下简称《通知》）。《通知》肯定了开发利用再生资源工作的地位和作用，并提出"再生资源是指社会生产和消费过程中产生的可以利用的各种废旧物资"。从此，再生资源成为废旧物资的另一名称。再生资源名称的历史演变，经历了36年的时间，体现了随着经济的发展，全社会对回收工作意义和作用认识的提高，在这一时期，回收工作也取得了巨大的进步。经营范围不断扩大，回收品种从开始的家庭破烂，如废铜烂铁、废纸、杂骨等十几种开始，逐步扩大到废金属等几大类1000多个品种，经营规模也从有统计的1953年的0.6亿元，扩大到1994年的125.63亿元。据1994年的统计，全国供销社系统有县以上再生资源专营、兼营企业2800多家，全国回收网点12万个，各类加工企业1500多家，从业在职人员约80万人。1994年全系统回收各类废旧物资总值125亿元，回收总量达到1600多万吨，其中废钢铁1060万吨，各类造纸原料约250万吨。

（二）再生资源加工利用在20世纪80年代快速发展

1955年"废品管理总局"成立时，第一次提出通过废品加工开拓利用范围。1960~1962年我国国民经济调整时期，在"商业不办工业"的思想影响下，没有认真考虑回收行业的实际需要，不少地区将废品加工厂转给工业部门，致使加工工作受到很大影响。仅上海市废品公司转给手工业部门的加工厂就有40个。直到1978年公开发表周总理题词以后，随着回收业务的增长，各地以废钢铁为主的废旧加工又逐渐发展起来。1983~1986年，国家计划委员会将废钢铁首次列入国家节能基建项目计划，四年间批准安排各类资金6185万元，建设了34个大中型废钢铁加工厂，其中包括11个报废机动车拆解厂，全行业废钢铁加工能力从1980年的50万吨增加到1989年的200万吨。但是，20世纪90年代以来，由于市场变化很大，加上再生资源加工企业自身的原因，再生资源加工业受到很大冲击，除部分废钢铁加工厂、废机动车拆解加工等还能正常生产之外，大部分废塑料、废橡胶加工厂已经停产或改产，再生资源加工业面临全面萎缩的严峻局面。

（三）资源循环利用科研的兴起与发展

1965年6月，在上海召开的全国废旧物资工作会议上，第一次提出要对废旧物资利用开展科学研究。各地相继组建或设立加工科研科、室、所，主要是配合回收业务开展加工科技管理和科研工作。1979年10月，建立了天津废旧物资科研所和全国废旧物资科技情报站。在上海、广州、重庆、西安等地，相继建立了废旧物资专业或综合的科研及情报机构，全国废旧物资科研及科技信息工作有了较大发展。到1983年，共研究各类项目109个，投入生产或试产的有64个，其中获得发明奖1项，科技大会奖4项，省市级科技奖13项。1991年，国家科学技术委员会首次将商业部牵头组织的"贵金属废料再生技术研究"等7项课题列入国家"八五"科技攻关计划"固体废弃物资源化技术研究"项目。20世纪90年代以来，科技、信息工作也走向市场，以紧密联系行业发展实际、服务于行业企业为主要特征的新的科技工作局面正在逐步形成。1996年天津废旧物资科研所的"废纤维综合利用技术及设备"项目获得国家科技攻关奖；1997年，广州废旧物资科研所的"废橡胶常温脱硫"获得国家专利，并向加拿大等西方国家成功转让。

（四）行业宣传、教育及国际交流逐步发展和扩大

扩大行业宣传方面，始终抓住宣传周总理题词和再生资源工作的意义，提高全民资源环保意识，以理解和支持再生资源工作。1958年7月7日，周总理在广东新会参观了废品利用展览，对该县废品利用一年收益700万元十分赞赏，为废品工作题词："全国商业部门在党的社会主义建设总路线的光辉照耀下，应该向新会学习，抓紧废物利用这一环节，实行收购废品，变无用为有用，扩大加工，变一用为多用，勤俭节约，变破旧为崭新，把工农商学兵连成一片，密切协作，为全面地发展生产服务，以便更好地实现勤俭建国，改造社会的任务。"直到1977年7月，经中央批准，《人民日报》公开发表周总理亲笔题词手迹，扩大宣传，全国开展突击回收活动，当年全国废旧物资收购量比上年增长21.2%。10月，李先念同志对北京日报社《内部参考》作了600字的重要批示，高度评价废旧物资工作的意义和广大职工的辛勤劳动，要求有关部门关心这个行业的职工，对存在的实际问题调查研究、统筹解决。1988年5月15日，李鹏总理为废旧物资工作题词："大力开发利用再生资源，变废为宝，支援建设。"7月28日商业部在广东新会召开"全国废旧物资系统纪念周总理题词30周年表彰大会"。1998年为纪念周总理题词46周年，在广东新会召开理论研讨座谈会，进一步宣传再生资源回收利用工作的意义。1965年在北京第一次举办"废旧物资回收利用汇报展览"。1991年7月，商业部在北京召开全系统再生资源工作

会议、表彰大会。会议期间在北京民族文化宫举办全国再生资源回收利用展览会,对全国供销社系统再生资源行业42年来取得的成绩进行了大规模的宣传。

三 资源循环利用行业协会

1990年12月在沈阳召开了成立中国再生资源商业行业协会(以下简称全国协会)。筹备工作委员会(以下简称筹委会)会议以后,江苏、湖北、北京、上海、河南、陕西、天津、重庆、南京、沈阳四省六市协会及中国再生资源开发公司等共11位代表组成的筹委会经过近两年的努力,于1992年12月16日在北京召开了中国再生资源商业行业协会成立大会,并举行了第一层理事会第一次会议。大会接纳首批团体会员单位72个,通过了协会章程,选举成立了领导机构,组成了协会秘书处。此后,至1997年第二次会员大会,已有团体会员单位147个,协会工作有较大发展,在行业工作方面起到重要的纽带和桥梁作用。1993年10月,第一次以全国协会名义在河南郑州组织了全国再生资源交流会和再生资源加工机械设备展销会,与会代表为2700多人,合同金额达8亿多元。之后,受市场经济框架的逐步形成和再生资源回收市场的不景气等因素影响,1994年河南郑州、1995年四川广汉、1996年山东泰安、1997年广西桂林、1998年四川成都、1999年云南昆明连年召开的全国再生资源交流会人员和成交规模越来越小。1994年7月,在上海举办上海国际再生资源工业展览会,同期,全国协会在上海召开了第一届第二次会员大会,与会会员单位代表120多人,之后从1994年始,全国协会均同时召开全国再生资源交流会和全国协会理事会或会员代表大会。1997年在广西桂林举办第五届全国再生资源交流会的同时,召开了会员大会,大会选举产生了全国协会第二届领导机构和协会秘书处,修改了章程。1998年在成都举办交流会的同时召开了全国协会第二届第二次理事会,决定加强全国协会工作。按照全国协会章程规定,对全国协会会员单位逐步进行清理整顿,以促进全国协会工作进入规范化轨道,进一步真正发挥全国协会应有的作用。

第三节 中国资源循环利用产业发展的阶段特征

纵观我国再生资源回收利用的历程,再生资源回收利用大致经历了计划经济时期的"再生资源统购统销"、改革开放后的"再生资源简单利用"、金融危机后的"再生资源高效利用"三个阶段。

一 计划经济时期的"再生资源统购统销"阶段

中国再生资源回收利用体系建立在20世纪50年代初的计划经济时期，曾经以国家计划委员会金属回收局为主线的各地金属回收公司和以中华全国供销总社为主线的各地物资回收公司，构成了金属回收的两大系统。

（一）物资再生利用系统

它是计划经济时期发展起来的专门回收各种再生资源的行业，主要回收国有企业产生的再生资源，是计划经济时期回收再生资源的主渠道。物资系统的金属回收公司与供销合作社系统的物资回收公司一直有着传统的分工方式，即"金属回收"不上街、"物资回收"不进厂，按照职能分工进行着中国国民经济恢复时期金属回收渠道的建立和运作。覆盖回收网络曾涉及包括自然村在内的各个区域，对废旧金属的回收，实行严格的计划管理并具有自上而下的统计体系，这一体系的建设，是国家物资流通管理体系的重要组成部分。尽管其社会成本相当高昂，但为中国的基础材料生产和供应提供了最基本的物资循环网络，为国民经济各个五年计划的实施，提供了产业基础。

（二）供销社系统

计划经济时期，供销社系统在全国城乡已经建立了比较完善的回收网络，它是计划经济时期再生资源回收的主渠道之一。供销社物资回收体系成立于20世纪50年代，是集回收、加工、科研、管理于一体的行业体系，是我国最早开展废旧物资回收的部门，在计划经济时代一直担负着全社会废旧物资回收的主要任务。供销社物资回收体系多年的经营实践既树立了较高的知名度和良好的信誉，又积累了经验，锻炼了队伍，培养出一批专门人才，还形成了较顺畅的经营渠道。供销社物资回收公司直属政府部门管理，能得到政府扶持，享受优惠政策，与城管、环保、治安等政府部门沟通方便，有利于发展。由于该回收体系形成于计划经济时代，随着市场经济体制的完善，多渠道市场竞争格局的形成，体制落后和机制僵化问题阻碍了该回收体系的发展。回收体系重经营、轻加工，产品附加值低，经营方式落后，长期以"收废卖废"的粗放经营为主，缺乏现代经营理念和技术。

在计划经济时期，废旧物资曾经一直被看做战略资源，其回收、利用、储运只能控制在国营公司手中，并且受到公安、物资等部门的严格监管。在废金属利用上，几乎每一个中等城市，均设有一个金属熔炼厂，按计划负责对回收的废金属进行重新利用。在计划经济体制下，国内一些大中型铜冶炼企业在废杂铜的再生利用方面作出了重大贡献。例如，从20世纪的80年代开始，原来的云南冶炼厂、江西冶炼厂、常州冶炼厂、上海冶炼厂、徐州冶炼厂、富春江冶炼厂、武汉冶炼厂、沈阳冶炼厂等，都在废杂铜的再生利用方面进行了大量的探索与实践。

二 改革开放后的"再生资源简单利用"阶段

自20世纪80年代后期，随着中国计划经济体制的淡出和物资流体制的解体，曾经起着主导作用的回收体系逐步解体甚至被另类实体所替代。

20世纪70年代末，中国兴起了河北保定及浙江永康等有色金属再生利用自发交易市场。在上述几个地区的集散市场上，交易以民营企业为主，依靠回收国营金属加工厂的生产性废料得到了快速发展。这些地区小企业林立，设备简陋，熔炼方式原始，成为中国再生资源产业的雏形。

80年代后期，苏联解体后，其几十年的计划经济体系的解体和产业结构的崩溃，使得长期工业积累产生的废旧金属和工业设施被拆除变卖，其出路只有中国市场，从而形成了废旧金属持续大量进入中国的物流状态，这种大变动持续了近10年的时间，在此期间，弥补了中国国内废金属市场的不足，在中国华北地区、西北的新疆口岸附近的喀什等地形成了以利用前苏联废旧金属为主的小而分散的再生铝熔炼集群。但自2001年后，独联体国家相继限制或禁止出口废旧金属，西北的废旧金属熔炼从此一蹶不振；华北市场也受到极大影响，转向了国内废料的回收，发展则长期处于迟缓徘徊状态。在中国的华东及华南地区，从1987年开始，一部分台资企业开始利用中国内地的劳动力资源从事进口废五金的拆解、分选工作，通过广东口岸进口废旧金属向中国内地的不断渗透，欧美、日本等发达国家的大量废旧金属进入中国东南沿海。

改革开放以后，回收、加工再生资源的个体户和民营企业迅速发展，城乡走街串巷的收购商全部是个体户，目前许多地区还形成了废金属市场，其中市场最活跃的是民营回收企业和个体企业。从目前再生资源回收的总体情况看，民营和个体回收再生资源企业是一支不可忽略的重要力量。民营企业自其诞生之日起就意识到资源供应不足给区域经济发展带来的严重制约,开始自发地解决这一矛盾。人们利用民营或个体经济的灵活机制,千辛万苦从全国各地回收废旧资源,以家庭小作坊的方式生产小件日用品、配件,以仿制、贴牌等方式,组织产品生产,积累资本。个体回收户回收利用体系完全是在利益的驱动下,市场自发形成的。流动个体回收户分布于各个省、市、乡镇,骑着三轮车走街串巷专门收购废旧家电或在收购其他废旧物资的同时,兼收废旧家电。这些流动个体回收户主要是来自农村的外来打工人员。他们往往白天骑着三轮车出没于各种各样的住宅区,从居民手中回收废旧家电,晚上则在自己租住的房子里整理收来的各类电子废弃物,为了从中获得最大的利益,他们自己也会对电子废弃物进行分类、简单维修甚至拆解。

我国再生资源回收利用经历了以下环节:产品来源由走街串巷收购发展到从国内企业收购废料和从国外进口废料的多元化回收过程;产品生产由普通日用品向配件、整机生产和高技术产品生产转变;产品质量由开始的劣质产品向贴牌、品牌和名牌提升;企业规模由小作坊、小工厂的初级加工向现代化大企业和国际化大集团发展(图2-1)。

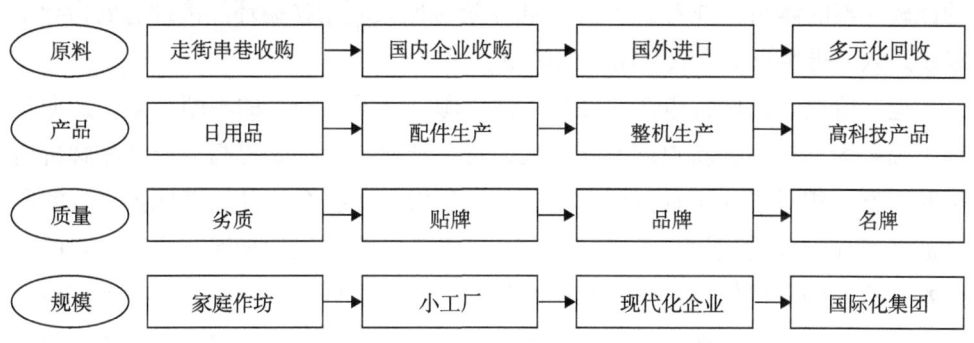

图2-1 我国再生资源回收利用发展过程图

目前,我国有各类回收企业5000~6000家,回收网点约15万个,从业人员近2000万人。各个回收网点回收业务范围较广,回收包括废金属在内的各类可利用的废旧物资,如废旧金属、报废机动车、废钢铁、废塑料、废纸等。

在再生资源简单利用阶段,再生资源得到回收利用,企业获得生产所需的原料。但是,这一阶段,回收市场秩序混乱,回收拆解技术落后,法制化和标准化程度低,由此导致偷盗、职业卫生差、再生资源回收率低等问题。再生资源产业层次低、经营企业规模小、技术水平不高,环保投入很少,在回收利用过程中没有很好解决污染问题。例如,废金属回收拆解和再生利用过程中会产生含颗粒物废气、含气态污染物废气及废渣、废液等污染物。由于废金属的来源渠道不同、废料的种类不同、受到的污染程度不同、选用的处理技术和设备不同、燃料的不同、添加剂不同，产生的污染物也非常复杂。仅就气体而言，就会有含硫、碳、氮的氧化物和易挥发的金属氧化物，烟尘中含有各种金属氧化物、非金属氧化物和大量有机物粉尘，以上污染物都会对环境产生影响。再生塑料处理产生的污染主要是水污染。废塑料品种及来源不同，造成的污染也不相同，主要有悬浮物污染、有机物污染、油脂污染、溶解物污染、颜色污染、pH污染、微生物污染和有毒物质污染等。在废塑料粉碎清洗工序的清洗过程中，如果清洗水直接排放，就会存在二次污染问题。

三 金融危机后的"再生资源高效利用"阶段

随着资本的不断积累，回收企业规模的不断扩大，创新力度不断加大，产业链不断延伸，再生资源回收利用逐渐形成了从废弃物回收、拆解、再生、加工，到再生资源回收利用科技开发、技术和管理咨询服务、信息服务、市场服务等的比较完整的体系。进入21世纪，再生资源回收利用在循环经济理念的指导下稳步迈入"再生资源高效利用"的阶段。

这一阶段，区域特色产业经过人力资源、技术、资本的不断积累，产业规模不断扩大，技术创新力度不断加大，自主产权技术不断提高，产品品牌价值不断提升，相对形成了具有地方特色的竞争力。一些企业开始考虑再生资源利用的环境保护设施建设，尤其是企业的决策者已经认识到环保与企业生存的重要性，行业的环境保护工作将有明显进展。同时，再生资源产业正在朝规模化和现代化方向发展，涌现出浙江海亮集团有限公司、宁波金田铜业集团股份有限公司等一批规模大、技术装备比较先进的企业。特别是台州再生金属加工园区、宁波再生金属资源加工园区等对再生资源产业实现"圈区管理"，统一规划、统一管理、统一纳税、统一治污，提高再生资源的回收效率，减少和避免污水、废弃物对环境的影响，对再生资源回收处理的生态环境保护有重要示范作用。在管理方面，再生资源产业正在逐步向国际先进水平靠拢，许多企业通过了ISO9000认证和ISO14000认证。转型时期"再生资源高效利用"阶段的再生资源利用，不但使资源得到高效利用，而且有效地解决了环境污染的难题，更加注重区域协调发展，更加注重人、资源和环境的可持续发展。

第三章 中国资源循环利用产业发展现状

第一节 资源循环利用产业规模及其区域分布

一 产业规模

我国自然资源人均拥有量低于世界平均水平，资源、环境与经济发展的矛盾长期存在。提高自然资源利用效率，是实现我国经济可持续发展的必然选择。修旧利废、物尽其用是我国劳动人民的优良传统，是提高资源利用效率的重要途径，也是资源循环利用产业发展的文化基础。

（一）资源循环利用产业发展初具规模

从总体上看，改革开放30多年来，随着社会主义市场经济体系的日臻完善，我国资源循环利用产业规模逐步扩大，区域性集散市场初步形成，技术水平有所提高。

1. 回收体系发生了很大变化，功能逐步完善

新中国成立初期，全国建立了各级物资（包括金属回收）和供销合作社废旧物资回收公司两大体系，成为当时世界上最为完善的废旧物资回收系统。改革开放后，一方面，随着我国市场经济体制的日臻完善，按照计划经济体制建立的回收体系，由于回收人员的分流、改行或退休而逐步萎缩，特别是物资管理部门撤销以后，一些地方物资和供销社系统的回收公司所起的作用在下降。另一方面，进城务工农民大量进入回收行业，以企业或工业园区为龙头的、利益导向的社会回收体系也逐步发展壮大，所起的作用越来越大。有关研究表明，全国每年约50万吨废铝、40万吨废铜、30万吨废铅是由社会回收体系回收起来的。废旧物资回收体系的调整和发展，为我国资源循环利用产业发展奠定了基础。

2. 形成了一些区域性集散地和交易市场

改革开放以来，随着城乡收入差距的扩大，特别是城市居民日常用品更新速度的加快，淘汰下来的还有一些不太旧的，甚至是全新的物品，可以继续利用，

从而带动废旧物品从大城市到中小城市再到农村的二手货的流通,这可以从不少城市周边分布的废物回收、加工、交易市场得到佐证。同时,国内资源供应紧张,废料进口成为沿海港口附近地区出现的一种新产业。20世纪90年代以来,广东、浙江、江苏、上海、天津等沿海地区,进口、拆解废金属逐步发展形成较大的产业规模;山东、河北等省也是进口、拆解废金属产业发展较快的地区。中部地区的湖南汨罗、永兴等地,资源循环利用产业发展初步形成特色。

3. 资源循环利用企业的技术水平有所提高

尽管我国大量的中小型资源循环利用企业技术水平较低,主要是小作坊或手工操作,但形成规模的一些企业,加工利用技术水平较高,一些企业引进国外的先进生产线;一些企业联合国内外的科研院所开发研制了适合中国废物特点的处理设备或装备,有些设备或装备已经出口到国外;一些合资或外资企业使用先进的装备和生产设备。所有这些,均有效促进了我国资源循环利用产业技术水平的提高。

(二)资源循环利用产业发展取得显著经济效益和社会效益

2009年,我国资源循环利用产值超过5000万元的企业超过了2800家,资源循环利用产业总产值超过1万亿元。2009年主要再生有色金属产量约为633万吨,超过了1998年全国有色金属的总产量(616万吨),占当年10种有色金属总产量的24.3%左右,成为有色金属产业资源的重要补充。

1. 废旧物资回收利用的进口,成为资源供应的一个重要补充

虽然铜、铁、铝等矿产资源是不可再生的,但废钢铁、废铝等则是可以反复利用或循环利用的。开发利用这些资源,不仅可以增加资源供应,还可以降低自然资源开发对生态的破坏,减少污染物排放,从而减轻经济发展的资源环境压力。一些没有原生资源的地方,通过废旧物资的回收利用或进口废物的拆解加工,发展形成了相关的原料生产基地,如浙江台州、江苏太仓、广东清远、湖南汨罗、永兴,以及天津等地的一些资源循环利用加工园区。

2. 减少能源消耗和废物排放,有助于实现"十二五"节能降耗减排目标

废钢铁、废铝、废塑料等,生产时消耗能源资源,属于载能产品;用来生产新的产品可以达到节能、降耗、减排的效果。有关研究表明,每利用1吨废钢铁,可生产0.85吨新钢,节约2吨铁矿石,节能0.4吨标准煤,少产生1.2吨矿渣;利用1万吨废纸,可生产纸浆8000吨,节约木材3万立方米,节能1.2万吨标准煤,节水100万立方米,少排放废水90万立方米,节电600万千瓦时。

3. 提供大量就业机会，带动地方经济发展

资源循环利用产业是典型的劳动密集型产业，即使在发达国家，旧物拆卸和分类的部分工作也由手工完成。有关研究显示，全国资源循环利用回收企业达5000多家，回收网点16万个，回收加工厂3000多个，从业人员超过1000万人。我国"长三角"、"珠三角"地区出现很多废物回收和拆解企业，不仅吸收了大量劳动力就业，也促进了地方经济发展和社会稳定。一些研究表明，在北京的资源循环利用行业中，大约有20万人从事废旧物资回收，200万周边地区的人口从事加工利用，对带动相邻地区经济发展起到了积极作用。

总之，发展资源循环利用产业，对提高我国资源利用效率、实现节能降耗减排目标，减轻资源约束和环境污染压力，提供就业机会，带动地方经济发展，推进资源节约型和环境友好型社会的建设，均产生了积极影响。

二 再生资源进口主要口岸及其拆解利用的主要基地

据统计，我国每年进口再生资源4500多万吨，其中80%流向东南沿海省市。东南沿海省市经济发达，资源短缺，是我国资源循环利用进口的主要口岸，并涌现出一批拆解利用的重要基地。主要进口资源循环利用基地的情况见表3-1。

表3-1 进口资源循环利用基地的情况表

基地名称	基本情况	特点	基地成果
台州资源循环利用加工园区	1999年峰江镇率先在全国创建进口固废拆解园区。此后新建了高标准的金属再生工业园区。固废拆解朝着集团化产业升级的方向发展，涌现出了一批规模大、技术装备比较先进的企业。园区成为全国进口固废拆解规模最大的园区，成为"长三角"废铜供应基地	园区实行统一征地、统一建设污水和垃圾处理设施，将地出售给企业。由企业出资建厂经营。园区内企业实行集约化拆解、工厂化加工、无害化处理、封闭式管理	总投资6.2亿元，占地1600亩，集中了40多家固废拆解回收企业，年拆解能力达到250万吨。2005年，拆解各类固废共200多万吨，创造产值69.75亿元，固废拆解业成为当地的支柱产业，占全街道工业总产值的74.72%
宁波资源循环利用加工园区	加工园区位于宁波镇海港。园区总规划面积3000亩，其中绿地990亩，绿地率33%，隔离界河及道路用地480亩，实际用地1530亩。宁波镇海金属加工园区是全国唯一一家通过海关验收、国家环保总局认证的资源循环利用加工"圈区管理"的试点园区	园区实行统一规划建设，厂房出租给企业经营，环保、海关、质检统一监管。海关、国检监管车队直接从港口运至园区监管区，方便客户的报关，加快通关速度。园区投资大，政府承担一定风险	园区于2001年4月开始筹建，同年12月破土动工。园区已入园企业87家，2008年园区进口废料107.2万吨，实现产值83.1亿元。宁波资源循环利用加工园区成为中国废金属产业的一个标志性工程

续表

基地名称	基本情况	特点	基地成果
江苏太仓资源循环利用加工园区	加工园区位于江苏省太仓市浮桥镇境内，由太仓市人民政府开发建设，被国家环保总局确定为"进口废物加工"圈区管理定点区。首期规划面积为4.4平方公里，远期规划面积为10平方公里，入区项目以废钢铁、废有色金属、废塑料及其他废稀贵金属等资源循环利用进口加工综合利用企业为主	园区实行统一征地、统一建设污水和垃圾处理设施，将地出售给企业。由企业自己出资建厂房经营，政府投资少，风险小，进入园区多数是合资企业或外资企业，建设起点高	自2003年到2005年年底，园区加工利用进口再生金属资源75万吨、再生塑料35万吨、再生纸80万吨；从2001年到2005年年底，园区已投入资金15.9亿元，开发面积7000多亩，年生产加工能力各类金属40万吨、各类塑料30万吨、各类废纸60万吨。2005年实现产值38亿元
天津资源循环利用加工园区	产业园是国家环保总局确定的进口第七类废旧物资综合加工利用的示范区，中国北方唯一的规范化进口第七类废物统一管理区域。集进口废物拆解、深加工于一体的高标准环保产业园，年吞吐量150万吨。规划占地面积6000亩，首期开发300亩	园区实行统一征地，出租或出售土地给企业，由企业自己出资建厂房经营，入区企业以当地的定点企业为主	截至2006年年底，园区开发面积已达2平方公里，入园企业80家，其中定点加工利用单位有48家。2006年，拆解量达100万吨，其中废铜40万吨、废铝20万吨、废铁16万吨、橡胶塑料24万吨
福建全通资源再生工业园	规划工业用地为5000亩，专用码头400亩。园区一期规划年处理废金属100万吨，二期工程主要是废金属回收后的熔炼处理厂、环保设备生产厂、环保高科技产业和工业固废处理厂等进入园区发展业务	全通资源循环利用加工园区是由企业合资建设的加工园区，建设起点高，规模大	完成第一分选厂、污水处理厂、日产300吨铝锭的废铝熔炼加工厂、废电线电缆拆解厂、日产200吨铜锭的废铜熔炼厂建设。预期废物加工利用能力：进口废金属50万吨/年，废塑料20万吨/年
清远资源循环利用示范基地	基地规划总占地3000亩，土建总面积160万平方米，总投资超过9亿元人民币。项目全部建成投产，年可拆解加工及安全处理废五金电器、废电机、废电线电缆的能力将达到300多万吨，年再生工业原料价值约500亿元	园区实行统一征地，出租或出售土地给企业，由企业自己出资建厂房经营，入区企业以当地的定点企业为主	经过20多年的发展，清远资源循环利用集散地市场，再生铜贸易量约占全国的1/6，对国际铜材市场价格具有一定的影响。基地首期700亩工程建设已于2006年5月完成，已有55家企业入园
大沥资源循环利用基地	大沥利用国内外两个市场，形成了比较完整和相对稳定的废旧金属回收网络、流通渠道和区域性废金属市场。大沥有铝型材、铜材、不锈钢、五金工商企业2000多家。2003年，大沥镇被中国建筑金属结构协会授予"中国铝材第一镇"称号；2004年，大沥镇被中国有色金属工业协会授予"中国有色金属名镇"称号	南海区环保局提出"虚拟园区"概念，将1000平方公里的南海作为一个园区，进行统一管理和引导。每一个在南海的进口废金属定点企业都享受一样的待遇，接受相同的规范要求，使管制力度、速度和效率得到提高	2003年大沥直接进口废旧金属50多万吨，其中铜10万吨、铝20万吨、废不锈钢5万吨、废塑料20万吨，在国内回收废旧金属及边角料约50万吨。每年还有100万吨左右废旧金属物资进入大沥，进行交易。利用再生铝合金的产业主要是型材加工、摩托车汽车配件、压铸件和铸造业

续表

基地名称	基本情况	特点	基地成果
肇庆市亚洲金属资源再生工业基地	基地主要用于废金属的拆解、分选、分类，从事有色金属的深加工，产出为废钢铁、有色金属、塑料及稀贵金属等再生资源。基地总体规划占地约200万平方米，项目总投资约10亿元，项目分3年3期建设	基地内设置海关国检监管区、商务管理区、员工生活区、污水固废处理区、科研实验区和拆解加工区6个功能区	建成进口废五金拆解及国内废旧电子电器拆解处理科研基地；循环经济的示范基地和环境教育科研基地
烟台资源循环利用园区	园区规划面积6.67平方公里，是山东省唯一一家"圈区管理"试点园区，是烟台市循环经济试点示范园区。园区具有明显的区位优势和较强的市场辐射能力	园区实行圈区管理，集中监控，对"三废"进行无害化处理，统一打通国外进货"绿色通道"，提供一条龙式的监管服务	入园企业达30多家，投资总额超过1.2亿美元。资源再生加工示范区内的企业已进口各种循环资源13 000多吨，加工各种国内循环资源20 000多吨，实现产值2亿多元

（一）浙江

浙江资源短缺，加工业发达，是全国进口废五金、废旧电机最早、最多的省区之一。目前，浙江共有进口六七类废物（含铜铝的废五金、废电机和电缆等）的定点利用企业121家。通过废金属的进口拆解，促进了浙江铜加工、不锈钢、特色五金、汽摩配等制造业的蓬勃发展。

台州是全国最大的废五金、废旧钢铁、废塑料、零次布、锯末粉、煤渣（灰）等废旧物资回收、再生和利用基地之一。台州进口废旧物资占总拆解量的90%左右。全市废五金、废电器、废电机、废变压器和废电缆等进口废旧物资主要来自日本、美国、欧洲、澳大利亚、俄罗斯等地，其中从日本进口的约占60%，从美国、欧洲进口的约占35%。目前，台州资源综合利用企业达到200多家，每年拆解回收企业的销售额占台州工业总产值的7%；共有各种废旧金属定点回收企业44家，零散拆解户近千家，每年拆解废旧金属260多万吨。2008年台州塑料原料消耗量为400万吨，国外进口废旧塑料消耗量为130多万吨。目前，台州1万多家塑料生产企业中，除了生产食用相关塑料制品以外，近70%的企业使用废旧塑料。

路桥是我国重要的再生金属和塑料物资集散地。目前，路桥的峰江安溶拆解基地和台州金属资源再生产业基地内集聚台州齐合天地金属有限公司、台州长青金属有限公司和浙江巨东集团有限公司等44家金属资源再生定点企业，每年综合拆解各类固废220万吨，回收利用铜50万吨、铝20万吨、废钢100多万吨及部分可再生利用的矽钢片、不锈钢和少量稀有金属。

台州金属资源再生产业基地是全国最早实行"基地化"管理的园区。随着基地的建成，基地内的规模企业已经由传统家庭作坊式的生产模式，朝集团化产业升级的方向发展，涌现出了一批规模大、技术装备先进的企业。企业的生产经营方式已从单一的废旧电器拆解→拆解物销售，发展到废旧电器进口→废旧电器拆解→拆解物分类→拆解物再生加工→成品出口的两头在外的国际化生产经营模式。目前，台州金属资源再生产业基地已成为浙江循环经济试点基地。

宁波是浙江另外一个有色金属加工业比较发达的沿海城市。从2001年开始，宁波镇海政府在镇海后海塘的一片滩涂上建起了宁波镇海资源循环利用进口加工园区。园区已入园企业87家，2008年园区进口废料107.2万吨，实现产值83.1亿元。宁波再生金属园区作为国家环保部的"圈区管理"试点园区，严格实行园区封闭管理，严格执行"四不准"封园管理制度，为探索我国进口再生资源管理作出了贡献。宁波资源循环利用加工园区成为中国废金属产业的一个标志性工程，宁波成为中国进口再生金属的重要港口、废金属加工的主要基地。

（二）广东

广东再生金属产业发展迅速，除了具有传统小五金产品的经营历史外，其长足发展始于1987年，一批台商进入广东宝安地区开始从事废金属的进口贸易。1992年后，废金属的进口拆解从宝安向其他地区转移、扩散，在广东的南海、清远、肇庆、博罗、吴川等地形成了强大的废金属进口、拆解、回收、再生利用的产业群。目前，广东从事废金属的进口、拆解的从业人员达10万人，每年处理废金属量达500万吨。2008年广东省工商注册的再生资源回收经营者约4万户，规模以上再生资源加工利用工业企业有近100家，再生资源产业总产值超过1200亿元，就业规模超过140万人。

南海成为全国金属回收公司与五金企业最为集中的地区。南海的再生金属企业与日本、欧美等国家和地区建立了广泛的经贸合作关系。目前，南海与再生金属相关的企业超过2000家，从业人员3万多人。每年废旧金属的进口量超过100万吨，再生金属流通量则达到200万吨，占全国总量的1/3。

经过近30年的发展，广东再生金属产业形成了一个完整的产业链及再生利用生态圈。这个产业链从国外废料供货商开始，经过贸易商、进口商、代理商、港口、拆解厂（定点企业或五金厂）、回收公司、金属加工厂等环节，实现了资源的有效利用。需要指出的是，这里的金属回收公司是一个特殊的群体。各个金属回收公司在一个个大小不等的场地忙碌地从事着废金属的收购、分选、打包、装运等工作，他们既从事国内废料的回收，又大量收购经过初选及拆解后的进口废金属。在整个金属再生产业链中，经过金属回收公司，各种废金属进行了富集。金属回收公司在这里起到了一个重要的"储水池"的作用，调节着金属废料的供需物流。广东地区的金属再生产业链，虽然没有有形的集中市场，但分工高度专业化、社会化。

广东沿海的几个口岸是我国开放最早的口岸，早在20世纪80年代就已经有国外的废旧电器设备从广东进入中国内地，90年代中期，随着我国政府对进口废物管理的制度化和规范化，进口的废物数量和品种逐年增加。目前，广东除了拥有108家进口六七类废物的定点利用企业外，还拥有数量众多的拆解加工企业，年进口废旧电机、废五金电器100多万吨。广东一直是废旧金属进口数量最多、品种最全的地区之一。废旧金属的进口不仅为广东的铝、铜加工提供了充足的原料，而且为浙江、江苏等省提供了可利用资源。

（三）天津

天津具有独特的港口优势和产业优势，是中国北方重要的工业基地和商贸中心城市，是中国废金属进口增长较快的城市。目前，有七类废物（含铜铝的废五金、废电机和电缆等）定点利用企业48家，近几年废杂铜的进口数量明显增加。2005年，从天津口岸进口的主要废旧金属数量达到98万吨，其中废铜30万吨。2006年，静海天津环保产业园已有80家废旧金属拆解企业进入园区，年拆解量达到100万吨，其中，废铜40万吨、废铝20万吨、废铁16万吨、橡胶塑料24万吨。

三 再生资源主要集散地

我国再生资源的原料主要来源于国外进口和国内回收两部分。国内回收的再生资源主要集中在以下区域。

（一）湖南汨罗

汨罗资源循环利用市场源远流长。20世纪90年代中期，汨罗资源循环利用回收利用行业的从业者达5000余人，特别是汨罗的新市、古培、城郊等乡镇，逐步形成了以新市为中心、沿汨罗新大道纵向延伸、占地面积近2000亩的废旧物资收购加工带。与广东吴川、河北保定齐名，列为全国三大废品市场之一。坐落在汨罗新市，面积达5万平方米的中南资源循环利用交易中心市场，是中南五省最大的资源循环利用交易市场。近年来，经营户已经超过了2000家，从业人员超过了3万人，他们遍布全国90%以上的市县，收购各类废品，经过分拣，再发送到各地的加工企业。每年废旧物资成交量达80余万吨，交易额已超过20亿元。

汨罗的废铝收购加工发展迅速，已经成为广东、浙江、福建、湖北、四川、湖南等20多个省市的交易集散中心。汨罗的废铝业已经形成了三个特点：一是货源足。汨罗有近1万人在全国各大中城市设点收购，形成了全国性的收购网络，废铝通过收购网点源源不断地运回汨罗，经过经营户简单分拣打捆或初加工，然后再运往外地。汨罗废铝交易量为每月8000吨。全市经营废铝的有100多家，从事废铝冶炼加工户有20多家，其中规模较大的有10多家，全市每月平均冶炼铝锭5000吨。二是价位低。三是生产加工方式粗放，产品附加值不高。汨罗的废铝业虽然经历了长期的发展，但对废铝的生产加工仍然停留在很低的水平上，大部分废铝在这里进行简单的分拣然后就进入贸易市场，少部分使用单室反射炉或冲天炉进行熔炼，制成非标合金锭进行销售，从事深加工的几乎没有，产业链有限，产品附加值不高。

近年来，汨罗市政府力图改变以往单纯流通的废料集散市场的格局，新建的汨罗资源循环利用产业园引进深加工企业。经国务院批准，汨罗资源循环利用产业园已被列为全国循环经济试点单位之一。2006年，湖南汨罗资源循环利用回收交易市场发展很快。前三季度，园区废旧物资回收交易量达60万吨，交易额达50亿元。全市资源循环利用加工型的规模企业已有65家，年工业增加值达32亿元，初步形成了铜材、铝制品、不锈钢和塑料回收加工四大板块，年加工能力为废铜6万吨、废铝8万吨、废不锈钢3万吨和废塑料15万吨。

（二）河北保定

保定是华北地区废旧钢铁回收经营的最大集散地，几乎遍布25个县（市、区），从事废旧金属经营人员多达5万人，年吞吐量200万吨，销售额150亿元，创利税总额8.6亿元。近年来，废旧金属回收经营群体不断壮大，回收的品种不断增加，回收再利用的比例不断增大。目前正逐步形成以县域和品种为特色的回收利用基地，以安新、清苑、满城为铜、铝回收加工再利用基地，年销售额51.7亿元，以徐水、容城等县为钢铁回收基地，年销售额在4.3亿元。以废铝再生利用为主导产品的河北立中有色金属集团有限公司，从破烂起家，经过几年的探索和追求，目前已成为保定市十大民营科技企业，他们利用废铝生产的汽车轮毂有153万只，品种已达300多种，2004年销售额达到10.8亿元，利税1.1亿元，目前已占据8个车型的整个市场。

（三）河南长葛

长葛大周这个全国闻名的国内最大的有色金属集散地。经过近20年的发展，大周已有近500户、3万多人从事着废旧有色金属回收，小到锅碗盆，大到飞机车辆拆解，每年光铜铝的回收量就达20万吨以上。通过有色金属回收来带动有色金属再生基地。引进多条先进的铝型材生产线，生产高档的电泳、喷涂型材，产品质量达到国内先进水平。投资建设了国内先进的连铸连轧铜杆生产线和亚洲最大的漆包线生产线，使宝贵的铜废料资源得到了有效利用，同时较好地解决了拆解带来的污染问题。

长葛从事回收、拆解的各类企业达到2000家，其中规模以上的企业有42家，投资在5000万元以上的企业有6家。2006年回收交易的废金属量达40多万吨，交易金额40多亿元。长葛的废旧金属回收交易市场也不断向中间产品的生产和深加工方向发展。2006年铜杆、铜材产量达3万吨，铝合金锭、铝型材达6万吨，处理的废铅酸蓄电池达4万吨。

大周已形成四大市场：中原有色金属交易市场、中州铝型材市场、不锈钢市场、金属炉料市场。目前，市场每年的金属吞吐量40万吨，交易额40亿元。

（四）浙江永康

永康五金源远流长，历史上就有"五金工匠走四方，府府县县不离康"之说。传统五金工业孕育了永康独特的五金文化，造就了永康以五金产业为主导的区域特色经济。为满足当地"特色五金"对铝、铜等金属资源日益增长的需要，永康人除在全国各地回收废杂铝、废杂铜，甚至从冶炼炉渣、金属垃圾中回收铝、铜资源之外，还到美国、日本、西欧、俄罗斯、独联体国家组织资源循环利用。永康废杂铝、废杂铜回收专业户和从事再生铝、再生铜加工利用的企业达数千家，从业人员达10多万人，年利用铜、铝、钢铁等资源循环利用100余万吨。永康成为浙江乃至全国重要的再生金属回收利用基地，全国最大的再生紫铜板带生产基地和再生铝加工基地，被称为"中国五金之都"。

永康资源再生利用，在废旧物料回收商、废旧金属市场、利废企业、五金生产企业和"中国科技五金城"之间形成完整产业体系。废旧金属经废旧物料回收商从全国各地及海外运到永康废旧金属市场后，进行拆解细分，供给用户。加工出来的五金产品依托"中国科技五金城"销往国内外。资源循环利用，使永康五金制造在激烈的市场竞争中较快地完成了原始资本积累，资源再生产业链从家用五金、电动工具等小五金，朝电动滑板车、电动自行车、农用车、经济型轿车等大五金方向发展。

（五）浙江嘉善

经过多年的发展，嘉善的陶庄已经形成四大废旧钢铁市场：以陶南村废旧金属及机械设备交易为主的废钢市场；以陶庄村"圆饼"切割为主的圆饼市场；以汾玉村铁皮利用料交易为主的利用料市场；以西浒村为主的不锈钢利用料市场。该镇目前有50%以上的劳动力从事与废钢铁有关的生产、加工、运输，全镇废旧钢铁市场交易量达150万吨/年，年交易额在30亿元以上，全镇农民人均纯收入也因此达到7300元/年。

以商引商、以企引企，实现废旧钢铁从粗加工向精加工过渡，打造循环产业链。利用废旧钢铁进行粗加工，再销往市场；由大型企业锻造冶炼特种钢；引进精细产品加工企业就地实现产品化。陶庄镇政府围绕13家废旧钢铁加工骨干企业，引进五金、机械类产品配套项目，打造产品品牌，整合市场资源，把废旧钢铁循环利用产业链打造得更牢固，让废旧钢铁"产"出更多的"金娃娃"。

（六）山东临沂

临沂作为历史悠久的资源循环利用集散地，进行再生金属的回收和贸易的自然条件很好，早在改革开放初期，临沂周边的农民就走遍全国各地回收工矿企业和人民生活各个方面的废弃物，在中国几大废旧物资交易市场中处于十分突出的位置。尤其自2005年华东有色金属城运营以来，共吸纳来自全国各地的客商800余家，日废旧有色金属成交量达3000多吨，其中废杂铜1000多吨，再生铅500多吨，不锈钢600多吨，铝及铝合金800多吨，锌、镍、锡等稀有金属100多吨，走出了一条国内废旧有色金属回收加工企业工贸结合求发展的新路子。

山东金升有色集团有限公司，充分依托当地的资源优势，大力发展循环经济，实现了产业链、供需链、深加工价值链的有机结合和企业的跨越式发展，成为我国目前最大的以再生铜为原料的铜产品生产加工企业和废旧有色金属集散地。2005年铜主导产业实现销售收入26.6亿元，利税1.52亿元，创历史最高水平。

"十一五"期间的再生铜回收加工产业化（30万吨）项目被山东省政府批准列为"山东省重点基本建设项目"，山东金升再生有色金属产业基地被列为全省循环经济试点园区，山东金升有色集团有限公司被列为全省循环经济试点企业。

（七）江苏戴南

戴南不锈钢产品萌芽于20世纪60年代，发展于80年代，崛起于90年代，经过40多个春秋的孕育发展已枝繁叶茂，成为全镇的支柱产业。为了充分发挥戴南不锈钢产业优势，戴南组织和规范好不锈钢原材料采购供应，拉长不锈钢制品产业链。2002年以来，戴南累计投入技改资金8亿多元，开发不锈钢新产品100多种，7个项目列入国家火炬计划，1个产品列入国家星火计划，6个产品获省名牌，3个产品获省高新技术产品称号。依靠科技进步和创新，戴南不锈钢产业获得了巨大的成功，兴达钢帘线股份有限公司产量约占全国的42%，现已成为亚洲最大、世界第三的钢帘线生产基地。

2000年，戴南镇政府投资1000多万元，兴建了不锈钢市场。主市场一期工程占地5万平方米，设有800多个摊位，场内设备配套，功能齐全，制度规范，具备了良好的经营环境。不锈钢市场的建成，不仅为全镇不锈钢生产提供了源源不断的原材料，还逐渐成为不锈钢材料的集散地。2005年，全镇国内生产总值35亿元，利税总额11亿多元，镇财政收入4.13亿元，成为名副其实的"苏中第一镇"。同年，全镇不锈钢年产量达40万吨，占全国年产量的1/7，成为闻名全国的"不锈钢之乡"。

（八）浙江东阳

东阳画水废塑料集散地经过近30年的发展，地域已发展到画水、南市街道办事处的47个自然村，拥有2600多经营户、近两万从业人员，年交易量为40余万吨，年交易额达25亿元，已成为华东地区主要废塑料集散地之一、全国最大的PVC废料市场，并拥有遍布全国的废塑经营网络。但市场也存在产业层次低、环境污染大、村容村貌差、财政贡献度小等问题，急需进行整合和规范，把废塑料集散地作为一个产业来加以引导和培育，实现产业的集聚和提升，把市场优势转化为产业优势。

浙中再生塑料集散加工中心已被省发展和改革委员会批文正式确定为2009年度省重点工程。该项目选址于东阳市画水镇上坞塑料工业功能区，接近杭金衢高速、甬金高速、诸永高速，金义东快速通道直达园区，拥有较好的交通条件。项目计划占地面积180亩，园区实现一次规划分期实施的方案建设。整个园区分生产加工区、回收仓储区、生活办公区、污水和废物处理环保区、物流交易区及其他配套设施、公共绿化区七大区块。

（九）河北文安

文安赵各庄已成为北方最大的废塑料回收再生集散地之一。全镇有塑料生产加工经营户近2000户，从业人员1.7万人，2007年交易额达13亿元，塑料回收再生已形成了一个完整的产业链。其中又以尹村的个体工商户最多，全村共600多户，有400多户做废塑料生意。国内和国外的废塑料都有，其中国外的要占到50%以上。大部分是从塘沽、威海等港口进来的，主要来自韩国、日本、德国、美国等。国内的废塑料主要来自北京、天津和东北，主要是旧的电视机、洗衣机、空调、电话、计算机上的塑料壳和塑料件，以及矿泉水瓶等各种各样的塑料废弃物及塑料厂的边角废料。

第二节　主要资源循环利用分类

一　按资源分类

（一）废钢铁

废钢铁作为再生资源，是钢铁工业的重要原料之一，废钢铁的大量使用对降低工业的能源消耗，降低铁矿石的消费量，以及减少环境污染等均具有重要意义。钢铁工业主要的铁源为铁矿石。每生产1吨钢，大致需要各种原料（如铁矿石、煤炭、石灰石、耐火材料等）4～5吨，能源折合标准煤（指发热值为29 260千焦/千克的煤）0.7～1.0吨。利用废钢作原料直接投入炼钢炉进行冶炼，每吨废钢可再炼成近1吨钢，可以省去采矿、选矿、炼焦、炼铁等过程。这显然可以节省大量自然资源和能源。因此，废钢的利用引起社会的普遍重视，被称为"第二矿业"。

2000～2009年我国废钢铁年应用量从2900万吨增长到8310万吨，增长近3倍，平均每年增加600万吨。2009年我国钢铁产业消耗废钢铁总量8310万吨，同比增长15.4%，一举成为世界最大的废钢铁需求市场。目前我国废钢来源主要有以下三个方面。

1. 冶金企业自产废钢

由于我国在钢的凝固工艺上长期采用模铸工艺，连铸比低，轧制工艺多数为横列式、多火成材，造成综合成材率低。企业自产废钢占有很大比重。1994年，企业自产废钢达1800万吨，比从社会回收废钢多150万吨。随着连铸比的大幅提高，1998年第一次出现企业自产废钢和从社会采购废钢数量相当的局面。这是历史性的转折，标志着中国钢铁工业冶炼技术水平已开始进入世界先进行列，从废钢角度看，企业自产废钢逐步减少，1999年后出现低于社会回收废钢量的局面。

2. 从社会采购废钢

国民经济持续高速发展，钢铁需求基数已很大，废钢回收量增加，必将成为钢铁企业废钢来源主渠道。

3. 进口废钢

我国是废钢净进口国，而且这是维持钢铁料平衡的重要因素。自20世纪90年代以来，我国建设了一大批高功率、超高功率的大电炉。一些转炉钢厂在扩大钢产量规模时，由于铁水不足，采用了加废钢的方法，更加引起废钢缺口，供求矛盾日益突出。2009年全年进口废钢1369万吨，创年进口废钢总量的历史最高水平。

（二）再生铜

1. 产业规模

近几年来中国再生铜行业稳步发展，2008年受经济危机影响产量有所回落，但仍达到190万吨左右。受国内消费领域铜产品蓄积量相对不足（从新中国成立以来到2005年，中国国内铜的累积消费量为3600万吨，而同期日本和美国的铜累积消费量分别为6000万吨和1亿吨）、消费领域铜产品尚未进入报废回收高峰期（铜产品的使用寿命一般为30年，1979年中国铜产量仅为33.71万吨，目前消费领域的大部分铜产品尚未进入报废期），以及国内回收政策和体系不完善等因素影响，现阶段国内回收废铜还无法满足中国再生铜行业持续发展的原料需求，进口废铜仍是目前中国再生铜行业的主要原料来源，约占2/3。中国废铜进口企业基本都是民营企业，资金雄厚，机制灵活，老板又特别能吃苦耐劳，所以，世界上只要有废铜的地方基本上都有他们的身影，完善的废铜全球回收采购渠道是中国再生铜行业的最大优势之一，因为掌握了渠道就掌握了资源。

目前，国内每年回收废铜（金属量）70万吨左右。随着市场回暖，各地对再生铜项目投资热情重回高涨，新增产能和新建项目迅速增长。总体上看，近几年来中国再生铜行业取得了较大发展，再生铜占铜材消费量的比例达25%左右，再生精炼铜占精炼铜总产量的1/3左右。同时，从世界范围看，2008年我国再生铜占世界再生铜总产量（620.9万吨）的比例达到30.6%，其中再生精炼铜占世界再生精炼铜总产量（278.6万吨）的43%左右，利用废铜直接生产的铜材占世界总产量的20.5%。

2. 产业结构

从废铜的利用形式看：①直接利用，即对于分类明确、成分清晰、品质较高的废杂铜直接生产成铜杆、铜棒、铜箔、铜板、五金水暖件等铜加工材，约占再生铜总产量的45%；②间接利用，即对于分类不明、成分差异大、不能直接利用的废杂铜，通过火法精炼，采用一段法、二段法生产阴极铜，约占再生铜总产量的55%，约占中国精炼铜总产量的1/3。

从产品结构看：①直接利用比例低；②低端产品多，高科技含量和高附加值产品少。在废铜直接利用领域，绝大部分产品为低氧铜杆、黄铜类水暖、卫浴等五金件，高精度和高附加值产品所占比例低。

从地区分布看：①进口废铜，从实物量看，浙江、广东和天津是中国主要的废铜进口地，但从金属量看广东是中国最重要的废铜进口地；②回收废铜主要集中在山东临沂、湖南汨罗、河南长葛、河北保定等地进行交易，利用废铜主要集中在浙江、广东、山东、江西、天津、河北等地。

从企业规模看：企业规模参差不齐，平均产能低。

3. 技术装备

在拆解和预处理领域，导线剥皮机、铜米机、破碎机得到了广泛应用，实现了半机械化。但大部分废电机、废五金、混合铜废碎料等仍需手工拆解和分拣。

在废铜熔炼环节，目前普遍采用的是固定式反射炉，能耗和环保有待进一步降低和完善。倾动式阳极炉、竖炉等能耗低、环保好的新型熔炼炉应用较少。

在废铜直接利用领域，已经形成了一批典型生产工艺和装备。其中，利用紫杂铜连铸连轧生产低氧光亮铜杆和利用黄杂铜生产各类黄铜产品发展较快，部分企业通过引进国外先进技术装备和自主创新，技术装备已接近或达到国际先进水平。例如，先进连铸连轧工艺的应用，使原来需要2~3天才能完成的生产过程缩短为45分钟；再生铜棒大吨位电炉熔炼-潜液转流-多流多头水平连铸工艺通过国家鉴定；由意大利和西班牙联合开发的"FRHC火法精炼高导电铜技术"在国内得到应用。

在节能环保方面，收尘、余热回收利用、水循环利用在规模企业中已得到普遍应用。

总体来看，经过近些年的发展，中国再生铜行业的技术装备水平有了明显提高，能源消耗、环境保护、清洁生产等在大型企业取得明显进步。但由于受客观因素影响，中国再生铜行业整体技术装备水平仍相对较低。

（三）再生铝

我国再生铝工业的发展开始于20世纪50年代。经过几十年的发展，2008年再生铝年产量达到270万吨，为缓解我国基础材料供应的紧张局面作出了贡献。尽管如此，我国再生铝产业对废杂铝的再生利用仍然以粗放式为主，仍然处于初级发展阶段。

我国虽然从20世纪50年代就已经开展废铝的回收利用，但由于当时工业基础薄弱，发展速度缓慢，直到20世纪70年代后期才形成了中国再生铝工业的雏形。

改革开放以来，在国民经济高速发展的形势下，各行各业对资源的大量渴求使中国再生铝企业纷纷上马。数量众多的小型再生铝工厂及家庭作坊构成了这一产业的主体。20世纪90年代以后，外资进入我国再生铝行业，我国再生铝产业加快了与国际再生铝产业接轨的步伐，废杂铝的进口数量及再生铝产品出口规模也逐年扩大，再生铝行业整体水平也得到很大提高。进入21世纪，汽车工业巨大的拉动力，促进了再生铝行业的产业升级，再生铝行业又进入了一个新的发展阶段。

1. 废杂铝的回收与物流状况

随着我国铝资源消费量的增长，回收的废铝数量也在大幅提高。目前，我国是全球最大的铝废料进口国，进口废铝在我国的再生铝原料中占有很大的比例。

在计划经济时期，废铝的回收主要由供销合作社系统的物资回收公司和物资系统的金属回收公司承担，并形成了比较完整的、但效率并不理想的回收体系。随着我国流通体制的改革及市场化程度的提高,大批民营企业涉足该领域。近年来,我国再生金属的回收、集散、进口、储运、流通和加工利用所有环节都在逐步市场化。

从区域分布状况来看,以废铝利用区域为中心,通过市场需求为引导,自发形成了块状区域的废铝回收利用网络,但从总体上看,我国废金属流通市场缺乏统一的规划和有效的管理,物流渠道不畅,流通成本较高,资源配置不合理,现行的管理政策不适应大市场、大流通的要求。

据统计,自1953年以来,中国全社会铝积蓄量已达9000万吨,今后还将逐年增加。另外,中国每年进口大量机械设备、电器产品、交通运输工具等,它们都含有一部分铝及铝合金零部件。可以预见,我国国内回收的废铝对整个再生铝工业的作用将很快显现出来,从而能够有效地保障铝资源的循环利用,实现铝工业的可持续发展。

2. 再生铝市场的主体

我国再生铝行业企业数量庞大,包括家庭作坊和小企业2000余家。但是,到2008年,实际年产量5万吨以上的再生铝企业由2003年的两家发展到2007年的4家,1万~5万吨的企业有26家。绝大多数再生铝企业年产量一般在5000吨以下。中国再生铝产业以民营企业为主体,极具市场活力。

3. 再生铝的市场布局

中国废铝回收、流通、预处理和再生利用的主要区域大多数是围绕着铝的回收及再生铝消费市场自发形成的。

(1)东部沿海地区。东部沿海地区包括珠江三角洲、长江三角洲和北方的环渤海地区。作为中国经济相对发达的地区,这些地区的铝消费市场比较集中,又具备利用国外资源的便利条件。广东南海、浙江台州及永康、上海、江苏太仓、天津、河北保定、辽宁的大石桥等市场便是在此基础上发展起来的。

(2)内陆边境地区。新疆乌鲁木齐、中国东北部的东宁、绥芬河等地充分利用了与独联体国家接壤、能进行边境贸易的地域优势,也形成了具有一定规模的再生铝生产区域。

(3)内陆中心城市。以利用国内回收废铝而形成的再生铝产业区域,如山东临沂、河南长葛、安徽亳州、湖南汨罗、浙江永康等地区,开始是从废铝的集散中心起步的,后来进一步发展了废杂铝熔炼产业,形成再生铝市场。

4. 再生铝产业技术状况

我国再生铝行业从零起步,开始只能生产低档次的再生铝锭,现在已经初步具备了生产上百种符合国家标准及美国标准、日本标准、德国标准等产品的能力。同时，再生铝在铸造和压铸铝合金领域得到了广泛的应用，从一些产品开始无法添加再生铝，到现在一些铝材加工企业在生产部分产品时，再生铝的使用量达到了50%。这表明，我国再生铝行业的技术水平在过去的20年里已取得了明显的进步。

我国再生铝行业的最大问题在于地区之间、企业之间发展的不平衡。工艺技术、熔炼设备、环保设施和企业管理水平相差悬殊，呈现出高、中、低的"金字塔"式排列结构。

需要指出的是，近年来，汽车工业的快速发展已经将我国再生铝行业纳入整个国际汽车工业体系。一批知名的汽车生产企业进入中国，使相关的再生铝企业的技术和管理水平显著提高，在一些大型再生铝企业中，ISO9000、QS9000等质量管理体系逐步得到了推行；有些企业还通过了ISO14000环保质量体系认证。这些企业的产品质量比较稳定，不仅满足了国内市场的质量要求，而且在国际市场也具备了一定的竞争力。

值得注意的是，数量众多的小型再生铝企业只拥有小型反射炉等简陋设备，缺乏基本的检测手段，只能生产低档次的铝合金。虽然这些企业的管理成本很低，但难以适应大规模工业化的发展要求，正面临着来自各方面的压力。

我国再生铝行业还属于劳动密集型产业，自动化程度低，先进的设备和生产工艺应用程度不高，产业配套能力差，环保设施不配套，产业的升级换代还存在着巨大的障碍。

我国再生铝行业在资源配置上还存在诸多问题，由于铝废料的回收、储运、分选、预处理及冶炼加工过程还处于粗放经营管理的水平，许多具有较高利用价值的废铝资源在使用落后的工艺进行处理；小企业采用混炼的方式生产，造成了资源的浪费，并形成了恶性循环。其中易拉罐的回收利用问题最为严重，由于我国尚不具备用废易拉罐熔炼原牌号合金的技术，因此其只能作为铝合金的添加料。

（四）再生铅

我国铅储量居世界前列，但铅矿资源短缺现象日益严重，发展再生铅产业可以减少原生铅矿石的开采量，生产再生铅可以从铅废料中直接回收，不需要像生产原生铅那样经过采矿、选矿等工序，再生铅生产成本比原生铅低38%。此外，再生铅能耗仅为原生铅能耗的25.1%～31.4%，每生产1吨再生铅，可节约 1360 千克标准煤，减排固废 98.7 吨，节水 208 吨，减排二氧化硫 0.66 吨，大大减少了铅废料对环境的污染和资源的浪费。在资源和环保的双重压力下，大力发展再生铅，使铅金属进入生产—消费—再生的良性循环，是循环经济建设的重要领域。

我国再生铅生产起步于 20 世纪 50 年代，直到 1978 年后才形成独立的专业化再生铅企业，近十几年来取得了显著进展，产量从 1996 年的 2.8 万吨增长到 2007 年的 45 万吨。与以往"小、散、乱"的格局不同，近几年随着行业政策的陆续出台，新技术、新设备逐渐得到推广应用，再生铅处于产业升级的关键时期，产业格局也出现了一些前所未有的变化。

再生铅产业具有明显的资源和环保优势，在相关产业政策的正确引导下，能够有效解决我国铅资源短缺、铅污染严重等诸多问题。近年来，规范再生铅产业的相关政策法规陆续出台。2003 年 1 月 1 日，《中华人民共和国清洁生产促进法》施行，它对再生铅生产在保护和改善生产环境、生态环境方面具有明显的成效。同年 10 月，《废电池污染防治技术政策》发布，其明确指出废铅酸蓄的收集、运输、拆解，再生铅企业应当取得危险废物经营许可证之后方可进行经营或运行。不过，此项政策只是指导性文件，对当时的产业格局没有产生实质性的影响。2005 年 4 月 1 日，《中华人民共和国固体废物污染环境防治法》出台，但是它并没有规定管理法规、实施细则、管理办法，因而可操作性较为欠缺。

在再生铅行业迅速发展的同时，我国对资源与环境问题的认识也在发生变化，以"资源化、减量化、再生产"为核心的循环经济理念逐渐在再生铅行业政策的制定过程中得以体现。2007 年成为我国再生铅产业发展的"分水岭"。

我国的再生铅企业以小企业居多，行业整体水平低，处于无序竞争的状态。2007 年 3 月 10 日发布的《铅锌行业准入条件》分别从生产规模、工艺装备、能源消耗、资源综合利用、环境保护、安全生产与职业危害等方面对铅锌行业提出了明确的要求，其中对再生铅的要求是：现有再生铅企业的每年生产准入规模应大于 1 万吨；改造、扩建再生铅项目，每年规模必须在 2 万吨以上；新建再生铅项目，每年规模必须大于 5 万吨。鼓励大中型铅冶炼企业并购小型再生铅厂与铅熔炼炉合并处理或者附带回收处理再生铅。铅再生利用项目资本金比例要达到 35% 及以上。新建及现有再生铅项目，废杂铅的回收、处理必须采用先进的工艺和设备。必须有节能措施，确保符合国家能耗标准。每吨再生铅冶炼能耗应低于 130 千克标准煤，电耗低于 100 千瓦时。新建再生铅企业铅的总回收率大于 97%，现有再生铅企业铅的总回收率大于 95%，冶炼弃渣中铅含量小于 2%，废水循环利用率大于 90%。

《铅锌行业准入条件》的出台提高了再生铅准入门槛，有利于提高产业层次和产业集中度，将一大批环保不达标、技术工艺落后、资源浪费严重的小再生铅企业淘汰出局。

由于回收体系分散，我国的再生铅生产遍及全国，形成了江苏邳州、河北保定、山东临沂、湖北襄樊、安徽界首等几个再生铅集散和生产区域。再生铅产量 80% 以上集中在江苏、山东、安徽、河北、河南、湖北和上海等地。

我国的废铅蓄电池、废杂铅的回收率不到 90%，不少非法小企业在回收过程中野蛮拆解、粗放冶炼，严重地浪费了资源和污染了环境。在各级政府的一次次整顿中，国内再生铅市场逐步得到规范，圈区管理模式得到推广。以集散市场、园区及骨干企业带动国内回收体系的网络初具规模，一些区域经济呈现明显的产业特色。

（五）废玻璃

我国 2003 年城市生活垃圾排放量约为 1.3 亿吨，虽未对其中的废玻璃进行具体统计，经有关专家估计，其中的废玻璃量约占 2%，近 260 万吨。我国的废玻璃回收率大约只有 13%～15%，大量的废玻璃还没有得到有效的回收与利用。将大量的废玻璃弃之不用，既占地，又污染环境，还造成大量资源和能源的浪费。一般而言，每生产 1 吨玻璃制品将消耗 700～800 千克石英砂、100～200 千克纯碱和其他化工原料，合计每生产 1 吨玻璃制品要用去 1.1～1.3 吨原料，而且还要用去大量煤、油和电。因此，将废玻璃作为一种资源，用以生产出人们需要的产品，正在引起我国政府有关部门的关注。

我国正在计划设置专门的废玻璃回收加工厂。中国建筑玻璃与工业玻璃协会正在进行这项工作。将废玻璃经清洗、破碎、磁选等工作后分级包装，可用于平板玻璃、玻璃瓶罐、塑料、道路等领域。这样就可以为废玻璃再加工领域提供稳定的货源，使废玻璃成为可再利用的宝贵原料。我国不仅在日用玻璃厂、建筑平板玻璃厂、汽车玻璃厂、工业技术加工玻璃厂、电子及光学玻璃厂均实施了废玻璃的全部回收利用工程，还在北京、上海、广州、深圳等大城市的居民生活小区全部设置了不同颜色的垃圾箱，专门分装生活垃圾，这将大大提高城市居民生活区废玻璃的回收效率。

（六）废塑料

目前，我国已超过美国成为最大的塑料消费国，巨大的市场需求造成了塑料原材料的巨大缺口。进一步加强废塑料回收加工生产再生料，不仅可填补国内大约25%的塑料原料缺口，还能有效减少环境污染和能源资源消耗。

我国废塑料回收再利用经过近30年发展，已形成资源型环保产业，并富有潜力。目前，我国废塑料回收利用企业有2万多家，其中大中型企业不多，在全国有几十个废塑料专业市场分布在各地，其特点是加工交易集约化、配套加工一体化、专业细化、分工明确。废塑料再生利用产值已从2000年的20亿元增长到现在的1000多亿元。

我国废塑料的来源包括国内回收和进口两部分。2008年，废塑料回收利用总量在1600多万吨，其中国内回收量在900万吨左右，进口700多万吨。2009年，国内塑料再生利用行业虽然受到金融危机冲击，但整体仍实现了增长，全年回收利用的废塑料总量超过了2008年的水平。随着废塑料回收利用行业收购、重组、兼并、控股等形式的结构调整大幕的拉开，国内外产业资本和金融资本将角逐中国庞大的废塑料产业。废塑料回收利用企业将出现分化，综合实力强的企业将越做越强，部分中小企业将消亡。废塑料再生利用的产品也将由低端走向高端，市场将更加规范，行业整体规模化发展条件将日益成熟。

现在我国废塑料交易场所遍布全国。目前，已经形成一批较大规模的废弃塑料回收交易市场集散地和加工聚集地，主要分布在广东、浙江、江苏、山东、河北、辽宁等塑料加工业发达省份。其中，浙江台州、东阳、慈溪，广东南海、东范、汕头，江苏连云港、徐州、兴化，河北文安、望都、霸州、雄县、玉田，山东临沂、莱州、淄博、东营，河南安阳、长葛、捷河，安徽五河等地的废塑料回收、加工、经营市场规模越来越大，年交易额大多在几亿元到十几亿元，呈蓬勃发展之势。全国各大中心城市（如北京、上海、天津、重庆、广州、武汉、南京、合肥、西安、太原、昆明、成都、沈阳、新疆等）的周边地区也有大量类似加工地和交易场所。

（七）废纸

从表3-2中可以看出，我国废纸浆用量从2001年的1310万吨上升到2009年的4939万吨，8年增长了277%，废纸浆中进口废纸所占的比例明显增长。2009年进口废纸2750万吨，而2001年进口废纸为624万吨，增长了440.71%，

表 3-2 2001~2007 年我国废纸回收利用统计表

年份	纸和纸板产量/万吨	纸和纸板消费量/万吨	纸浆总消耗量/万吨	废纸回收量/万吨	废纸回收率/%	废纸浆用量/万吨	废纸浆利用率/%	废纸进口量/万吨
2001	3200	3683	2980	1013	27.5	1310	44.0	624
2002	3780	4415	3470	1338	30.3	1620	47.0	687
2003	4300	4806	3910	1462	30.4	1920	49.1	938
2004	4950	5439	4455	1651	30.4	2305	51.7	1230
2005	5600	5930	5200	1809	30.5	2810	54.0	1703
2006	6500	6600	5992	2263	34.3	3380	56.4	1962
2007	7350	7290	6769	2765	37.9	4017	59.3	2256

注：废纸浆量 = 废纸量 × 0.8

从另一角度反映出我国对废纸的进口依赖性提高。

我国国内废纸的消耗量在废纸浆总量中仍占有主要地位，但总体上呈现下降趋势。尽管国内 2009 年废纸的回收率比 2001 年有了一定幅度的提高，达到 43.9%，但仍低于 47.7% 的世界平均水平，更是远远低于发达国家的 70% 左右的水平。例如，德国的废纸回收率已超过 70%，日本的回收利用率为 79.7%，芬兰城市里的旧报纸、杂志等回收率接近 100%，这些数据也说明我国的废纸回收利用存在巨大潜力。从表 3-2 中还可以看到，2002~2005 年，国内造纸行业不景气导致废纸的回收率停滞不前。

毋庸置疑，国内造纸行业进口废纸的主要原因是进口废纸质量好于国内废纸。因进口废纸中木浆的比例高且非木材纤维含量较低，进口废纸受到青睐。国内废纸在回收的过程中仍存在着种种问题。

二 按可回收产品分类

按可回收产品分有许多种类，这里主要介绍两种。

（一）废旧电子电器产品

1. 我国电子电器产品的保有量与预测报废量

随着我国经济的快速发展，家用电器和电子信息产品迅速进入人们生活、工作的各个方面。目前，我国已经成为家用电器和电子信息产品的生产、消费和出口大国。据国家统计局统计，截至 2008 年，部分电子电器产品数据如表 3-3、

表 3-4 所示。

表 3-3 2008 年我国部分电子电器产品产量

项目	彩色电视机	家用洗衣机	家用电冰箱	冷柜	房间空气调节器	微型计算机	传真机	手机
产量/万台（部）	9 033.08	4 231.16	4 756.90	744.93	8 230.93	13 666.56	769.91	55 964.02

表 3-4 我国城镇、农村居民家庭平均每百户部分家电、手机拥有量（2008 年年底）

消费品名	居民类别	每百户拥有量/台（部）
洗衣机	城镇居民	94.65
	农村居民	49.11
电冰箱	城镇居民	93.63
	农村居民	30.19
空调机	城镇居民	100.28
	农村居民	9.82
彩色电视机	城镇居民	132.89
	农村居民	99.22
黑白电视机	农村居民	9.88
家用计算机	城镇居民	59.26
	农村居民	5.36
移动电话	城镇居民	172.02
	农村居民	96.3

目前，我国电视机、洗衣机、冰箱、空调等家用电器的正常使用寿命在 10～15 年，微型计算机的更换周期一般在 3～5 年，而手机的更换频率更高，半年到三年不等。结合我国电子电器产品的年度消费量及其趋势，可以预测 2013～2015 年的报废量，如表 3-5 所示。

表 3-5 2011～2015 年电子电器产品报废量预测 （单位：万台）

项目年度	彩色电视机	家用洗衣机	家用电冰箱	房间空气调节器	微型计算机
2013	4 041.73	1 374.37	2 094.18	3 875.04	24 251.37
2014	4 251.48	1 673.12	1 242.00	2 992.61	90 491.88
2015	4 449.13	1 519.46	1 714.78	3 250.11	80 904.88

由以上分析可见，我国电子电器产品目前已经进入淘汰的高峰期，如何正确控制电子废物所带来的污染，已经成为全社会共同关注的问题。

2. 我国废旧电子电器产品资源再生产业的基本现状

我国废旧电子电器产品的回收处理，是在20世纪80年代电子电器产品进入我国寻常百姓家庭之后，伴随着废旧物资回收逐渐发展起来的。普通消费者淘汰的电子电器产品有一部分被暂时储存起来搁置不用；其余部分多数被小商小贩或废品回收站收走，再转到个体户、作坊、货场或企业手中，经过适当修理、旧货翻新、分拆翻新重新组装或直接进入各地区的旧货市场，彻底不能再使用的废弃电子电器，则被拆解分类进行原材料回收，提取各种金属和塑胶等材料，其余无利用价值的废物被随意丢弃，随一般垃圾被填埋处置；也有一少部分通过生产厂家、商家、政府支持的回收处理企业被收购和处理。

目前，我国废旧电子电器产品的主要来源大致有以下三个方面：一是电子电器产品加工和生产过程中产生的边角料和未出厂前废弃的电子电器产品。近年来，世界电子产品加工基地正向我国转移，必然使边角料、工艺废料等的数量增加。二是城乡收集队伍上门收集，包括走街串巷到普通消费者手中收集和到企事业单位收集的电子废物。如前所述，我国居民日常生活中所产生的电子废弃物的量无疑是非常巨大的。三是国际走私，非法从国外进口的电子电器废物。由于我国禁止进口废旧电子电器产品，部分不法商贩为了获取更充分的货源，利用我国进出口管理过程中的一些漏洞，采用瞒报、夹藏甚至走私的手段，或者通过一般贸易或加工贸易的形式以旧机电产品名义大量进口国外废弃的电子电器产品。绿色和平组织撰写的报告称，美国回收的电子废物80%出口到亚洲，而其中90%都被运到了我国。

我国电子电器产品回收后的处理处置一般有三个去向：一是旧电子电器产品通过旧货市场流通或直接捐赠继续使用。农村和贫困地区是废家电和电子产品的重要流向。由于我国城乡之间家庭生活水平差距比较大，很多城市中已经报废或者过时的家电和电子产品经过简单维修或改装后，对农村和贫困地区家庭来说仍然存在一定使用价值，这造成许多二手电子电器产品流向经济相对落后的农村。二是通过小废物处理厂再生利用。现有废旧计算机产品拆解工艺、技术比较落后，基本上处于手工作业阶段，还没有形成机械化操作，更不用说自动化，而且大多数拆解作业都是家庭作坊式，极易造成二次环境污染。一些老型号的计算机多含有金、钯、铂等贵重金属，一些私人和小企业采用酸泡、火烧等落后的工艺技术提炼其中的贵金属，产生大量废气、废水和废渣，严重污染了环境。三是丢弃至垃圾处理处置厂。

我国废旧电子电器产品的回收利用方式大致有两种：基于功能的回收利用和基于材料的回收利用。基于功能的回收利用又包括基于整机功能和基于零部件、元器件功能的回收利用，如图3-1所示。

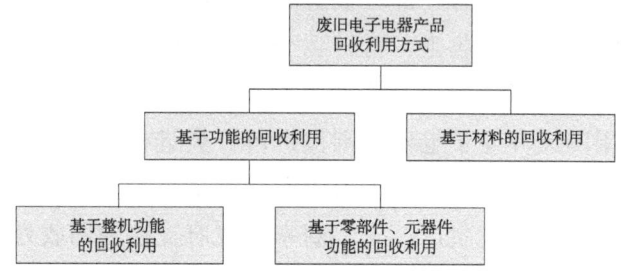

图 3-1　我国废旧电子电器产品的回收利用方式

近几年，随着 WEEE① 和 ROHS② 等指令的出台，国内电子废物处理不当造成的严重环境污染在国际上造成很大影响等问题进入人们的视野，废旧电子电器产品的回收处理问题日渐成为政府、企业、学者、有关组织和民间机构所关注的焦点，它们并为此成立了各种机构和组织进行研究（表3-6），各种研讨会、论坛等也在全国各地展开，普及电子废物的危害，研讨电子废物长远根本的解决之道。

表 3-6　废旧电子电器产品回收处理的部分研究组织与机构

序号	组织与机构名称	成立时间	主要职责
1	中国家电协会废旧电子电器再生利用分会	2003年12月（民政部批准）	协助有关政府部门制定废旧电子电器再生利用方面的法律法规和环境技术规范；协调建立统一规范的回收体系，统计废旧家电报废和回收的信息；引导家电企业关注和支持废旧电子电器回收和处置工作，开展绿色设计和生产，承担相关责任等
2	中国电子节能技术协会废旧电子产品综合利用委员会	2005年7月（民政部批准）	协助政府部门研究制定废旧电子产品污染控制方面的有关法律法规和标准；协助政府部门、企业完善中国废旧电子产品回收处理体系；研究EPR、废旧电子产品处理的相关技术、工艺标准、资源节约综合利用、回收处理试点、评价等工作

---

① WEEE 回收指令是指 2003 年 2 月 13 日由欧盟发布的《关于报废电子电气设备指令》（Waste Electrical and Electronic Equipment，WEEE）。其核心内容是生产厂商对列入指令管辖的电子电气产品进行回收并要求生产商加贴回收标志。WEEE 指令于 2005 年 8 月 13 日实施

② RoHS 是由欧盟立法制定的一项强制性标准，它的全称是"关于限制在电子电器设备中使用某些有害成分的指令"（Restriction of Hazardous Substances，RoHS）。该标准已于 2006 年 7 月 1 日开始正式实施，主要用于规范电子电气产品的材料及工艺标准，使之更加有利于人体健康及环境保护

续表

序号	组织与机构名称	成立时间	主要职责
3	中国废旧电子电器回收联盟	2006年3月	在政府相关管理部门的支持下,帮助电子电器生产企业了解、掌握欧盟和我国的法律法规和最新动态、帮助联盟企业顺利出口并发挥群体优势以降低产品回收的成本、协调解决联盟成员有关WEEE的其他问题,更好地履行出口和回收的责任并适时开展中国的相关废旧电子电器回收处理服务
4	中国旧货业协会	1996年	宣传贯彻国家有关的方针政策和法律法规,调查了解旧货流通实际,研究旧货流通规律,经营管理理论和方法,为旧货流通企业实际行动提供指导;制定行规行约,搞好行业自律;开展人才培训,提高行业整体素质和经营管理水平;负责信息交流与服务,总结推广先进的经营管理经验和管理方法,为会员提供多种形式的咨询和服务等
5	中国资源循环利用回收利用协会	1992年	负责资源循环利用行业的协调和管理,协助和承担政府主管部门委托的部分行业管理职能;接受政府主管部门委托,参与资源循环利用相关法律、法规、政策及标准的制定,并组织实施;组织收集、整理和传递国内外资源循环利用行业信息和科学技术信息;开展行业统计、市场预测;向政府提出制定行业政策、规划和法规的建议;承担国家课题研究,推广资源循环利用产业新技术、新工艺;参与组织科技成果评审,促进行业技术进步等
6	全国电工电子产品与系统的环境标准化回收利用特别工作组	2006年8月	开展对口国际电工委员会IEC/TC111电工电子产品与系统的环境领域标准化工作,并负责开展有关电工电子产品与系统环境标准化领域回收利用方面的国家标准制修订工作

全国各地也纷纷引进环保拆卸净化设备,建立规范化操作的回收处理中心。但在实施过程中,这些以政府为主导的电子垃圾回收处理中心大都遭遇到"无米下锅"的尴尬处境。一个模式是一些企业和流通领域的部分商家尝试进行废旧电子电器产品的回收和以旧换新等,2004年6月,摩托罗拉公司开始在国内发起"绿色中国 绿色服务"的环保项目,在全国151个城市设立了279个回收点。一年以后,摩托罗拉公司总共回收了约3吨废弃手机零配件。摩托罗拉公司采用的是生产企业联系自己的上下游合作伙伴的模式,所产生的费用完全由企业自己承担。另一个模式或许可以称为富勤模式,美国富勤公司是专门从事废旧产品的回收再利用工作的公司,分别在天津、南京、广东、香港等地建有回收生产线。但由于回收价格等因素,以上公司运营的回收效果并不理想,且很多流通领域商家的下游依然是目前仍不规范的旧货市场和拆解处理业。

（二）报废汽车

1. 我国报废汽车回收利用现状

长期以来，国家一直重视对报废汽车的管理，并陆续出台过多项政策。2001年6月，国务院颁布实施了《报废汽车回收管理办法》（国务院令第307号，以下简称国务院307号令）。根据国务院307号令，原国家经济贸易委员会对报废汽车回收企业进行了统筹规划、合理布局，各省级经贸主管部门对报废汽车回收企业进行了资格认定；有关部门依法加强了对报废汽车回收拆解行为的监督管理，报废汽车管理走上了法制化轨道。2005年8月，商务部颁布了《汽车贸易政策》，要求报废汽车回收拆解企业必须严格按国家有关法律、法规开展业务，及时拆解回收的报废汽车，并对报废汽车回用件及翻新件的使用、报废汽车零部件及其他废弃物、有害物的存放、转运、处理等提出了要求。2006年2月，国家发展和改革委员会、科学技术部和国家环境保护总局联合制定了《汽车产品回收利用技术政策》，目的是指导汽车生产和销售及相关企业启动、开展并推动汽车产品的设计、制造和报废、回收、再利用等工作。《汽车产品回收利用技术政策》分三个阶段提出了可回收利用率目标，力争在2017年左右使在我国生产、销售的汽车整车产品的可回收利用率与国际先进水平持平。

上述政策法规从回收拆解、再制造等角度出发，分别对政府管理部门、回收拆解企业、汽车生产企业提出了要求，这些政策法规，初步形成了我国报废汽车回收利用的基本框架。

2. 我国报废汽车回收利用存在的问题

目前，我国报废汽车回收拆解资质企业有400余家，从业人员2万余人，年回收拆解能力140多万辆。由于诸多因素影响，报废汽车回收利用领域主要存在报废汽车回收率低、资源再利用率低和环保水平低等三个方面的问题。

一是报废汽车回收率低，回收拆解数量下滑。2008年我国汽车保有量达到6467万辆，比2000年增长约3倍，而同期报废汽车实际回收拆解数量增长不足1倍，尤其是近几年报废汽车实际回收拆解数量每年都在70万辆左右，只有公安交管部门注销登记车辆的一半，且呈逐年下滑趋势。据中国物资再生协会统计，2005~2007年报废汽车实际回收率分别为48%、39%和38%。

二是资源再利用率低。由于大多数回收拆解企业缺乏相应的技术和设备，拆解的可再利用零部件少，其中钢铁和有色金属回收利用率较高，而橡胶、塑料、玻璃等非金属回收利用率较低；拆解的汽车零部件销售主要靠买主直接到拆解现场购买，直接利用率不足 10%。

三是环保水平低，即回收拆解作业不规范，环保意识差。大部分回收企业没有专门工具，拆解场地基本为露天，废油液很少分类回收，油液随意倾倒渗入地下的现象普遍，制冷剂、安全气囊、重金属的处理缺乏相应的规范，既污染环境又非常容易造成安全隐患。

造成以上问题的主要原因有以下几个方面：

一是回收拆解市场秩序混乱。2002 年 11 月《国务院关于取消第一批行政审批项目的决定》（国发〔2002〕24 号）取消了报废汽车回收拆解企业资格认证，一些地方误认为国家对报废汽车回收拆解管理的政策放宽了，甚至认为国务院 307 号令也被取消。大量不具备拆解条件的企业和个人进入报废汽车回收拆解行业。一些违法经营者受利益驱动，回收汽车后不按规定拆解，而是出售到农村、偏远地区，或者拆解后不按规定销毁"五大总成"（汽车发动机、方向机、变速器、前后桥、车架），而是将其出售给不法分子用来拼装汽车。

二是有关部门的监管乏力。由于国务院 307 号令的核心就是资格认定，其监管处罚也主要是围绕资格认定进行的。取消了企业的资格认定，使得商务、工商部门对报废汽车回收企业的监管削弱，对违法经营的企业难以实施有效监管。一些报废汽车被非法回收和拼装后，倒卖至农村和偏远地区；还有部分车主以车辆转籍过户为手段，将就要报废的车辆转出户籍而又不在异地注册登记，继续非法使用或非法拆解、拼装。由于公安交通管理部门很难在路面形成严查严管的态势，致使一些报废、拼装汽车继续上路行驶。

三是报废汽车回收拆解企业技术装备和管理方式落后。由于国务院 307 号令规定的准入条件不具体，缺少回收拆解技术规范和环保规范，造成报废汽车回收拆解企业资金投入不足，专业化水平低，从业人员素质较差，导致环保水平和资源再利用水平低。

四是现行法规限制汽车零部件的再利用。国务院 307 号令规定拆解的"五大总成"只能作为废金属交售给钢铁企业作为冶炼原料，不能再利用。同时由于购销信息系统没有建立起来，很多可利用零部件没有与汽车维修行业建立供需渠道，这些都导致汽车零部件的再利用水平不高。

第三节　资源循环利用技术

一　废旧电子电器产品资源再生技术的现状和动向[①]

当前，废旧电子电器产品资源再生技术的研究已经成为全球的热点。在发达国家，对废旧电子电器产品整机通过修理翻新再制造，或者对其元器件、零部件进行拆解分类，用做修理配件、备件和降级使用方面的报道不多，见诸报道的多是实验室级别的研究工作，因此，下面以材料级的资源化为主介绍国外废旧电子电器产品的资源再生技术及其进展。

（一）电子废物拆解

电子废物一般拆分为印刷线路板、电缆电线、显像管等几类，再根据各自的组成特点分别进行处理。目前国外在废旧电子电器产品拆卸技术方面做了大量工作。英国 Manchester Metropolitan University、美国 Rhode Island University 及其他一些单位进行过一些关于拆卸操作与拆卸时间的研究。

废旧线路板和元器件的资源化回收具有两个目标：面向元器件功能的回收和面向材料的回收。面向元器件功能的回收首先就需要对废旧线路板进行拆卸，并尽可能地保证拆卸下来的元器件的性能，而元器件的封装尺寸精度则需要规范的加热操作与合理的分离操作的共同保障。目前国外在元器件可靠性方面有一些研究，带元器件线路板有两种方法进行拆卸：选择性拆卸和整体拆卸。在选择性拆卸中，一些待拆卸的元器件首先被确定坐标以定位，再确定连接方式以移除。在整体拆卸中，加热整块带元器件线路板，对所有元器件进行解焊，再将它们全部去除掉。整体拆卸的拆卸效率较高，但拆卸下的元器件会受到物理伤害，而且额外增加了对拆卸下的元器件进行分类的工序，使处理时间延长，处理费用增加。K. Feldmann 等基于振动原理拆卸插装元器件。带元器件的线路板固定在试验装置上，改变振动频率和振幅，插装元器件可全部去除。K. Feldmann 等还设计了线路板拆卸的模块与布局。R. Knoth 等认为刚性的、针对某一具体产品型号的自动拆卸方式在今天从经济上讲并不可行。为此他们

[①] 部分来自清华大学向东 2007 年的国家自然基金项目"促进我国资源再生产业发展的政策研究"子课题——"废旧电子电器资源再生产业发展策略与政策建议"。

提出了两个新概念：①柔性拆卸单元；②拆卸族。在柔性拆卸单元中，包含以下主要模块：拆卸机器人或拆卸机构、抓取机构、传输系统、进给系统、电子元器件数据库、识别系统等。在这两个概念的基础上，R. Knoth 等研制了线路板半自动拆卸单元。日本 NEC 公司开发了一套自动拆卸废旧线路板中电子元器件的装置。它采用红外加热，垂直方向冲击与水平方向刮刷两级去除方式分别去除插装元器件和贴片元器件。回收工艺流程包括去除元器件和焊剂、粉碎线路板基板、分离成富含铜的粉末和玻璃纤维与树脂粉末。Naoe Hosoda 等提出了一种分离焊点的新方法，利用在常温下呈液态的元素镓扩散到连接界面而使界面溶解，从而分离被连接的两部分。这无疑是一种值得探讨的好方法，但还有待深入研究。

对印刷线路板上的元器件进行拆卸（或摘除）的方法有多种。目前已有一些面向线路板维修用的设备和产品，面向产品生命周期末端的线路板整体拆卸装备虽然公布了一些专利（以日本的居多），但工业实际应用的效果不佳。

CRT（Cathode Ray Tube）拆解是 CRT 显示器回收利用的核心步骤。国内外众多 CRT 生产厂家、回收厂家及研究人员对此进行了大量研究。CRT 拆解基本可以分为物理拆解法和化学拆解法两类。物理拆解法主要有热冲击法（如英国的 KoTech 公司）、熔融法（如美国的 Techneglas 公司）、加热丝法（如英国的 Mann Organization 公司）、激光处理法（如芬兰的 CRT-Finland Oy 公司）、带有研磨剂的高压水枪及其他分割方法（如硬金属棍、金刚石切割、金刚石轮等可实现玻璃切割的方法）；化学拆解法主要是酸法，即采用硝酸、有机酸等，通过浸泡或冲洗的方式溶解熔结玻璃达到分离效果，主要实现方式有热酸喷射（如日本的 Silverwin 公司）、热酸浴、热酸浴加震荡等，并常辅以热冲击法实现分离。

日本三菱材料公司和三菱中央研究院对废空调的热交换器资源化技术进行研究，研究出一种处理热交换器的高效方法，其中超过 95% 的铜和铝能得到有效回收；日本三菱材料公司和三菱中央研究院还研发了一种对废洗衣机自动拆解的高效方法，德国柏林科技大学也对消费类电子产品的灵活自动拆解系统进行了研究，并采用等离子体快速切割洗衣机，实现成本和损失最小化。

（二）线路板资源再生

当废旧线路板以材料作为回收目标时，有多种回收处理方法和回收工艺：一是火法回收，包括火法冶金、直接焚化法（如日本的 Fujitaeiji 等的专利）、防氧化焙烧法（如日本的 Takazawa Yoichi 等的专利）和裂解法（如日本的 Sato

Kazuhiko、Yamada Keitajp、Fujimura Hiroyuki 等的专利）等；二是化学处理，包括酸洗法（如俄罗斯的 Karimov、日本的 Tsuji Teruo 及 Takano Koichi 等的专利）、剥离法、置换法、沉淀法和电解法等；三是机械物理处理，包括破碎、制粉和分选等多道工艺，其中日本、美国、德国、俄罗斯等国对机械物理法处理废线路板的工艺研究较多。

美国国防部下属的从事电子废物循环利用研究的基于再利用和再循环的电子设备拆卸组织（Demanufacturing of Electronic Equipment For Reuse and Recycling，DEER2），采用国际加工设备公司（IPEC）生产的气流磨（air attrition mill）进行废线路板的粉碎研究。瑞士 Result 技术公司开发了一种在超音速下破碎线路板等多层复合制件的破碎机，利用各种层压材料的冲击和离心特性的不同，将多层复合材料分开。

日本 NEC 公司开发的一种处理工艺是利用特制破碎设备将废弃电子线路板粉碎成粉末，然后实现金属与非金属的分离，通过这种方法，铜的回收率达到 94%，树脂和玻璃纤维的混合粉末可以用做油漆、涂料和建筑材料添加剂；瑞典律勒欧技术大学采用离心分离、静电磁分和湿法筛选等机械手段，对包括线路板在内的废旧电子产品中的贵金属进行回收处理，并使用密度分离结合低强度磁分离技术从废弃印刷线路板中得到高质量的铜，从重金属中分离出铝；德国的 Resortek 公司使用磁性、静电分离方法，滤网筛分和流化床技术将废弃印刷线路板中的不同成分分离；Jens 等对印刷线路板中贵重金属的回收工艺进行了理论研究，并探讨了二手铜冶炼回收所产生的环境影响问题；Legarth 分析了废弃电子产品重金属和用到的添加剂所产生的环境危害，并在他的博士论文中分析了印刷线路板成分，指出其中的基本金属和贵重金属如金、银、铂、钯、铜等，大约 95% 的价值可以被回收。

德国 Diamler-Benz Ulm 研究中心研制的废线路板机械处理工艺，在破碎阶段用旋转切刀将废线路板切成 2 厘米 ×2 厘米的小块，磁选后再用液氮冷却，再送入锤磨机碾压成细小的颗粒。该工艺尽管增加了液氮的投入，但由于金属回收率较高，并对塑料实现了再利用，因此经济效益较好；德国 Microtec 公司设立在美国的分部 Air Product 公司的低温研磨系统，可以将坚韧物料在低温下脆化，实现金属与非金属的完全分离。

另外，美国 Florida 大学和 Savannah River 技术中心的研究人员开发了一种采用微波回收线路板中贵金属的技术，研究结果表明，微波处理工艺简单、清洁，易于操作，处理成本不高。

近几年来，随着生物技术的不断发展，原先用于选矿产业的生物选矿技术也被用于电子废物的资源化工艺中，瑞士苏黎世大学 H. Brandl 等采用生物浸出的方法从电子废物中回收金属，试验结果表明，当细菌和真菌在培养基中的浓度大于 10 克/升时，65% 的铜和锡被浸出，95% 以上的铝、镍、铅、锌被浸出；当细菌和真菌在培养基中的浓度为 5～10 克/升时，利用驯化好的硫杆菌可以浸出 90% 以上的铜、铝、镍、锌，并使铅和锡分别以化合物形式沉淀。但由于生物提取浸取时间较长，目前尚未真正投入实际应用。

（三）塑料资源再生

电子电器工业消耗塑料的数量在塑料消费中占第三位。由于大多数塑料以复合材料或塑料合金形式存在，难以处理，目前电子废物中的塑料主要处理方式有填埋、简单物理再生和焚烧。电子废物中塑料组成复杂，多种材料杂质混杂在一起，且其中普遍含有卤素阻燃剂，大大增加了其再生过程中环境和人体健康的风险，因此，安全有效处理电子废物中的塑料是至今仍未完全解决的技术难题。

（1）塑料的识别和分类。Wan 等提出了一种叫做光声技术的塑料识别方法，采用 Nd：YAG 绿色激光照射被测试物质，其优点是不受物质表面的颜色、标贴及形状的限制。Ahmd 和 Hull 则提出采用超声穿透的办法，通过测量高频超声波在物质中的穿透时间和衰弱情况来量化其物理性能，最终决定其物质结构信息。美国的磁分离系统公司（MSS）则利用光学传感器等技术，制造出可以识别不同颜色混合塑料颗粒的自动生产线系统。但目前的自动分拣也存在一些问题：系统复杂、设备投资费较高，而且当新材料出现时，必须对整个工艺进行调整，整体适应性、灵活性较差。

（2）塑料与塑料之间的分离技术中出现了超临界流动法悬浮和沉降法。其基本操作是将混合废弃物置于容纳 CO_2 或者 SF_6 与 CO_2 混合气体的压力容器中，调整不同的气体流动量，逐步将不同密度的物质悬浮而分开。另外，采用空气作媒质悬浮也是一种方法，但是容易受到物质密度和尺寸的影响。目前也出现了水力漩流器，只是应用较为少见。采用液体悬浮沉降方法可依据材料的密度范围来选择不同的流体。

（3）塑料与金属的分离方面，Elektronic 提出了一种非常有效的静电方法来分离电线的塑料与金属碎片。在将电线粉碎成极细的颗粒后，置于水平旋转的圆筒中，同时施加很大的静电场。在粒子被甩出的过程中，由于金属和塑料失去电荷的速度有差别，它们最终落在不同的位置。Jody 则提出一种利用丙酮、二甲苯和二氯乙烯等有机溶剂选择性萃取的方法，从粉碎混合物中提取 ABS、PVC 和聚乙烯等塑料。A. Luga 研究了从废弃物中分离金属和塑料的静电分离技术，分析了影响这项技术效率的多种因素。通过对碾碎的电线碎片（铜 62.5%，PVC37.5%）进行 3 级静电分离，实现铜回收 92.2%，其中 PVC 小于 0.04%，PVC 回收 90.8%，其中铜小于 0.1%，达到了令人满意的效果。

（4）电子废物塑料的资源化方法主要包括机械法循环再生、作为化工原料、加工为工程燃料、作为燃料或助燃剂进行能量回收。

（四）显示器（CRT 和液晶）资源再生

CRT 玻壳玻璃作为 CRT 显像管的重要组成，其主要成分是含 PbO 的硅酸盐玻璃；近年来液晶显示器正在逐步取代 CRT 显示器而用于计算机和电视机的制造中。国外发达国家尤其是日本、美国等，对 CRT 玻璃、液晶材料的资源化也进行了广泛深入的研究，对 CRT 显示器的塑料、含铅玻璃和有价金属的回收基本实现了工业化。为了确定含铅 CRT 玻壳的浸出行为，国外研究者对废计算机监视器 CRT 和部分电视机 CRT 做了浸出毒性实验。美国佛罗里达州固体及危险废物管理中心的 Timothy G. Townsend 等对一些淘汰的监视器进行了铅毒性浸出实验。结果表明，依照美国环保局的 TCLP 方法，黑白 CRT 玻壳的铅浸出浓度没有超出美国危险废物鉴别标准，而彩色 CRT 玻壳的铅浸出浓度大部分超标。

在废 CRT 的清洗技术方面，国外研究者提到采用高压水去除屏玻璃的荧光粉层的方法，并用酸清洗以达到屏玻璃的表面要求。E.S.Geskin 等的研究表明，高压水用来清洗屏玻璃和锥玻璃的同时具有破碎的作用，并提出了一种流化床形式的清洗玻璃碎片的方法。还有一些研究提到了采用玻璃破碎后气流冲击回收荧光粉的方法。Ching Hwa Lee 等人研究了水冲洗、超声波水浴洗涤、超声波加浓硫酸等方法对锥玻璃和屏玻璃涂层的去除效果。

总的来说，国外废 CRT 的处理技术包括三种：①回收、循环利用。美国开发出一套成熟的工艺回收铅，并用以制造新显示器的含铅玻璃。②熔炼过程。把含铅玻璃作为铅熔炉中的熔融试剂。在瑞典，把粉碎了的含铅玻璃作为替代砂子和炉渣来吸附重金属的造渣材料。③危险废物填埋。

对于废液晶显示器，日本夏普公司的处理流程是：先拆解大部件，将可以回收的金属与塑料外壳回收；液晶显示器的玻璃模组直接以破碎方式处理至一定粒径；将破碎的玻璃送金属矿业锌精炼厂，作为替代材料使用。欧盟在

WEEE 指令中明确规定废 LCD（Liquid Crystal Display）应回收处理，但没有指明处理技术，实际中大多以填埋方式处理。德国 VICOR 废液晶显示器处理技术的主要思路是：通过密闭破碎，采用热处理析出液晶，然后采用触媒法将液晶无害化处理，回收其余的玻璃。

（五）处理过程中有毒有害物质的分离

目前，废弃的制冷设备中通常含有一些有毒有害物质，如各种制冷剂、发泡剂、聚氯联苯和压缩机油等，国外较早地开展了对这些有毒有害物质回收处理的研究。德国 Hoechst 公司研发的反应炉裂解法用于处理制造 CFC 时产生的废气，获得了专利 EP0212410B1。Bayer 公司推出了一项利用从废旧冰箱回收的泡沫塑料 PU 来生产新冰箱的真空隔离板的技术，卫生可靠。日本三菱公司从废电冰箱中回收的发泡聚氨酯绝热材料，通过分解、混合、发泡成型等工艺处理，可再次作为电冰箱绝热材料使用。这些方法虽具有一定的技术可行性，但也存在一些问题，如收集和运输成本、硬质泡沫塑料中的氯氟甲烷可能转变成二噁英等。

ICI 公司，Texaco 和 Gent 大学的研究表明，可采用气化方式回收废弃冰箱中的聚氨酯，而且气化回收可广泛用于各种泡沫塑料 PU 废弃物。对于混杂在一起的泡沫塑料废弃物，能量回收可能是最经济的方式。ICI 公司的实验表明，泡沫塑料 PU 和煤一起燃烧，可以回收塑料热量的 80%，如果将 15% 的回收塑料与 85% 的煤混合燃烧，效果与燃烧 100% 的煤是相同的，且煤灰也不会造成有害污染；美国 PURRC 将 20% 的软质 PU 放入商用城市垃圾中燃烧，结果表明，焚烧炉的运行状况、燃烧条件、煤灰的组成及排放物无任何明显改变。在欧洲和美国，电器回收中心在回收冰箱的硬质泡沫塑料 PU 隔热层时，首先将 PU 粉碎，然后加热以除去微孔和 PU 基材的 CFC。

Per Liljelind 等研究了将 Ti/V 基的催化剂用于抑止烟道气中二噁英和相关芳香烃的生成，并将其引入 WEEE 的热解中；Thallada Bhaskar 等研究了采用 Ca-C 基吸附剂脱除混有 HIPS2Br 的聚氯乙烯中的卤素的效果；德国人 A. Hornung 发现聚丙烯是有效的脱溴添加剂，并确定出了最佳除去热解产物油中溴的试验条件；M. Blazso 研究了两种典型的含溴阻燃剂的电子废弃物（分别是用溴化聚苯乙烯作阻燃剂、邻苯二甲酸聚酯为主要成分的电气废料和以溴化环氧树脂阻燃的印刷线路板）的热解和除溴的机理过程。

（六）其他技术

Kaltenbock 等对二手铜冶炼所采用的 Knudsenf 工艺进行了研究，H.Worz、Fleicher 等对二手铜冶炼在奥地利 Brixlegg 的实用化进行了研究。M. Adrian 对包括聚酯、酚类、环氧树脂、聚丙烯、增强玻璃纤维和碳纤维等在内的聚合物废物在 350~800℃下的热解机理进行了研究。Giuseppe 提出了资源内在增长模型，指出对废弃物的回收增加了资源的增长率。从模型中看到，回收工艺及技术的进步在二手材料的再生中扮演了重要的角色。模型中显示了实现资源增长的两个手段：①通过原有技术的进步；②通过找到新的废弃物回收技术。还有学者对电子废物的机械分离过程进行了研究,并尝试评估了面向机械分离的电子碎片的特性。

二 废汽车回收处理技术[①]

废汽车资源回收利用需要经过从废旧产品的回收、拆解到使其转化为新的产品或者材料的复杂过程，这一过程需要采用各种高新技术，涉及众多学科。目前，汽车产品回收利用应用的关键技术可分为共性技术、再制造技术、再利用技术等。

共性技术包括基于结构改进和材料替代的回收利用设计技术（可拆解性设计 DFD、可回收性设计 DFR）、高效拆解技术等。再制造涉及面向废旧汽车零部件失效分析、检测诊断、寿命评估、质量控制等多种学科，具体技术包括微纳米表面工程技术、再制造信息化升级技术、质量控制技术、先进材料成形与制备一体化技术、虚拟再制造技术、先进无损检测与评价技术、再制造快速成型技术等。再利用技术包括材料分类检测技术、资源化预处理技术、产品粉碎及粒化技术、材料物理及化学分选技术、产品循环利用技术等。

（一）废汽车有色金属的回收利用

1. 废汽车中有色金属的回收利用

汽车使用的有色金属材料主要有铝、铜、镁合金和少量的锌、铅及轴承合

---

① 这部分主要是参考论文《废汽车回收处理技术研究进展》和《报废汽车拆解处理及资源回收技术研究进展》而形成的。《废汽车回收处理技术研究进展》载于《有色冶金设计与研究》，2007 年 3 月，第 8 卷第 23 期，作者为宋玉、赵由才；《报废汽车拆解处理及资源回收技术研究进展》载于《资源再生》，2011 年 5 期，作者为张宇平。

金等。随着汽车轻量化运动的不断发展，铝、镁合金材料的用量也在不断加大。

一般认为，最理想的有色金属回收方法是原零件的重用，这是一种以人工为主的回收方法，即人工分解汽车，然后将各种材料和零部件分类放置。这样，铝、镁、铜等合金零部件可按变形或铸造合金，或者按不同合金系进行回收再生。但是，目前工业发达国家用人工拆卸旧车的方法已不再是唯一的方法，并且在逐年减少。原因如下：①人工拆卸的费用高；②拆卸下来的零部件直接利用性不大，特别是轿车更新换代很快，拆卸下的互换性不大；③市场上对零部件的需求量很小。这样，经人工拆卸下的汽车零部件还需重熔回收，而拆卸费加重熔回收费使总费用很高。

目前，回收旧车上的材料，已从回收零部件的旧模式向回收原材料的新模式转变，即从人工拆卸零部件转向机械化、半自动化回收原材料。现在已较多采用切碎机切碎旧车主体后再分别回收不同的原材料的方法，具体如下：①将旧车内所有液态物质排放后用水冲洗干净。②先局部地将易拆卸下来的大件（车身板、车轮、底盘等）拆卸下来。③将旧车拆卸下的大件和未拆卸的旧车剩余体分别放入切碎机系统流水线，先压扁，然后在多刃旋转切碎装置上切成碎块。④流水线对碎块进一步处理，其顺序是：全部碎块通过空气吸道，利用空气吸力吸走轻质塑料碎片；通过磁选机，吸走钢和铁碎块；通过悬浮装置，利用不同浓度的浮选介质分别选走密度不同的镁合金和铝合金；由于铅、锌和铜密度大，浮选方法不太适用，利用熔点不同分别熔化分离出铅和锌，最终余下来的是高熔点的铜。

这种回收方法流程合理，成本相对不是很高，但对回收铝、镁合金也并非完美无缺，最大的缺点是轿车上用的铝、镁合金属于不同的合金系，既有变形合金又有铸造合金，经破碎和浮选后，不能再进一步分离，成为不同合金的混合物，这就给随后重熔再生合金的化学成分和杂质元素控制带来相当大的困难，大多数情况下仅能作为重熔铸造合金使用，降低了使用价值和广泛性。为解决铝、镁合金重熔回收后成分混杂、使用价值低的问题，汽车设计师和材料工作者分别对车上主要部件设计及材料选用进行了研究。另外，新的分离方法也在不断被开发出来，如铝废料激光分离法、液化分离法等。下面是铝合金液化分离法的简要介绍。

2. 铝合金液化分离装置

铝合金材料含量很高的汽车会大量使用铝板类材料，主要是为了减轻重量而使用铝合金车身，铝质车身表面会有大量的油漆、涂料和黏结剂。当报废车被拆解之后，车身被粉碎以分离铝和其他材料，当废旧油漆车身被重熔时，车身上的油漆和黏结剂经高温热解可保证彻底分开，然后将去除油漆和涂料的废车身及铝制零件再分成不同种类的铝合金，有利于提高废旧铝料的回收价值。废旧铝料经机械切割、磁选再经液化分离装置，分离掉涂料和黏结剂中的大部分成分和大部分涂料及残渣，这时的废旧铝料用激光光学探测谱进行分类。

液化分离装置具有很高的热分解效率，高温去除附着在铝制车身上的有机涂料，温度必须在450℃以上，这种情况下得到的产品是气体、焦油类和炭类成分。气体蒸发后剩下的焦炭和焦油层通过分离器内部的氧化装置去除。

液化装置有一个可允许气体微粒通过的过滤装置，使用时，在液化层的铝沉积到底部，而其中的有机成分分解。选择合适的温度可保证有机材料的彻底分解而不溶化任何气体成分。传输过来的热量用于废旧铝料的分解之后，通过燃烧有机材料而散发出去，达到平衡。这种装置比现有的对流式热传输装置效率高5~10倍。

在液化分离装置中，废料通过旋转鼓搅拌，液化仓中残渣停留时间为2~15分钟，在液化仓内部，废料与仓中的溶解液混合，沙石等杂质被分离到砂石分离区，被废料带出的溶解液通过溶解液回收螺旋桨送回液化仓。氧化区与排气导管相连接，氧化那些游离的碳氧化物并防止液化仓底部物质损失。使用该装置对涂料板材样品进行试验，试验条件温度为550℃，时间为10分钟，试验结果令人满意，净金属回收率达98%以上。

（二）废旧部件再使用、再制造

通过旧汽车零部件的再使用，可以延长零部件的使用寿命，从而节省能源。由于汽车零部件产品不可能达到等寿命设计，当产品报废时总有一部分零部件性能完好，这部分零部件经过检测合格后可直接使用。再使用又可分为直接、翻新和修复使用3种方式。通过再使用使旧零部件得到重新利用，基本上不会消耗额外的能源和产生额外的污染，是最为理想的回收利用方式。

再制造是指以产品全寿命周期理论为指导，以优质、高效、节能、节材、环保为目标，以先进技术和产业化生产为手段，进行修复、改造废旧产品的一系列技术措施或工程活动的总称。它是通过采用包括先进表面工程技术在内的各种新技术、新工艺，将废旧产品零部件作为毛坯，在基本不改变零部件的形状和材质的情况下，对废旧汽车零部件产品实施再加工，充分挖掘废旧产品中蕴涵的原材料、能源、劳动付出等附加值，生成性能等同或者高于原产品的再制造产品的资源再利用方式,节能减排效果显著。汽车零部件再制造无论是技术成熟性、经济合理性,还是产业规模都具发展优势。例如,汽车发动机再制造与新品相比,降低成本50%左右,节约能源60%,节约原材料70%。

(三)废汽车轮胎的综合利用

废旧轮胎被称为"黑色污染",其回收和处理技术一直是世界性难题,也是环境保护的难题。据统计,目前全世界每年有15亿条轮胎报废,其中北美占大约4亿条,西欧占近2亿条,日本占1亿条。在20世纪90年代,世界各国最普遍的做法是把废旧轮胎掩埋或堆放。以美国为例,1992年废旧轮胎掩埋或堆放率达63%。但随着地价上涨,征用土地作轮胎的掩埋或堆放场地越来越困难。另外,废旧轮胎大量堆积,极易引起火灾,造成第二次公害。

随着中国汽车工业的高速发展,废旧轮胎带来的环保压力也越来越大。中国现有再生胶企业500多家,年产再生胶近40万吨;利用废旧轮胎生产胶粉的企业近60家,年产胶粉不足5万吨。这两项合计可利用废旧轮胎约2600万~3000万条,但仍有2000多万条废旧轮胎无人问津。如何利用废旧橡胶制品和废旧轮胎,是搞好资源综合利用的重要课题,也是合理利用资源、保护环境、促进国民经济增长方式转变和可持续发展的重要课题。

1. 废旧轮胎翻新

处理和利用废旧轮胎,主要有两大途径:一是旧轮胎翻新;二是废轮胎的综合利用,包括生产胶粉、再生胶等。翻新是利用废旧轮胎的主要和最佳方式,就是将已经磨损的废旧轮胎的外层削去,粘贴上胶料,再进行硫化,重新使用。

翻新是发达国家处理废旧轮胎的主要方式,目前世界翻新轮胎(翻胎)年产量为8000多万条,为新胎产量的7%。美国年产轮胎2.8亿条,居世界之首,年翻修轮胎约3000万条,是新胎产量的10%左右,其中,翻新轿车轮胎200万条,轻型卡车轮胎680万条,载重车轮胎2000万条,飞机、工程车等其他翻新轮胎约70万条。美国现拥有轮胎翻修企业1100多家,90%属中小企业,设备先进,全部生产过程实行计算机联网、自动化操作,年产值400亿美元。翻新轮胎业在美国的发展得益于政府的鼓励。为了鼓励企业利用废旧轮胎资源,美国规定,回收商收购一条轿车废旧轮胎补助1.9美元,收购一条载重车废旧轮胎补助2.3美元。欧盟规定2000年产生的废旧轮胎中必须有25%得到翻新。世界汽车专家认为,翻新胎可以按照新胎的合法速度行驶,在安全、性能和舒适程度上不亚于新胎。因此,在美国等许多国家,政府和军事用车包括邮政服务用车都使用翻新轮胎；学校大巴和公交用车使用翻新轮胎，出租车、赛车和工厂用车也可使用翻新轮胎；几乎100%的工程车、载重车使用翻新轮胎，就连警车、消防车和其他急救车辆、运输机和高性能的战机都使用翻新轮胎。尤其是轿车胎的翻新，欧盟在轿车胎维修厂销售中翻新胎销售量为18.8%，而中国翻新轿车胎数量几乎为0。传统的轮胎翻新方式是将混合胶黏在经磨锉的轮胎胎体上，然后放入有固定尺寸的钢质模型内，经过温度高达150℃以上硫化的加工方法，俗称"热翻新"或热硫化法。该法目前仍是中国翻胎业的主导工艺，但在美国、法国、日本等发达国家已逐渐被淘汰。随着高科技工艺的发展，以及新一代轮胎的面世，人们对翻新轮胎的要求提高，一种新型的被称为"预硫化翻新"，俗称"冷翻新"的轮胎翻新技术已经在发达国家成功应用，并且被带入中国。它由意大利马朗贡尼（Marangonp）集团研发并于1973年投放市场。"预硫化翻新"技术则是将预先经过高温硫化而成的花纹胎面胶黏在经过磨锉的轮胎胎体上，然后安装在充气轮辋里；套上具有伸缩性的耐热胶套，置入温度在100℃以上的硫化室内进一步硫化翻新，这项技术可确保轮胎更耐用，提高每条轮胎的翻新次数，使轮胎的行驶里程更长，平衡性更好，使用也更加安全。与马朗贡尼齐名的还有美国奔达可（Bandag）公司，该公司自20世纪80年代投身轮胎翻新业以来，每年营业额均达30亿美元以上。近年来崛起的后起之秀是米其林轮胎翻新技术公司（MRT），它是排在世界轮胎业前三名的法国米其林集团设在北美地区的子公司。MRT拥有两项专利技术：预硫化翻新Recamic技术和热硫化翻新Remix技术。通过自办轮胎翻新厂和向其他轮胎翻新厂出让技术，MRT工业已建立起庞大的轮胎翻新网络。

2. 废车胎制胶粉

通过机械方式将废旧轮胎粉碎后得到的粉末状物质就是胶粉，其生产工艺有常温粉碎法、低温冷冻粉碎法、水冲击法等。与再生胶相比，胶粉无须脱硫，所以生产过程耗费能源较少，工艺较再生胶简单得多，减低污染环境，并且胶粉性能优异，用途极其广泛。通过生产胶粉来回收废旧轮胎是集环保与资源再利用于一体的很有前途的方式，这也是发达国家摒弃再生胶生产，将废旧轮胎利用重点由再生胶转向胶粉和开辟其他利用领域的根源。

胶粉有许多重要用途，譬如掺入胶料中可代替部分生胶，降低产品成本；活化胶粉或改性胶粉可用来制造各种橡胶制品（汽车轮胎、汽车配件、运输带、挡泥板、防尘罩、鞋底和鞋芯、弹性砖、圈和垫等）；与沥青或水泥混合，用于公路建设和房屋建筑；与塑料并用可制作防水卷材、农用节水渗灌管、消音板和地板、水管和油管、包装材料、框架、周转箱、浴缸、水箱；制作涂料、油漆和黏合剂；生产活性炭。

3. 废轮胎用于建筑材料

近年来，废旧轮胎在土木（岩土）工程中的应用逐步增加，通常是将整条轮胎切成50～300毫米的碎片。在岩土工程中使用碎轮胎的益处是，碎轮胎的单位体积重量只是常用回填土的1/3，因而用其作填料所产生的上覆压力要比泥土回填材料所产生的小得多。这对软弱地基而言，会明显地减少沉降，增强整体稳定性；并且碎轮胎填料施加在挡土结构上的水平应力不到泥土回填材料的一半，为大幅降低挡土结构的造价提供了前提。

橡胶土是一种新的轻质多孔隙建筑材料。该材料主要由碎橡胶、水泥、煤灰或粉煤灰（PFA）、橡胶粉或聚合物纤维和水制成。碎橡胶主要来自去掉钢丝的废旧橡胶轮胎，也可从其他回收的橡胶制品中获得。将上述原料以预定比例充分混合制浆即可浇筑成轻质多孔隙的建筑材料。同样，也可将制成的浆倒入铸模浇铸成轻质建筑块。应用的领域包括路堤、挡土结构、山坡填土、地下厂房回填、道路填土、土地开垦及其他的土木工程应用。

4. 原形改制

原形改制是通过捆绑、裁剪、冲切等方式，将废旧轮胎改造成有利用价值的物品。最常见的是用做码头和船舶的护舷、沉入海底充当人工渔礁、用做航标灯的漂浮灯塔等。原形改制是一种非常有价值的回收利用方法，但该方法消耗的废旧轮胎量并不大，所以只能当做一种辅助途径。

5. 热能利用

废旧轮胎是一种高热值材料，每千克的发热量比木材高69%，比烟煤高10%，比焦炭高4%。将废旧轮胎当做燃料使用，一是直接燃烧回收热能，此法虽然简单，但会造成大气污染，不宜提倡；二是将废旧轮胎破碎，然后按一定比例与各种可燃废旧物混合，配制成固体垃圾燃料（RDF），供高炉喷吹代替煤、油和焦炭作烧水泥的燃料或代替煤及火力发电用。同时，该法还有副产品——炭黑生成，经活化后可作为补强剂再次用于橡胶制品生产。

在综合利用中，热能利用是目前能够最大量消耗废旧轮胎的唯一途径，不仅方便、简洁，而且设备投资最少。

6. 再生胶

通过化学方法，使废旧轮胎橡胶脱硫，得到再生橡胶是综合利用废旧轮胎最古老的方法。目前采用的再生胶生产技术有动态脱硫法（恩格尔科法）、常温再生法、低温再生法（TCR法）、低温相转移催化脱硫法、微波再生法、辐射再生法和压出再生法。由于再生胶的生产严重污染环境，国外已经淘汰，而中国再生胶仍是利用废轮胎的主要方法。不少企业还处于技术水平低、二次污染重的作坊式生产阶段，胶粉产品也未形成规模。

7. 热分解

热分解就是用高温加热废旧轮胎，促使其分解成油、可燃气体、炭粉。热分解所得的油与商业燃油特性相近，可用于直接燃烧或与石油提取的燃油混合后使用，也可以用做橡胶加工软化剂；所得的可燃气体主要由氢和甲烷等组成，可作燃料使用，也可以就地燃烧供热分解过程的需要；所得的碳粉可代替炭黑使用，或经处理后制成特种吸附剂。这种吸附剂对水中污物，尤其是水银等有毒金属有极强的滤清作用。此外，热分解产物还有废钢丝。

（四）报废汽车玻璃的回收再利用

报废汽车的玻璃主要来自灯、反射镜和驾驶室。在意大利，每年从废车上大约要回收6万吨这样的玻璃。由于用这些玻璃制造二次产品的技术性能低于一次产品，所以它们主要用于制造各种玻璃瓶或其他玻璃制品。

汽车玻璃除传统的玻璃以外，现在广泛采用的是一种为提高强度而制造的夹层玻璃。所谓夹层玻璃即在两层普通玻璃中间夹有一层高分子聚合物层，以增加玻璃的安全性。这种玻璃的回收可将夹层玻璃加热到中间聚合物的软化温度，从而将玻璃和高聚物分开，再分别回收。另有文献报道可将这样的夹层用于制砖工业。因为玻璃可以替代砖中的石英砂，聚合物可以替代锯末、纸浆或其他可燃材料，在砖上形成空洞以达到隔热的效果。实验证明，如果加入适量的玻璃和聚合物，可以降低生产过程中的能耗，同时改善砖的微结构，使砖的密度降低而强度提高，从而改善砖的性质。

总体来看，汽车废玻璃的回收和再利用同汽车上其他非金属材料一样，虽然在技术上是可行的，但实际操作起来却比较困难。这是因为：首先，这些材料的回收一般都是采用手工拆卸，故成本过高；其次，回收过程中容易混入其他杂质，造成回收材料的纯度不够，不仅增加了回收的难度，而且影响了再利用的效果；再次，现有进行材料回收的基础设施还不够，造成回收工作难以进行。近年来，随着人们日益追求汽车的主动安全性和美观，车用玻璃的材料也在不断地变化，因此，回收的难度也在不断地加大。设计人员如何从开始设计时就考虑到回收再利用的问题，变现在的被迫回收为将来的主动利用，将是汽车制造工业面临的一个重要问题。

（五）废汽车塑料的回收再利用

报废汽车的塑料最理想的出路是回收、再利用，但其回收处理工艺十分复杂，即使在一些回收处理技术较先进的国家，对塑件的回收和再生利用也尚在研究开发之中。目前，国外仍主要采用燃烧利用热能的方式来处理汽车废旧塑料件，并通过一定的清洁装置，将不能利用的废气和废渣进行清洁处理。但日本及欧洲各国在几年前已分别提出了对汽车废旧塑料的利用要求，并规定了具体的年限。由于汽车工业发达国家政府的高度重视，促进了包括塑料和橡胶在内的废旧材料的回收利用，汽车废塑料制品的实际利用率在2000年已达85%左右，预计到2015年可达到95%。目前，汽车废旧塑料的回收、再生与利用技术，在国外已成为一个热点并逐步形成一种新兴的产业。

（六）废汽车黑色金属材料的回收再利用

黑色金属材料，按是否含有合金元素来分，钢又可分为碳素钢和优质碳素钢。合金钢有合金结构钢和特殊钢之分。根据钢材在汽车的应用部位和加工成型方法，可把汽车用钢分为特殊钢和钢板两大类。特殊钢是指具有特殊用途的钢，汽车发动机和传动系统的许多零件均使用特殊钢制造，如弹簧钢、齿轮钢、调质钢、非调质钢、不锈钢、易切削钢、渗碳钢、氮化钢等。钢板在汽车制造中占有很重要的地位，载重汽车钢板用量占钢材消耗量的50%左右，轿车则占70%左右。按加工工艺分，钢板可分为热轧钢板、冷冲压钢板、涂镀层钢板、复合减震钢板等。废旧汽车经拆卸、分类后作为材料回收的必须经机械处理，然后将钢材送钢厂冶炼，铸铁送铸造厂，有色金属送相应的冶炼炉。当前机械处理的方法有剪切、打包、压扁和粉碎等。

第四章 中国资源循环利用产业管理模式

第一节 再生资源回收体系

一 发达国家再生资源回收利用的相关法律法规

再生资源产业发达的国家较早颁布了有关再生资源回收利用的法律法规，这些法律法规保障了再生资源在本国的回收、利用，也对有关各方在废弃物回收处理中的职责进行了划分与规范，有效地促进了资源循环利用产业的发展。

（一）日本

日本在资源回收利用的进程中，一直处于世界领先地位。日本不仅分类别制定了资源再生利用的单项法规，而且还形成了较为完善的循环经济法律体系。这个法律体系分为三个层面：第一层面是一部基本法，即《促进建立循环社会基本法》；第二层面是两部综合性法律，即《固体废弃物管理和公共清洁法》和《资源有效利用促进法》；第三层面是根据各种产品的性质制定的五部具体法律法规，分别是《容器包装回收利用法》《家用电器回收利用法》《建筑材料回收利用法》、《食品回收利用法》及《汽车回收利用法》。

1995年6月，日本制定了《汽车、电器等在粉碎屑处理前进行有用物筛选的指南》，明确规定了这些产品在破碎处理前应选出零部件的目录等内容。

1997年5月，日本出台了《报废汽车回收利用规范》，并正式公布实施。

1998年5月，日本公布了《家用电器回收利用法》，并于2001年4月1日正式实施。该法是《特定家用电器回收和再商品化法》的通称，是对电视机、电冰箱、洗衣机、空调四种废家电进行有效再生利用，减少废弃物排放的特定法律。该法规定家用电器制造商和进口商具有对这四种家用电器进行回收和实施再资源化的义务，同时，消费者需要支付废旧家电回收处理的部分费用；零售商则需负责这些废旧家电的收集。

2001年4月，日本在原《再生资源促进法》基础上修改制定了《资源有效利用促进法》；5月，全面实行《食品回收利用法》。

2002年6月，日本全面实行《建筑材料回收利用法》。

2004年，日本实施《汽车回收利用法》；同年4月，全面实行《容器包装回收利用法》。

2009年4月，日本颁布新的《家用电器回收利用法》，除原有四种特定产品电视机、电冰箱、洗衣机、空调外，把液晶电视、等离子电视和衣物烘干机三类产品纳入法规。根据新法规，家电制造商需承担对废家电的回收利用义务，即建立或租用回收利用工厂；家电销售商需承担对废家电的收集和运送至回收工厂的义务；消费者则需要承担上述两项措施的费用。

（二）德国

1972年，德国颁布《废弃物处理法》，主要强调废弃物排放后的终端处理。该法于1986年进行修正，改为《限制废弃物处理法》，主要强调如何避免废弃物的产生。

1991年，首次按照"资源—产品—资源"的循环经济理念，制定了《包装废弃物处理法》。该法规定制造者必须负责回收包装材料或委托专业公司回收，从法律上确保了包装材料的充分回收利用。这就是现在为多数国家所采纳的"生产者责任制度"（或称"生产者责任延伸制度"）。

1994年，通过了《循环经济及废弃物管理法》。该法案要求生产商、销售商及个人消费者，从一开始就要考虑废弃物的再生利用问题。在生产和消费的初始阶段不仅要注重产品的用途和适用性，而且还要考虑该产品在其生命周期终结时的回收处理。废弃物的所有者或产生者，要首先承担减少废物产生、废物的回收和处理责任。

（三）美国

1965年，美国制定了《固体废弃物处置法》。该法1970年修订为《资源回收法》，1976年该法进一步修订更名为《资源保护及回收法》，其后又分别在1980年、1984年、1988年、1996年进行了四次修订。该法建立了回复、回收、再利用、减量的4R（recovery、recycle、reuse、reduction）原则，将废弃物管理由单纯的清理工作扩及兼具分类回收、减量及资源再利用的综合性规划，亦即资源的再生利用应从产品制造的源头控制开始，谋求使用易于回收的资源以减少垃圾制造量，而不是只着重末端废弃物或垃圾的回收。同时该法确立并完善了包括信息公开、报告、资源再生、再生示范、科技发展、循环标准、经济刺激与使用优先、职业保护、公民参与和诉讼等诸多与固体废物循环利用相关的法律制度。

1990年，美国颁布了《污染预防法》。该法从资源减量使用、扩大清洁能源的使用效率、废弃物循环使用及可持续农业四个方面入手，提出用污染预防政策补充和取代以末段治理为主的污染控制政策，明确规定必须对污染产生源做事先预防或减少污染量，无法回收利用者，也应尽量做好处理工作，至于排放或最终处置则是最后手段。

（四）欧盟

1993年，欧盟出台了《废旧家电的回收处理的制造商责任制》。制造商需建立废弃电子产品回收利用系统，提供不同的收集方法，承担废弃电子产品的收集、处理和处置费用。

1998年，欧盟颁布了《废旧电子产品回收法（草案）》。内容涉及电子电器产品的设计、制造、材料标识、有害材料的禁用期限、分类回收体系的建立、收集方法等。

2000年，欧盟颁布了《报废汽车回收处理指令》（2000/53/EC）。要求汽车生产厂家必须无偿回收报废汽车，对新型车使用环境负荷物质、废车处理时的事前解体、再生利用率、废车回收网络等作出了具体规定。

2001年5月，欧盟通过《报废汽车的制造商责任制协议》。要求汽车制造公司为报废汽车支付回收费，各汽车生产商负责废旧汽车的回收利用。

2003年，欧盟公布了《关于报废电子电气设备指令》（2002/96/EC），要求在产品的设计和生产时，就需考虑有利于今后报废时的分解和回收；明确实行生产者责任制，以有利于维修、可能的升级、再利用、拆装和再循环；消费者需实现报废产品的分类收集。

二 发达国家再生资源回收的典型方式

概括而言，再生资源回收利用存在两种主要方式，一种是生产者责任制，即主要由制造商负责承担废弃物资源回收利用的相关费用；另一种是消费者责任制，即主要由消费者承担废弃物回收利用的相关费用。

（一）德国：在"生产者责任制"基础上的二元回收利用系统

德国《循环经济与废物管理法》规定，谁开发、生产、加工和经营的产品，谁就要承担满足循环经济目的的产品责任。为了履行产品责任，产品生产者应最大可能地在生产过程中避免产生废物，保证有利于环境的利用，确保在利用中产生的废物得到处置。

在对产品使用后产生的废物进行回收及以后的利用和处置过程中，德国同时存在两个系统，一是地方政府垃圾处理系统；二是 DSD 回收利用系统。

DSD 回收利用系统的载体是 DSD 公司，该公司承担了每一家企业的义务，并使他们从自己回收再利用的义务中解脱出来。

DSD 公司是一个股份公司，在德国工业联邦联合会和德国工商会的倡导下，由大约 95 家工商企业联合于 1990 年 9 月 28 日在科隆创立。现股东约有 600 家工商业企业。DSD 公司是非赢利性公司，政府也没有补贴。DSD 公司唯一的收入来自于"绿点"商标的许可证费。每个包装的使用商、包装生产商和销售商为他的包装购买"绿点"商标，必须向 DSD 公司支付相应的许可证费，由此合理地担负了废弃包装物的收集、分类及废塑料再生利用的费用。"绿点"商标的收费标准是按包装材料、重量和数量计算的。如果收入大于支出，那么 DSD 公司必须降低所收取的绿点许可证费用。DSD 公司的目标是废旧包装物再生利用。在德国，所有在包装上印有"绿点"商标的销售包装，都由 DSD 公司负责进行回收利用。例如，某企业不使用"绿点"商标，那它就是没有参与此系统，必须自己回收再利用，完成规定的限额并拿出证明。

许可证的使用者一般是产品生产商、包装生产商、贸易商和进口商。

DSD 公司收集垃圾有"取"和"送"两个系统。"取"系统是 DSD 公司的标准模式。每一个家庭要首先对垃圾进行分类，即将废纸、纸箱、纸板及玻璃（按颜色不同再分类）包装，送往家附近的标有各种收集内容字样的大垃圾箱分别投放，而塑料包装、复合软包装、饮料箱、铝和镀锡板包装（马口铁）等所谓的轻包装则被统一收集在由 DSD 公司无偿提供的黄色的垃圾袋内，并由其委托的回收运输企业定期取走这些废旧包装进行回收、分类、处理和再生利用。与地方政府垃圾回收系统相反的是 DSD 公司不向家庭收取费用。"送"系统是由用户将分类垃圾送至专门的回收站集中收集。

当前，欧盟所颁布的一些涉及资源回收的法律体系，均沿袭了"生产者责任制"这一原则，由产品制造商负责相应的回收处理责任和相关费用。例如，2000 年通过的《报废汽车回收处理指令》（2000/53/EC）中，明确规定由生产商无偿负责报废汽车的回收再利用；在《关于报废电子电气设备指令》（2002/96/EC）中，也明确了生产者责任制。

（二）日本："消费者责任制"基础上的废弃家电回收

根据日本《家用电器回收利用法》，消费者处置废弃家用电器，必须交给零售商，并按要求支付回收利用的费用，其中包括收集、运输和再商品化的费用；零售商负责回收特定的四种废弃家电，并交付给制造商再商品化；制造商负责回收特定的四种废弃家电。回收场所必须具备再商品化的条件，以利于零售商和市、镇、村的消费者顺利交付废弃家电；对回收的废弃家电应按标准实施再商品化；市、镇、村的消费者可将收集的废弃家电交给制造商，也可以自己再商品化。

零售商、制造商必须预先公布特定家用电器回收再利用的费用，费用额度不得超出有效实施再商品化的标准成本，不得妨碍消费者交付废旧家电。目前日本每台空调的回收费为3500日元、电视2700日元、冰箱4600日元、洗衣机2400日元。

国家加强国民对特定家用电器回收和再商品化的认识，采取要求国民共同努力的必要措施；都、道、府、县及市镇村必须以国家实施的政策为依据，采取措施，促进废弃家电的回收和再商品化。为确保制造商、零售商履行义务，主管事务大臣可采用劝告、命令、处罚、干预、检查等措施实施监督。废弃家电资源循环利用工厂的建立与运行需由经济产业大臣和环境大臣共同认定。

按照法律规定，日本目前实行的是消费者废弃时付费制度。废弃家电回收再利用费用的征收、使用和管理要求如下。

征收：消费者必须向零售店或回收点废弃这四种家电，且同时向零售店或通过邮局缴纳回收再利用费用和相关的运输费。

使用：征收的回收再利用费用用于废弃家电回收点、从回收点到处理工厂的运输、处理工厂的费用补助，总费用的5%用于费用的运营管理。从消费者到零售店、零售店到回收点的运输费由消费者按照零售店自行确定的标准，另行缴纳。

费用管理和管理券制度：为实现法律对家电生产商的责任要求，日本家电制品协会内成立了一个家电再生利用券管理中心（RKC），负责家电再生利用费用的运营管理，并按法律的要求，发行家电再生利用管理券，管理券记载废弃家电排出者、家电的生产厂家、规格、零售店、接收运输业者、费用等相关信息的五联单，管理券在消费者废弃家电交给回收者（零售店、回收点等）时，贴在废弃家电本体上，管理券相关页联随废弃家电回收、运输、处理等环节，分别交由相关单位和个人，资金最后汇集到RKC。RKC根据管理券的信息将资金补助发放到相关回收点、处理厂。管理券分为两种，一种为直接由零售店接收再生利用费，另一种是通过邮局邮寄再生利用费。

在日本，计算机、复印机的回收处理未纳入2001年4月1日实施的《家用电器回收利用法》的规定范围，而是按《资源有效利用促进法》的规定，由生产企业负责回收处理。一般情况，办公计算机由排出单位与再生资源化工厂直接联系，双方以报价形式协商确定资源化费用，费用由排出单位直接交给处理企业；家用计算机由制造商负责进行回收和再利用，由消费者在废弃时交纳各厂家设定的回收再资源化费用。

从2003年10月1日开始，家用电脑回收再资源化费用的征收改为销售环节负担方式，即在家用电脑销售时，由销售商代为征收，并粘贴上PC循环利用标志，粘贴有标志的计算机在返还厂家时，各厂家必须无偿取货。家用计算机的回收再资源化的实施由日本电子情报技术产业协会（JEITA）计算机3R推进中心组织相关企业，并与日本邮政公社合作，通过设定邮局为指定回收场所（全日本约有网点2万个），以"邮包"的形式从各家各户回收旧计算机。

很显然，消费者责任制与我国目前的回收体系截然不同。我国居民可以"出售"家中的废旧家电，而日本消费者如果想丢弃一件旧电器反而是要先交一笔钱。这项收费由家电制造商和零售商在回收利用废旧家电过程中产生的实际成本厘定，并在公开渠道进行明示。

与日本"消费者责任制"相类似的，还有美国的垃圾回收体系。

（三）美国：在"多扔多付"基础上的垃圾收费体系（PAYT）

20世纪80年代以来，美国政府环境保护署开始推广一种叫做"多扔多付"的新的垃圾收费体系，即PAYT（pay as you throw）。

PAYT的核心，是将居民产生生活垃圾的数量与垃圾清理的费用相挂钩，用多少交多少。PAYT的运用十分灵活，市政当局可以根据本地情形，制定具体的收费方法。大多数社区以垃圾袋或桶为单位向居民收取垃圾费，在一些小型社区，则根据垃圾的重量。PAYT的施行，使居民有了减少生活垃圾的动力。美国环保署的评估报告表明，采用PAYT的社区垃圾量明显减少，资源循环利用率提高，市政也节约了大量用于处理固体垃圾的预算。经过近20年的推广，全美国已有7000多个社区采用这一收费方法，涉及全国1/4的人口。

每个星期的固定日子，美国的城镇居民就会将自家的垃圾桶推到路边，市政部门或与市政部门签约的私营公司派出的垃圾清运车则会将这些垃圾桶清空弄净。随后，这些垃圾将被送到中转站进行分类，一部分进行再循环处理，不可利用的则运到指定地点进行填埋。在美国社区，没有免费倾倒的垃圾，每个家庭都要为垃圾的收集和处置承担成本。

（四）发达国家再生资源回收体系建设的前提条件

发达国家建立的这种回收方式，需要的几个前提条件是：首先，社会经济的发展水平达到了一个比较高的层次，积累了较为雄厚的经济物质基础，可以提供足够的资金支持；其次，社会公众有较高的环境意识，积极履行"消费者责任"，并有较为良好的垃圾分类等生活习惯；最后，生产企业有很高的社会责任感，并且有较为完善的法律、法规来保证企业履行"生产者责任"，为其相应废旧物资的回收处理支付必要资金。

三 我国再生资源回收利用的法律法规

为了规范再生资源回收利用管理，目前我国已经出台多部有关再生资源回收利用的法律、法规，较好地保证和促进了再生资源的循环利用，降低了污染。

（1）《中华人民共和国固体废物污染环境防治法》。1995年10月30日全国人大通过；2004年12月29日在全国人大十届十三次会议上修订通过，自2005年4月1日起施行。新修订的法律规定对固体废物实行减少产生量和危害性、充分合理利用和无害化处置的原则，规定了固体废物污染环境防治的监督管理体制、固体废物污染环境的防治、危险废物污染环境防治及法律责任等方面的内容。

（2）《中华人民共和国清洁生产促进法》。2002年6月29日全国人大九届第二十八次会议讨论通过，于2003年1月1日正式施行。该法主要规定采用清洁的产品生产过程，制造清洁的、易于回收、再生和复用的产品，对产品及其生命周期全过程进行控制，从源头削减污染，提高资源利用效率，减少或者避免产品全生命周期中污染物的产生和排放。

（3）《中华人民共和国循环经济促进法》。2008年8月29日全国人大十一届四次会议通过，2009年1月1日起施行。该法规定了减量化、再利用和资源化的总体原则，并要求实行减量化优先原则，在废物再利用和资源化过程中，要防止产生再次污染；规定了生产企业须自行或委托其他组织对报废产品或包装废弃物进行回收利用或无害化处理；规定在工艺、设备和包装物设计时，应按减少资源消耗和废物产生的原则进行；企业对生产中产生的工业废物应进行综合利用等。

（4）《报废汽车回收管理办法》（国务院第307号令）。该管理办法于2001年6月13日国务院第41次常务会议通过，2001年6月16日正式发布并施行。

国家对报废汽车回收业实行特种行业管理，对报废汽车回收企业实行资格认定制度。拆解的"五大总成"应当作为废金属，交售给钢铁企业作为冶炼原料；拆解的其他零配件能够继续使用的，可以出售，但必须标明"报废汽车回用件"。

（5）《电子信息产品污染控制管理办法》（信息产业部 2007 年第 39 号令）。该管理办法于 2007 年 3 月 1 日颁布并施行。该管理办法的出台旨在控制和减少电子信息产品废弃后对环境造成的污染，促进生产和销售低污染电子信息产品，保护环境和人体健康。要求从源头抓起，从设计、生产、进口环节减少电子信息产品中有毒有害物质的含量，从而减少电子信息产品废弃后对环境造成的污染。

（6）《再生资源回收管理办法》（商务部 2007 年第 8 号）。该管理办法于 2006 年 5 月 17 日颁布，并于 2007 年 5 月 1 日起施行。该管理办法规定了再生资源的范围（废旧金属、报废电子产品、报废机电设备及其零部件、废造纸原料、废轻化工原料、废玻璃等），从事再生资源回收经营活动的登记制度、再生资源回收的监督管理及法则等。

（7）《废弃家用电器与电子产品污染防治技术政策》（国家环保总局、科技部、信息产业部、商务部联合发布）。该政策于 2006 年 8 月 14 日颁布并实施。该政策的颁布旨在减少家用电器与电子产品的废弃量，提高资源再利用率，控制电子废弃物在再利用和处置过程中的环境污染。推行减量化、资源化和无害化的"三化"原则，并实行"污染者负责"的原则，家用电器与电子产品的生产者（包括进口者）、销售者、消费者对其产生的废弃家用电器与电子产品依法承担污染防治的责任。

（8）《废弃电器电子产品回收处理管理条例》（国务院第 551 号令）。该管理条例于 2008 年 8 月 20 日国务院第 23 次常务会议通过，2009 年 2 月 25 日公布，自 2011 年 1 月 1 日起施行。该管理条例对"将废弃电器电子产品进行拆解，从中提取物质作为原材料或者燃料，用改变废弃电器电子产品物理、化学特性的方法减少已产生的废弃电器电子产品数量，减少或者消除其危害成分，以及将其最终置于符合环境保护要求的填埋场的活动"进行了规范，并鼓励电器电子产品生产者自行或者委托销售者、维修机构、售后服务机构、废弃电器电子产品回收经营者回收废弃电器电子产品。规定回收的废弃电器电子产品应当由有废弃电器电子产品处理资格的处理企业处理。

此外，针对废旧家电的回收处理问题，发改委于 2004 年公布了《废旧家电及电子产品回收处理管理条例》的征求意见稿，并于同年 12 月将修改后的条例上报国务院审查。目前该条例出台的呼声日益高涨。

四 我国再生资源回收体系的建立

（一）回收体系建立之前我国再生资源的主要回收方式

在回收体系建立之前，我国绝大多数的再生资源是由走街串巷的"农民游击大军"低价收购的。作为再生资源的回收大军，他们回收了我国90%的再生资源。废品回收后，再经过手工作坊的简单拆卸，进行二次使用，或者直接进入二手市场，进行交易，重新回到市场。在这一过程中，回收物资在分类、拆解、交易、再利用等环节中，以及在量的积聚等情况下，都能与一般商品一样实现价值的增值，价值流完整；与此同时，物质流也顺畅地实现循环。但是，环境流却出现了漏损，手工作坊的简单分类、拆卸存在"二次污染"的问题。并且，在现有的回收利用体系下，还存在资源的回收利用率不高、广大回收农民的职业卫生无法保障、渠道的无序和缺乏管理、在用许多物资被大量偷盗等问题。

个体农户在回收中解决了初步的经济问题，并没有很好的解决环境问题。为了规范、高效地利用再生资源，有效的改善环境，政府要充分发挥公共管理的职能，依靠行业龙头企业的力量，统一搭建平台，在全国各城镇的城乡结合部,建立再生资源的回收基地。回收基地应该由政府统一成本价或无偿划拨土地，由行业龙头企业投资建设和运营，进行统一规划、统一监管、统一纳税、统一排污。并统一收编个体回收户，为个体回收户提供税收、监管、排污、信息等保障，使其在不增加经营成本的前提下，主动进入基地从事废旧回收，并自负盈亏。与此同时,政府应立法确定凡回收基地之外的再生资源回收、拆解均为"非法"，并对其加强监管和打击，扫除基地外低价收购等不公平竞争现象。

当然，我国地域广阔，各区域之间经济、社会发展水平差异较大，特别是存在城乡差别、地区差别、贫富差别等"三大差别"，这就决定我们在不同地区建设再生资源回收体系时，应根据具体的区情，有差别、有步骤地进行。

（二）再生资源回收体系建设的原则

尽管由于"三大差别"等因素的存在，决定了我们应该有差别、有步骤地进行不同区域的再生资源回收体系建设，但是在再生资源回收体系建设过程中，以下几个原则是共同的，应予以重视。

1. 市场化原则

市场化的原则就是指在投资建设再生资源"回收基地"，以及"收编"再生资源"个体回收户"的过程中,要遵行市场规律,按市场经济的原则办事。不能只是通过强制性的行政手段驱赶"个体回收户"进入"园区",而应当是政府联合行业龙头企业搭建平台,提供纳税、排污、信息等优势,在不增加其经营成本的前提下,吸引其入园经营。同时,对于行业龙头企业来说,也应当是在市场化的前提下,进行园区的投资建设与经营管理,并获得合理收益。此外,对于政府来说,应当按照市场规律的原则,制定相应的法律、法规、政策和标准等,设计出让主体能按市场化规律办事的政策环境,营造出良好的市场氛围。

2. 公益化原则

如前所述,在再生资源回收利用过程中产生"二次污染"的环境问题,再生资源没有得到高效利用的问题,从事再生资源回收"农民大军"的职业卫生问题,农民的就业问题,以及由于回收渠道无序、缺乏规范管理导致严重的偷盗等问题,无不体现出政府公共管理的职责。因此,再生资源回收体系建设是政府履行公共管理职责的必然选择,政府在公共财政安排、税赋减免、财政补贴、成本价供应土地等方面应当发挥不可替代的作用。在"回收基地"建设的土地规划,引进行业龙头企业进行投资建设,为基地内"个体回收户"提供税收、排污、信息等优势,加强园区外的监管与打击力度,以及制定相应的法律法规等方面,政府同样应当发挥不可替代的作用。

3. 生产者责任制原则

一些国际组织和国家对固体废弃物(主要针对电子废弃物)的立法主要是基于"谁污染谁负责"的原则,但侧重点有所不同,主要体现在职责要求及费用承担方面。例如,德国通过立法,规定生产商负有主要责任,进口商、消费者也负有相应的责任。而日本实施的《家电循环利用法》,对于生产商、零售商及消费者的职责规定的更为细致。此外,加拿大则主要推行生产者延伸责任制度,这一形式正在被更多的国家和国际组织认可和采用。例如,欧盟电子废弃物管理法令要求生产商对电子产品生产的全过程都承担责任,2007 年内实行的 EUP 指令更是着眼于产品从设计、生产到使用的整个生命周期,它标志着欧盟将把控制工业产品对环境污染的焦点从产品生命周期的终点向前延伸至产品的起点,即产品的开发设计阶段。

在我国,新的《中华人民共和国固体废物污染环境防治法》已于 2004 年 12 月 29 日由第十届全国人大常委会第十三次会议修订通过,首次将限期治理决定权明确赋予环保部门,并首次引入了生产者责任制,全面落实污染者责任,扩大了生产者的责任范围,建立了强制回收制度,比如第十七条规定"产品生产者、销售者、使用者应当按照国家有关规定对可以回收利用的产品包装物和容器等回收利用";第三十条规定"企业事业单位应当合理选择和利用原材料、能源和其他资源,采用先进的生产工艺和设备,减少工业固体废物产生量"等。因此,生产者责任制原则及其延伸形式是在再生资源回收体系建设中应该遵循的一个重要原则,甚至是回收体系建设物质投入的经济基础来源的理论根据。并且,对于新产生的固体废物,我们完全可以按照这一原则进行回收路径的选择与设计。

4. "改编"原则

建设"回收基地+个体回收户"的再生资源回收利用体系,其中一个关键性的工作就是收编"游击大军",培育"个体回收户"。在我国,90%的再生资源是通过走街串巷的"游击队"回收的,据统计,这个"回收大军"总人数到达2000万。总人数达到2000万这么庞大的"回收大军"的存在,必然有其合理性。将这么庞大的队伍驱赶或者瓦解,显然是不可能的,而且也是不应该的。首先,如广州,从事这门职业的绝大部分是三四十岁的外地中年夫妻,且多半是农民,家庭负担重,很多人就靠捡垃圾换取生活必需的"现金",靠捡垃圾供孩子读书、供老人看病。从某种意义上说,"垃圾"就是他们"生存的保障"。其次,这支队伍所受教育、培训较少,谋生技能缺乏,难以找到别的就业岗位。一旦全部取缔这支"回收大军",必然造成大量人员的闲置,给社会带来极大的压力。

因此,对这些"游击队员"进行合理的改编,是一个巨大的就业工程,也是一个巨大的稳定工程。当然,整合的办法不能成立简单的公司,而是采用公司与个体户合作的方式,在技术、标准等方面有很好的规范,而合作方式却是松散型、加盟型的,继续保证其独立核算、独立经营,这样才可能按照中国人的习惯和能力,解决中国存在的问题,也才可能解决因再生资源回收中的低劣技术导致的环境污染问题。

(三)我国回收体系建设试点情况

1. 第一批试点工作

2006年,商务部根据发展改革委员会、环保总局、科技部、财政部、商务部、国家统计局等六部委联合印发的《关于组织开展循环经济试点(第一批)工作的通知》(发改环资〔2005〕2199号)要求,下发了《再生资源回收体系建设试点工作方案》和再生资源回收体系建设试点单位(第一批)(商改字〔2006〕22号),确定在4个直辖市和20个省会及省辖市开展再生资源回收体系建设试点工作。

该方案的总体目标是:通过构建再生资源回收体系,完善再生资源回收的法律、标准和政策，形成再生资源回收促进体系，建立回收企业和个人的从业资格培训体系，使城市 90% 以上回收人员纳入规范化管理，90% 以上的社区设立规范的回收站点，90% 以上的再生资源进入指定市场进行规范化的交易和集中处理，生产性废旧金属形成集中回收—加工—再生循环链条，争取用 5 年时间，在试点城市建成较为完善的再生资源回收体系，再生资源主要品种回收率达到 80%，实现再生资源回收的产业化。

该方案提出了回收体系建设的原则：政府引导支持，企业市场化运作，以有利于提高再生资源回收利用率，有利于环境保护，有利于方便居民生活，有利于行业管理为出发点，以社区、回收企业和集散市场为载体，以整合现有网络资源为基础，逐步形成符合城市建设发展规划，布局合理、网络健全、设施适用、服务功能齐全、管理科学的再生资源回收网络体系。

方案中对回收体系建设的主要内容要求如下四个方面。

（1）社区回收网络（生活性再生资源）。负责回收居民交售的再生资源（包括废纸、废塑料、生活性废旧金属、废玻璃和废橡胶、废家用设备等）。对目前"散兵游勇"式的走街串巷回收方式进行引导和规范，在社区设立"七统一、一规范"，即统一规划、统一标识、统一着装、统一价格、统一衡器、统一车辆、统一管理、经营规范的再生资源回收站点。按照"便于交售"的原则，城市每 1000~1500 户居民设置一个回收站点，乡、镇每 1500~2000 户居民设置一个简易收购站点或固定收购站点。回收站点要与再生资源回收交易市场紧密衔接，回收物当日收、当日清，不在回收站点存储。

（2）非居民区再生资源回收网络。对企事业单位即非居民区再生资源的回收，采取回收企业定时、定点上门回收的方式，由统一标识、封闭式分类回收车运输至集散市场。从事运输回收的人员需经过岗位培训，统一着装，规范作业。

（3）生产性废旧金属回收网络。规范目前废旧金属回收市场。由于生产性废旧金属的回收与社会的公共设施安全密切相关，选择有一定规模、经营规范的废旧金属回收企业负责回收，探索对生产性废旧金属收购的管理模式，逐步提高金属回收企业的技术水平和初加工能力，并促进其向最终产品深加工方向延伸，逐步实现回收行业的产业化。

（4）再生资源集散市场。在规范现有集散市场的基础上，逐步形成集散功能分明、科学有序的再生资源市场。市场的设立需符合城市总体规划和环保的要求，与居民区相对隔离，且便于运输，具有一定的规模。市场应同时具有储存、集散、初级加工、交易、信息收集发布等功能。市场内每个摊位经营面积不应低于 100 平方米，储存场地要相对固定，有围墙隔断，避免造成二次污染。

市场必须备有合格、完善的消防设施，符合公安消防有关规定。

该方案确定的再生资源回收体系建设第一批试点单位为北京市（朝阳区中兴再生资源回收利用公司）、天津市、河北省石家庄市（石家庄市物资回收总公司）、山西省太原市、辽宁省沈阳市、吉林省吉林市（吉林市再生资源责任有限公司）、黑龙江省哈尔滨市、上海市、山东省济南市、江苏省南京市、浙江省宁波市、浙江省永康市、福建省福州市、江西省南昌市、河南省郑州市、湖北省武汉市、湖南省汨罗市（汨罗市团山再生资源市场）、广东省清远市（清远再生资源集散市场）、广西壮族自治区南宁市、重庆市、四川省成都市、云南省昆明市、陕西省西安市（西安市物资回收利用总公司）和新疆维吾尔自治区乌鲁木齐市。

2. 第二批试点工作

商务部进行的第一批试点工作在全社会产生了广泛的影响，一些试点城市初步形成了集回收、分拣和初加工"三位一体"的再生资源的回收网络体系。在此基础上，商务部于2009年出台了进行第二批试点的通知[《商务部办公厅关于组织开展第二批再生资源回收体系建设试点工作的通知》（商贸字〔2009〕53号）]，确定了29个城市、11个集散市场作为第二批试点单位。

第二批试点的工作重点围绕以下三个方面。

（1）创新经营模式，规范回收站点。要求按照"便于购销、环境保护"的原则，建设和规范社区回收站点。

（2）提高加工技术水平，实现产业化发展。要求逐步提高废塑料、废金属、废纸、废家电等主要品种的专业化分拣加工能力，实现对再生资源的专业分拣和产需的衔接，推动再生资源回收加工向规模化、连锁化和产业化发展。

（3）提升完善市场功能，加强安全环保建设。要求提高和完善再生资源主要品种集中度高、交易规模大的综合性集散市场的功能，逐步建成区域辐射作用大、带动作用大的再生资源市场体系。市场建设逐步实现零排放和零污染。

第二批试点单位具体如下：

（1）城市（29个）。张家口市、大同市、赤峰市、铁岭市、长春市、佳木斯市、苏州市、杭州市、马鞍山市、三明市、景德镇市、临沂市、烟台市、潍坊市、漯河市、襄樊市、长沙市、广州市、海口市、内江市、遵义市、玉溪市、拉萨市、汉中市、兰州市、西宁市、银川市、库尔勒市和青岛市。

（2）集散市场（11个）。长春亿北再生资源集散市场、苏北再生资源集散市场、赣粤闽湘区域性再生资源集散市场、江门市嘉能再生资源回收市场、大连废旧金属集散交易市场、马鞍山再生资源集散市场、常州再生资源集散市场、山东德力西再生资源集散市场、浙江慈溪再生塑料产业基地、江西丰城市赣中再生金属集散市场和白银有色集团西北再生金属加工基地。

（四）再生资源回收体系建设的方法与实践——以浙江永康为例

2006年，由永康市人民政府、浙江省长三角循环经济技术研究院、永康市物华回收有限公司共同合作编制了《永康市再生资源回收利用体系建设项目实施方案》，在永康市的实施过程中取得了良好效果，其成功经验在浙江省进行了推广，对我国再生资源回收利用体系建设也有着借鉴作用。

浙江永康回收体系建设的具体做法归纳为以下四个方面。

1. **政府引导，部门配合，组建再生资源回收利用协会**

永康市成立由主管副市长为组长，各相关职能部门和市供销社、各街道为主要成员的永康市再生资源回收利用体系建设试点工作领导小组，下设办公室，组织、管理、协调、督查再生资源回收利用体系建设。为配合政府及有关部门建立再生资源回收网络体系，由物华公司牵头成立了再生资源回收利用行业协会，并制定了章程（草案）。到目前为止，协会已有企业会员45家，个人会员77家，共计122家。为发挥再生资源回收利用协会的作用，抓好永康市废旧金属收购行业内部管理工作，协会从以下五个方面进行了落实：第一，成立了管理班子，抽调一批能力强、业务熟、懂政策、善管理的专业管理人员；第二，拨出60万元专项资金，配备检查车辆、通信设备等；第三，设立专门管理办公室，招聘7名专职管理人员；第四，建立废旧金属收购站（点）管理制度；第五，积极做好上下协调工作，对上积极取得相关部门的支持，对下积极宣传有关政策法规，赢得经营者及各会员的理解配合。

2. **行业龙头牵头、建立制度，开展废旧金属收购行业自治**

由行业龙头企业——物华公司牵头，组建永康市再生资源回收利用协会，设立专门管理办公室，配备专职管理人员，落实专项资金，建立管理制度，充分发挥行业协会的作用，大力开展废旧金属收购行业自治。第一，重点开展行业自查纠。对无证经营、收购不登记或不规范、有收购禁收物等问题，协会召集相关站（点）负责人开展法律法规宣传和邀请相关单位行家进行政策讲解；第二，建立内部管理制度，要求各站（点）证、照上墙，规范经营；第三，对有条件的站（点）要求安装闭路电视，实行24小时监控；第四，开展日常巡查工作，坚持每天巡查，对各收购站进行轮流检查，对发现的问题及时指出并纠正，对违规、违法行为及时与相关职能部门取得联系或移送处理。

3. **实行公司化经营、市场化运作，规范废旧金属回收利用**

物华公司坚持以资源再生利用为工作平台，凭良好信誉及规模运作，牢牢占据永康市废旧金属回收经营的龙头企业地位。在再生资源回收利用协会的指导下，全市已批的52家收购站（点）均列入物华公司所属管理，公司与各收购站（点）形成藤瓜关系，藤即物华公司，瓜即全市各收购站（点）及利废企业。物华公司利用废钢公司作为依托，一方面为各站（点）提供强有力的服务：①初审办理证照的各类材料是否齐全、条件是否符合，该提供哪些依据；②在经营活动提供各类经营信息，如价格、行情等；③主动为经营户提供销售渠道；④利用公司优势处理经济纠纷等。另一方面，主动配合协会及相关部门抓好管理工作。比如，①配合公安做好废旧金属收购业"五个一"管理的落实工作；②对流动人员归属到收购站（点）管理的协调；③发放收购登记簿；④配合各部门检查等。

4. 再生资源回收系统、再生资源交易市场和再生资源加工利用系统

再生资源回收系统、再生资源交易市场和再生资源加工利用系统等三个子系统构成了永康市再生资源回收利用体系。通过再生资源回收利用体系的建设，构造出永康市再生资源回收、加工利用、集中处理为一体的产业化发展格局。

（1）再生资源回收系统。依靠永康"五金之都"的影响力，充分利用国外再生金属资源，建立国外再生金属回收系统；依托永康在国内2万多收购大军和全国各地的收购网点，建立省内外再生金属回收系统。投放3000辆流动收购三轮车，整合、新建120个回收站点、4个再生资源分拣中转站，构建再生资源回收体系信息网络平台，建立永康市内再生资源回收系统。

（2）建设再生资源交易市场。完成废旧金属材料市场二期的建设任务，把废旧金属材料市场建设成为全国知名废旧金属交易市场，成为区域性废旧金属交易中心。在永康市废旧金属材料市场的基础上扩建了一个再生资源交易市场，对各回站点和分拣中转站送来的废旧物资进行聚积、分拣、加工、交易，促进废旧物资再生利用。

（3）建设再生金属资源加工利用系统。以永康传统手工业为依托，充分利用铝、铜等金属再生资源，并依此为原材料，不断发展和提升有色金属加工、电动工具、汽摩配件等八大产业，打造"中国五金之都"。

在这个体系中，回收是基础、加工是手段、资源利用和废弃物的无害化处理才是最终目的。回收、加工利用和无害化处理三个环节缺一不可，完全按照"回收—集中—减废—再生利用—无害化处理"五个流程规范操作，形成回收、加工利用、集中处理为一体的产业化发展格局，从而形成以永康市废旧金属材料市场为中心的网络体系。

图4-1为永康市再生资源回收利用体系总体框架示意图。

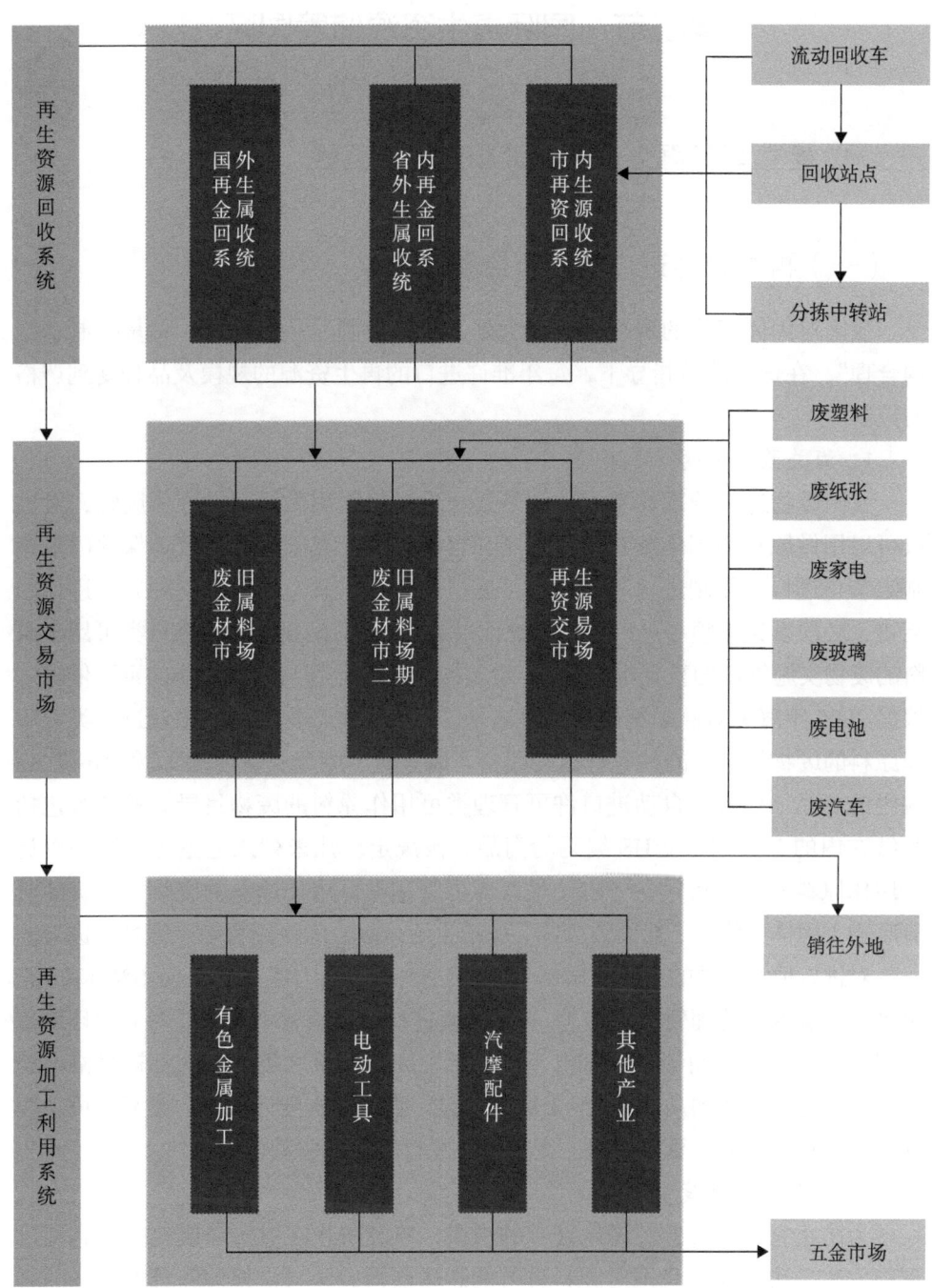

图 4-1 永康市再生资源回收利用体系总体框架示意图

第二节 国际再生资源监管园区

一 建立国际再生资源监管园区的必要性

（一）再生资源进口的现行监管政策

我国对固体废物的现行进口政策是"严格控制、从严审批、总量控制、结构合理"。在这一政策指导下，每年准许进口的再生资源的规模及品种受到严格的控制。

1. 海关监管制度

我国废物进口管理的基本原则是禁止进口不能用做原料的固体废物，对进口可以用做原料的固体废物实行限制和自动许可分类管理。国家环保部门负责制定禁止进口、限制进口和自动许可进口的废物目录。无论以何种方式进口的废物，必须事先申领《进口废物批准证书》，该证书是我国对于进口类可用于原料的废物实施管制的重要批准文件，也是海关实施监管与验放货物的重要依据。根据 2005 年海关对商品编码的调整结果，列入国家环保总局《限制进口类可用作原料的废物目录》的共有包括废塑料、废五金、废金属在内的 21 种 10 位 HS 编码的商品；列入《自动进口许可管理类可用作原料的废物目录》的共有包括废纸在内的 24 种 10 位 HS 编码的商品。按规定，凡未列入上述《限制进口类可用作原料的废物目录》、《自动进口许可管理类可用作原料的废物目录》的所有废物（固体废物、工业固体废物、城市生活垃圾、危险废物）一律禁止进口。

对进口种类设限的主要依据是《中华人民共和国固体废物污染防治法》和《废物进口环境保护管理暂行规定》。一些固废进口如果处置不善可能对周围环境造成很大的影响，因而诸如废家电、废轮胎、废计算机之类的废物都被严格地挡在了关境之外。我国从 2000 年 4 月 1 日起，明令禁止废计算机、废复印机、废计算机显示器、废计算机主机、废键盘、废打印机和驱动器的进口。

2. 检验检疫制度

为防止有毒有害的"洋垃圾"的进口，以及防止在对进口废物拆解利用过程中发生二次污染，我国对废料进行的装运前检验、口岸检验等都有严格的规定。国家商检局早在 1997 年就出台了《关于进口可作原料用废物检验管理工作的若干意见》（国检检〔1997〕343 号），其中明确规定对进口废料实行装运前检验、口岸复验的管理方式；负责装运前检验的境外经验机构由国家商检机构指定。对尚无认可的境外检验机构的国家（地区）输入的进口废物原料，可由相邻国家（地区）指定的境外商检公司进行检验，也可根据外国检验机构的申请，由国家商检局组织考核、认可符合条件的外国检验机构承担装运前检验工作，也可由有关的口岸商检局派员进行装运前检验。口岸商检局对已经装运前检验的进口废物原料进行环保项目查验，到货地商检局还有对进口废物原料进行品质、重量检验的权利。

3. 供货企业注册及收货人登记制度

为进一步加强对进口废物原料的监督管理，防止污染的转移和加工过程的污染，国家商检总局先后颁布公告对境外供货人与国内收货人进行相应的监督管理。2003年商检总局发布第115号公告，决定对向中国大陆地区出口废物原料的境外供货企业采取临时注册管理措施。2004年6月，公布了《进口废物原料境外供货企业注册实施细则》，规定国家质检总局统一对申请进口废物原料（废船舶除外）境外供货企业实行注册管理工作。凡向中国出口废物原料的境外企业，必须向国家质检总局申请注册。未获得注册的境外企业的废物原料，不允许进口，口岸检验检疫机构不受理其报检。该《细则》包括了申请注册的境外企业须具备的条件、提出注册申请须提交的材料及不予受理注册申请的有关情况等。

2007年，国家质检总局又发布《关于对进口废物原料国内收货人实施登记的公告》（国家质量监督检验检疫总局2007年第52号），该公告规定，自2007年9月1日起，未获得国家质检总局登记的国内收货人，入境口岸检验检疫机构不受理其废物原料的报检申请。

4. 圈区管理

伴随着废五金电器、废电线电缆、废电机进口量的不断增长，一些沿海省份对此类废弃物的拆解利用逐渐形成了相当规模的市场。为了不断规范该产业的发展，提高资源利用率并减少污染的产生，部分省市在国家相关部门的指导下开展了圈区管理试点工作，将从事拆解、利用废五金电器等七类进口废物的企业纳入园区集中管理。这一模式有效地促进了再生资源产业有序、健康的发展。

2004年12月，国家环保总局向相关部门发出《关于促进对国家限制进口的可用作原料的废五金电器废电线电缆废电机圈区管理的指导意见（征求意见稿）》（以下称《指导意见》），要求对废五金电器、废电线电缆、废电机进口加工利用实现圈区管理。在《指导意见》中，环保总局明确提出圈区管理的目的，一是实现现阶段废五金电器、废电线电缆、废电机进口加工利用行业的规范和整顿；二是为高起点处理和管理国内废旧物质作技术和管理上的准备，从长远考虑，进口再生资源加工园区的再生资源来源应立足于国内。《指导意见》从园区位置、所在地的环境监管能力、园区的污染防治规划、园区对于废物的监管制度、进区企业的环保达标要求、园区的海关监管能力、进口口岸的检验检疫能力等九个方面提出了实行圈区管理的园区所应达到的基本要求，并规定凡符合相关条件的园区，可提出圈区管理的申请，经审查通过后，可列为圈区管理的试点园区。①

《指导意见》发布后，一些进口废五金电器、废电线电缆和废电机利用的先发地区纷纷开展了圈区管理试点园区的建设工作。烟台资源再生加工示范区（2007年8月）、肇庆亚洲金属资源再生工业基地（2007年11月）、天津子牙废弃机电产品集中拆解利用处置区（2007年12月）、文安东都再生资源环保产业基地（2008年2月）等均已先后通过了"圈区管理"试点园区的国家级验收。

此外，环保总局于2005年出台《废弃机电产品集中拆解利用处置区环境保护技术规范（试行）》（HJ/T 181—2005），其中包括了对进口废弃机电产品集中拆解利用处置区的要求。

（二）现行政策下再生资源进口存在的问题

当前的监管方式尽管在污染控制方面取得了一定成效，但在促进再生资源产业发展方面仍存在一定问题。

1. 再生资源进口总量偏小、品种受限

在现行"总量控制、结构合理"的原则下，每年允许进口的再生资源无论是品种还是数量都偏少，无法满足经济发展的需要。我国是一个制成品的生产及出口大国，每年消耗的资源数量巨大，但我国原生资源的储量又十分有限，储量在世界总量中的占比很小，因此单纯依靠对国内原生资源的开采使用无法满足不断扩张的制造业对资源的需求。据统计，我国近年来每年煤、天然气的消耗量都位居世界第一，石油的消耗量仅次于美国；铜、铝、铅、锰、锌等有色金属及铁的消耗量也位居世界前列，而铜、铝、铅等主要消耗的有色金属的储量在世界总量中的占比只有5%、1.44%和2%。

从进口目录看，目前我国对允许进口的固体废物目录有严格的限定。我国自1991年起实施对进口再生资源的环境管理，之后进口目录发生了较大变化。管理初期允许进口的废物种类较多，几乎包括了绝大部分可用做原料的废物。在国家环保总局1994年公布的允许进口的12类废物中包括了废五金电器、废计算机、废电话机等电子设备废物，也包括了废充气轮胎、橡胶废碎料等橡胶

---

① 具体内容参见环办函〔2004〕735号

废物。① 而到了 2000 年，为了保护国内家电产品市场，国家环保总局、外经贸部、海关总署、国家商检局等单位联合发文，禁止废家电进口，其中包括废电视机及显像管、废电冰箱、废空调、废微波炉、废计算机、废计算机显示器及显像管、废复印机、废摄（录）像机、废电饭锅、废游戏机、废有线电话机等。② 2008 年，国家环保总局等 5 家单位又联合发布了《关于发布〈禁止进口固体废物目录〉、〈限制进口类可用作原料的固体废物目录〉和〈自动许可进口类可用作原料的固体废物目录〉的公告》（2008 年第 11 号），与原 2005 年第 5 号公告相比，有 33 项十位海关编码的商品列入了限制进口类目录，增加了 11 项；有 20 项十位海关编码的商品列入自动进口类目录，减少了 4 项。

从目前允许进口目录的国际比较看，我国对进口固废的管理相对较为严格，把很多可以转化为再生资源的固废挡在了海关之外。比如欧共体（EC）曾发布 1013／2006 附件Ⅲ可回收利用的废物名录，经济合作与发展组织（OECD）也曾发布可回收利用的废物名录。在对该两类废物名录的国际反馈中，多数国家只禁止进口少量废物，而我国目前禁止进口其中的 50 类，限制进口 11 类，自动许可进口 9 类，属于管理较为严格的国家之列。③

2．再生资源的走私进口及逃漏税

目前允许进口的再生资源品种有限，而且数量得到严格限制，但国内需求量很大，因而存在很多走私进口现象。许多再生资源，尤其是废家电，通过夹带、瞒报、谎报等手段仍然被偷运进口。这部分通过走私进口的再生资源，国家无法正常收税，造成了进口关税的损失。同时走私进口也给后续的监管造成了困难。

3．进口"洋垃圾"事件多发

由于监管的困难，已经多次出现进口"洋垃圾"事件。以其他商品名目报关进口的货柜，经查验后发现是一堆毫无用处的生活垃圾、医疗垃圾等，严重影响我国的环境卫生，为进口当地的卫生防疫及后续处置工作带来了极大的麻烦。

4．进口管理环节寻租现象严重

一方面是国家对再生资源的进口严格控制，另一方面是国内需求的巨大，供给与需求之间的缺口造成批文买卖等现象严重。据调查，废塑料进口的批文可转手倒卖 600~800 元／吨，损害了正常的市场秩序。

5．地下加工造成的环境污染

由于我国目前对废家电、废计算机等禁止进口，因而一些走私进入的废旧

---

① 参见国家环保总局《关于严格控制从欧共体进口废物的暂行规定（1994）》
② 具体可参阅国家环境保护总局 2005 年第 5 号公告
③ 参见欧共体（EC）1013/2006 附件Ⅲ可回收利用的废物名录；OECD 可回收利用的废物名录

家电等就流入了家庭作坊、非定点小厂等进行非法拆解加工。这些从事回收、拆解的家庭作坊、企业，由于规模较小，作业现场条件非常简陋，环境污染严重。有的采用焚烧冶炼的小企业，厂内只有锅炉、烟囱、蓄水池这些简易的设施而没有任何排污装置，在处理过程中通常会产生大量的废水、废气、废渣等，导致作业环境恶劣，作业工人的职业卫生状况也相当恶劣。

在现行的政策和管理模式下，"洋垃圾"的非法入境没能得到很好的控制，而与此同时，我国经济发展的资源瓶颈问题却日趋凸显。这样，通过制度层面的设计和管理模式上的提升，来控制和减少"洋垃圾"的非法入境，并扩大再生资源的进口和高效率利用，就显得尤为重要和迫切。

二 国际再生资源监管园区的政策导向

国际再生资源监管园区的政策导向主要如下。

（一）严格监管下的总量适度放开

当前所实施的"严格控制、从严审批、总量控制、结构合理"政策，尽管在环境监管方面起到了一定的积极作用，但我们认为，站在资源战略的角度，对固体废物的进口应该实行总量放开政策。我们需要从世界范围内采集资源。固体废物作为一种可回收利用的再生资源，其大量进口可以缓解我国资源相对匮乏的状态，也有利于我国制造业的长远发展。

尽管再生资源进口中存在一些问题，尤其是"洋垃圾"事件经过媒体的多次报道，也引起了社会公众对再生资源进口的质疑。但我们认为"洋垃圾"事件是偶然的，是由监管上的漏洞造成的，只要加强管理，严格监管，加大对"洋垃圾"当事人的执法惩处，"洋垃圾"事件肯定能够避免。我们不能因为存在"洋垃圾"事件而关上进口再生资源的大门。同样，再生资源在处理过程中产生的"二次污染"也是能够避免的。消除"二次污染"更多地属于技术领域范畴的内容，只要技术到位、监管到位，"二次污染"也就能够消除。只要我们制度到位、严格监管，再生资源进口中存在的一些问题我们都能顺利解决，对于再生资源进口，我们要进行有序的"疏导"，而非简单的"堵截"。

（二）严格监管下的品种适当放开

当前我国对进口种类设限主要基于环境的考虑。一些进口固废如果处理不善将对环境造成很大的负面影响，影响我国可持续发展能力。但是，站在资源战略角度，我们认为凡是回收利用价值较高的废物都应该被允许进口。降低废物进口的二次污染属于技术领域范畴，只要技术到位、政策到位、监管到位，必然能降低甚至消除二次污染。我们要做的是提高污染治理的技术与能力，而不是减少进口的种类和品种。我们不能"因噎废食"、"因小失大"，而且，由于走私、夹带等的存在，禁止令已在事实上失灵，任何严格限制措施只能使现存的加工作坊进一步隐性化，造成更大污染。

总体而言，我们建议实行"从严审批、总量放开、严格监管、结构合理"的监管区的再生资源进口政策。作为资源战略的一部分，我们鼓励从国外进口再生资源，只要具有回收利用价值、现有技术能够解决的废物都可以进口，但是我们对再生资源进口的各个环节也要严格监管，防止有毒、有害、具有放射性的废物未加处理就输入我国，同时也要加强对加工利用单位的监管，只有具备清洁生产能力的企业才可以从事对废物的加工利用。事实上，在国家环保总局2004年的《关于促进对国家限制进口的可用作原料的废五金电器废电线电缆废电机圈区管理的指导意见》中也明确提出了"在满足监管条件要求的条件下，对于一些环境风险较低，确有利用价值，但目前因国家缺乏必要的监管条件而暂不允许进口的废物，可视监管条件有选择地在试点园区内开展加工利用试点"，因而在监管区内适当放开品种应该是可以考虑的。

三 国际再生资源监管园区的设计原则

国际再生资源监管园区应是一个在国际间政府合作基础上的统一协调、统一管理的"综合试验区"，主要从事废家电、废五金、废汽车、废电子产品等敏感废物的交易与拆解，在进口、税收等方面实行从宽政策，但在管理上实行从严的特殊的"准保税区"。它既有现在对"圈区管理"的要求，又高于当前的"圈区管理"标准。

（一）国家之间的双边或多边合作

在进口国与出口国政府签订双边或多边协议的基础上，成立专门的议事机构，作为处理再生资源监管区的日常机构，保证流动性监管。在2007年12月签订的《内地与香港特区两地间废物转移管制合作安排》的基础上，进一步完善合作制度与细则，防止其他国家通过香港向内地走私固废；启动内地与澳门之间的合作协商，防止通过澳门的固废走私行为。

（二）"准保税区"模式运行

监管区内按污染预处理、生产加工、管理服务、污染治理等功能划分区域，实行全封闭运行。再生资源进入监管区后，首先由商检部门进行污染的监测与预处理，之后按再生资源的不同类别到各专属加工区进行分类、拆解、加工等，然后再运往区外后续生产点。监管区内统一布局水电管网、绿化物流等，各加工企业的污水进行预处理后，必须纳入污水管网，进行二次处理，最终实现达标排放。整个监管区形成供水、供电、供热、供气、排污为一体的公用工程"岛"，实现区内能源的统一供给和污染的统一处理与达标排放。

（三）经营品种放开

园区内的经营范围与品种应逐步放开，只要回收利用价值高且能控制其污染的废物品种都可进境和交易。根据目前现状，建议主要发展报废船舶、报废汽车和各类电子废弃物等品种的交易与拆解加工。

（四）严格的准入制度

借鉴我国已经实施的对废五金电器、废电线电缆和废电机的加工利用单位实施环保评估和认定的做法及圈区管理的要求，对进入监管区内的企业实施严格的准入制度。凡申请进入国际监管区的企业必须按照环函〔2004〕344号文件的《进口废五金电器、废电线电缆和废电机定点加工利用企业环保验收考核评估标准》、《进口废五金电器、废电线电缆和废电机定点加工利用企业环保验收考核评估标准——新建企业》进行考核，考核分数必须达到80分以上；必须达到清洁生产的标准，使园区达到生产与生态的平衡，发展与环境的和谐。在监管区内实行真正的国民待遇，内外资企业一视同仁。严格执法，凡是没有批准进入监管区的企业，一律不得从事相关产品的进口与拆解。

（五）管理服务一体化

成立管理委员会，作为政府的派出机关，代表政府进行管理，同时与出口国、货源地保持密切联系。监管区内还应设立海关、商检、环保、工商、税务等职能部门，这些部门与管委会一起合署办公，为入园企业提供一条龙式的便利服务，提高办事速度与效率。

四 国际再生资源监管园区的区位选择及监管流程

（一）区位选择

国际再生资源监管园区的区位选择，应该是邻近港口、交通便利、远离居民生活区和农业用地，这样既有利于在进口废物的进口、拆解、分类后的运输，也有利于环保、海关、质检等部门的监管。废物进口后，在监管园区进行污染检验或加以消毒处理，一旦发现不符合环境标准的"洋垃圾"及有害微生物，可以立即运回发货地或就地处理，最大限度减少对境内生态环境的影响。这种"孤岛"式的园区监管模式同时也能最大限度地降低废物在拆解、加工过程中产生的二次污染对居民、农作物的影响。

鉴于目前已对进口再生资源管理要求实行"圈区管理"，这些按圈区管理要求建设的园区在对进口再生资源的监管、规范、配套等方面已经达到一定的水平，因而，"国际再生资源监管区"的设立可以在圈区管理园区的基础上进行，也可以另外选址。

（二）监管流程

（1）海外供货企业向经认定的进口废物原料装运前检验机构申请装运前检验，取得合格证明；

（2）装船（车）运输，到达中方口岸；

（3）在海关监管下运输进入国际再生资源监管区待检区域；

（4）进货方凭《进口废物批准证书》（第一联）或者标注《自动进口许可字样的进口废物批准证书》（第一联）、《装运前检验合格证书》办理报检；

（5）监管区检验检疫机构逐批全数检验，合格后签发《入境货物通关单》；

（6）进货方凭《入境货物通关单》及《进口废物批准证书》（第一联）或者标注《自动进口许可字样的进口废物批准证书》（第一联）、《装运前检验合格证书》等相关单据，向监管区海关申请办理入境报关与保税手续；

（7）进入拆解区、加工区进行拆解加工；

（8）环保部门对拆解、加工企业进行在线监测、定点监测,确保没有二次污染；

（9）拆解、加工完毕后，报检验机构检验，经环保、质检联合审定后出具出区证明；

（10）办理清关手续，报结（图4-2）。

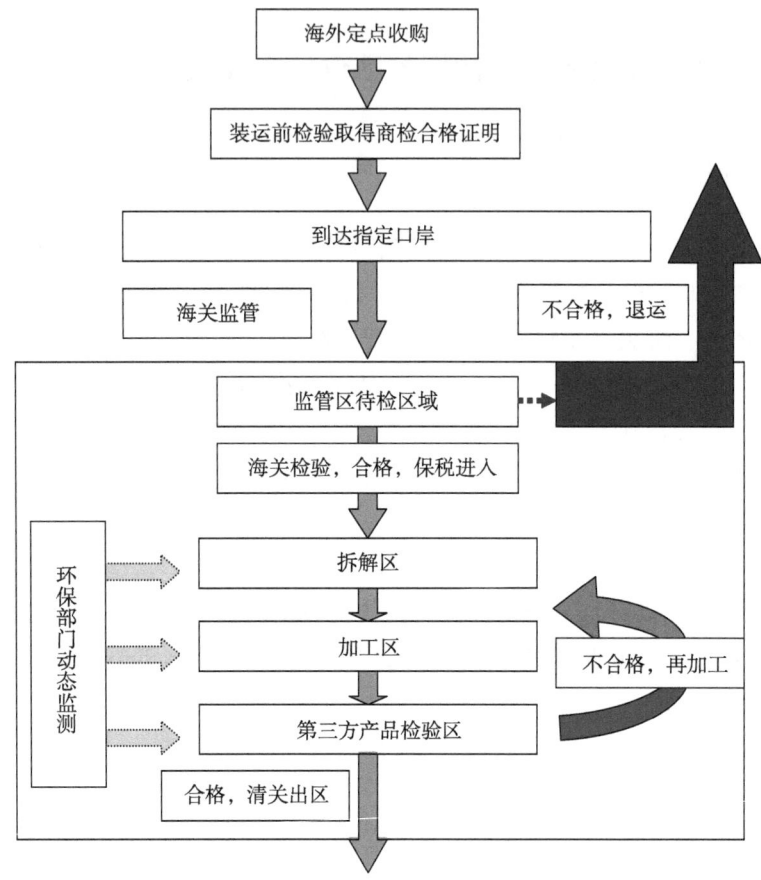

图 4-2　国际再生资源监管区监管流程图

第三节　资源循环利用产业园

资源循环利用产业园是在国际再生资源监管园区的基础上发展起来的静脉产业类生态产业园,兼具国际再生资源监管园区和静脉产业类生态工业园的性质和特征。静脉产业类生态工业园则是以从事静脉产业生产的企业为主体建设的生态工业园区。

一 生态工业园

（一）生态工业园的理论基础——工业生态学（Industrial Ecology）

生态工业园区是依据循环经济理念、工业生态学原理和清洁生产要求设计建立的一种新型工业园区。它通过理念创新、体制创新、机制创新,把不同工厂、企业、产业联系起来,提供可持续的服务体系,形成共享资源和互换副产品的产业共生组合,建立"生产者—消费者—分解者"的循环方式,寻求物质闭环循环、能量多级利用、信息反馈,实现园区经济的协调健康发展(《综合类生态工业园区标准》,HJ274—2009)。

"工业生态学"(或为"产业生态学")概念是由"工业生态系统"演变而来的。Robert Frosch 和 Nicholas Gallopoulos 在 1989 年 9 月的 *Scientific American* 杂志上发表题为 "Strategies for Manufacturing" 的文章,第一次正式提出了"工业生态系统"的概念。他们认为产业之间也存在类似自然界的生态关系,其中一个企业产生的"废弃物"或副产品,可以作为另一个企业的"营养物"和投入原料。他们提倡可根据工业生态系统构建物质和能源封闭循环的生态工业园。在这个生态园区内,一个企业的废弃物可以成为另一个企业的原材料,不再产生工业废物,也不会对自然生态系统产生负面的影响。

自 1991 年之后,对工业生态学的研究逐渐形成热点。工业生态学引起了全球学术界、产业界和各国政府的广泛关注,有关生态工业的理论研究和实践探索不断涌现,为生态工业园的深入发展提供了良好的理论指导和实践经验。

工业生态学的主要目标是在不同层面促进人类的可持续发展。可持续发展的主要特征是资源的可持续利用、对自然生态和人类健康的保护、促进环境的公平等。具体而言,工业生态学将促进可再生资源的重复使用、不可再生资源的减量化使用、促进自然生态系统的改善以保护人类健康和保障我们的下一代及不同国家之间公平地享有相同的环境资源。

(二)国外生态工业园发展典型案例——卡伦堡工业园

目前,丹麦卡伦堡循环经济工业园被视做世界上最早和运行最成功的生态工业园。截至 2000 年,卡伦堡工业园已有 5 家大企业和 10 余家小企业通过废物联系在一起,形成了一个工业共生体系。其中 5 个主要参与企业分别是:阿斯内斯火力发电厂,丹麦最大的燃煤火力发电厂;斯塔托伊尔,丹麦最大的炼油厂;济普洛克石膏墙板厂,具有年加工 1400 万平方米石膏板墙的能力;诺沃诺蒂斯克,丹麦最大的制药公司;一个土壤修复公司。该园区以发电厂、炼油厂、制药厂和石膏制板厂为核心,通过贸易方式把其他企业的废物或副产品作为本企业的生产原料,最终实现园区污染的"零排放"。

在丹麦卡伦堡生态工业园内,阿斯内斯火力发电厂是该园区产业链的核心。电厂向斯塔托伊尔炼油厂和诺沃诺迪斯克制药厂供应发电过程中产生的蒸汽,使炼油厂和制药厂获得了生产所需的热能；通过地下管道向卡伦堡全镇居民供热，由此关闭了镇上3500座燃烧油渣的炉子，减少了大量的烟尘排放；供应中低温的循环热水，使大棚生产绿色蔬菜；余热放到水池中用于养鱼，实现了热能的多级使用。

炼油厂也进行了综合利用。炼油厂产生的火焰气通过管道供石膏厂用于石膏板生产的干燥，减少了火焰气的排放，有一座车间进行酸气脱硫，生产的稀硫酸供给附近一家硫酸厂；炼油厂的燃料气则供给电厂燃烧。同样，火电厂粉煤灰提供给土壤修复公司用于生产水泥和筑路，而济普洛克石膏墙板厂用电厂的脱硫石膏做原料造石膏板。

炼油厂的废水经过生物净化处理，通过管道向电厂输送，年输送给电厂70万立方米的冷却水，整个工业园区由于进行水的循环使用，每年减少25%的需水量。卡伦堡工业园区通过以上循环经济的实践，降低了工业污染，降低了工业用水量，减少了水污染，也减少了资源浪费，但利润却得到了提高。

（三）我国生态工业园的发展

我国在20世纪90年代逐步引入了生态工业园的概念。我国生态工业园按其建设情况可分为两类：一是在原有开发区（经济技术开发区、高新技术开发区等）的基础上进行清洁生产改造，属于第三代工业园区；二是按循环经济理念新建而成，按工业生态链的内在关系引进、建立相应的企业。不仅要求园区内各个企业实施清洁生产，而且要求实现园区内物质、能量、信息等的封闭循环。

按核心产业的类别，生态工业园又可分为行业类园区、综合类园区及静脉产业类园区三种类型。

行业类生态工业园是以某一类工业行业的一个或几个企业为核心，通过物质和能量的集成，在更多同类企业或相关行业企业间建立共生关系而形成的生态工业园区。

综合类生态工业园区是由不同工业行业的企业组成的工业园区，主要指在高新技术开发区、经济技术开发区等工业园区基础上改造而成的生态工业园区。

静脉产业类工业园区是以从事静脉产业生产的企业为主体建设的生态工业园区。

2001~2007年，原国家环保总局共批准29个国家级生态工业园的建设，其中行业类生态工业园9个、综合类园区16个、静脉产业类园区1个。

为了规范生态工业园的建设、管理与验收，原国家环保总局于2006年出台了《综合类生态工业园区标准（试行）》（HJ274—2006），该标准由经济发展、物质减量与循环、污染控制、园区管理四部分构成，共 21 个指标。同年还出台了《行业类生态工业园区标准（试行）》（HJ/T273—2006）及《静脉产业类生态工业园区标准（试行）》（HJ/T275—2006），前者规定了行业类生态工业园区验收的基本条件和指标，由经济发展、物质减量与循环、污染控制和园区管理 4 部分组成，共 19 个指标；后者规定了静脉产业类生态工业园区验收的基本条件和指标，由经济发展、资源循环利用与利用、污染控制和园区管理 4 部分组成，共 20 个指标。

在试行标准的基础上，2009 年，国家环保部修订出台了《综合类生态工业园区标准》（HJ274—2009）。与试行标准相比，新标准新增了 4 项基本条件、5 个指标，并对部分原有指标进行了调整。新标准于 2009 年 6 月 23 日发布并实施。

二 国外静脉产业类生态工业园典型经验

在静脉产业生态工业园的发展中，日本的北九州生态园是一个典型的案例，其发展经验对其他地区、其他国家的静脉产业生态工业园的发展有着重要的启示作用，值得我们借鉴。

（一）北九州生态园概况

北九州市位于日本九州最北端，人口约 100 万，是一个国际大都市。20 世纪 60 年代，随着日本经济的高速发展，北九州市也发展成为了日本四大工业地带之一。然而，和其他工业化城市的发展模式一样，北九州市在实现工业化的进程中也付出了沉重代价。大产量、大量消耗、大量废弃的生产方式既造成了巨大的物质浪费，也造成了严重的环境破坏。空气和水质遭到污染，临近的洞海湾由于工业废水和生活废水的排放而一度被严重污染成为"死海"。于是市民、企业、研究机构和政府同心协力，积极寻求治理污染及保护环境的办法。

经过几十年的努力，北九州市的环境得到了很大的改善。现在北九州的天变蓝了，水变清了，空气变清洁了。北九州市的环境之所以得到极大的改善，除了环保政策的实施、企业和市民的积极配合和自觉维护外，北九州生态园的建立也发挥了重要的作用。北九州生态园是一个典型的静脉产业生态园，其创建的基本理念就是"零排放"，即将生活及工业垃圾用做其他行业的原料。通过园区内企业的产业联系，真正实现了资源循环利用，因而减少了废弃物的排量，大大减少了环境污染。

该产业园创建于 1997 年，选址在北九州西北部响滩区的一个大型垃圾填埋场，面积约 2000 公顷。自 1997 年建立到 2004 年年末，累计创造经济效益达

1678亿日元，创造就业机会超过6470个，接待游客收入约7365万日元，2005年园区CO_2年产生量同期削减17.5万吨，为降低温室效应作出了突出贡献。

北九州生态园内含三个重要组成部分：综合环境产业区、应用研究区和再生资源循环利用区。综合环境产业区是生态园的核心，它的任务是建立一些可以进行废弃物循环利用的工厂，创建废弃物及能源循环系统，即完成从废弃物原料到再生资源的加工过程。该区域内企业处理的废物包括废塑料（PET）瓶、废办公设备、报废汽车、废旧家电、废荧光灯管、建筑垃圾和医疗废物等七大领域。应用研究区是生态园的第二大支柱。该区内聚集了16家从事循环和废弃物处理的研究机构，包括大学研究所和公司测试机构，是日本国内最大的静脉产业研究机构群。该区的主要任务是对废物处理和再生利用新技术进行中试和生产性实验研究。再生资源循环利用区是生态园的第三个支柱。该区的目的是创建、引进一些中小型废弃物处理公司，以获得最有效的循环。与综合环境产业区不同，这一区域的循环对象是产业园内产生的废弃物，以真正实现废物产生的"减量化"。

图4-3为北九州生态园的物质流示意图。生态园的原料投入主要为各类可再生利用废物，约76 921吨，此外还需少量的自然资源及燃料、电力、水等资源。经过园区内企业对可再生利用废物的加工利用，可以产生各类再生资源约69 669吨及少量工业废水、残渣及CO_2。对加工过程中产生的工业废水、残渣等都进行安全处置，以确保生态园区周边地区的环境安全。

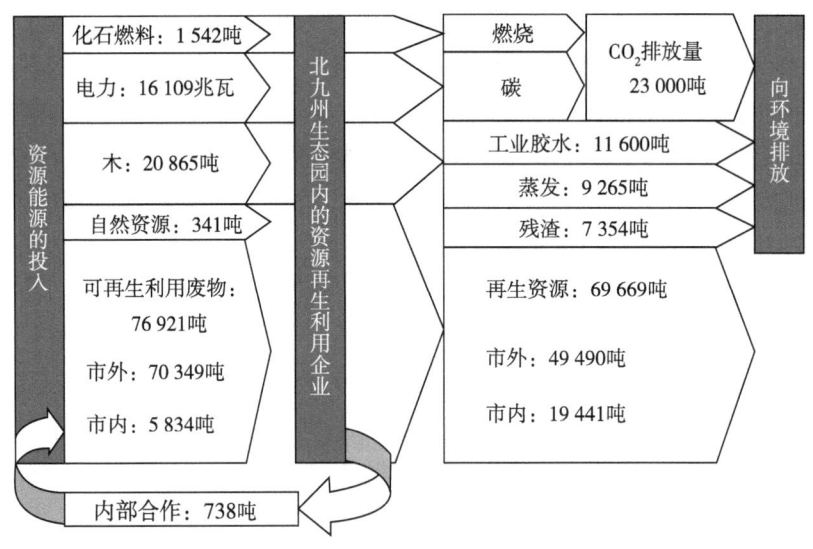

图4-3　北九州生态园物质流分析图

资料来源：岳思羽，王军，刘赞，等，2009

(二)北九州生态园运行成功的三大基础保障

1. "政-产-学-研"合作模式

北九州生态园与高等院校、科研机构及政府之间存在密切的联系,是典型的"政-产-学-研"合作模式。产业园内聚集了为数众多的高校和研发机构,不仅包括当地的九州市立大学、九州产业大学、九州工业大学、福冈大学等,还吸纳了日本早稻田大学、德国国立信息处理研究所、英国 Granfield 大学等著名大学和研究所加盟。这些高校及研发机构主要负责研发人才的培育、新的再生资源利用技术的开发,为园区的良性发展提供了人才和技术保证;在生态园的建设中,政府给予了大量的资助。例如,政府对园区内企业的废物循环利用设施进行了补助、成立了促进静脉产业设施补助金、将土地长期租给企业等。正是官方的大力支持才保证了生态园区的低成本运作。研究机构的新成果能够在实验工厂进行实验、中试,实现了科技成果的转化。

2. 完善的法规体系

为了确保生态园的原料投入及再生资源消费市场的形成,即进区的原料来源和出区的销售市场,日本非常重视法律、政策的规范与引导。或者说,是日本较为完善的再生资源循环利用的法律体系确保了北九州生态园的良好运行。例如,从入园废物的来源看,进入该生态园的废物大多属于法定回收范畴,日本先后出台的《容器包装回收利用法》《家用电器回收利用法》《建筑材料回收利用法》《食品回收利用法》《汽车回收利用法》等专项资源回收利用法规明确了生产商、销售商、消费者各自在废物回收及资源化利用中的责任和义务,并积极倡导废物的分类回收,有效地确保了可再生废物的大规模回收;从促进再生资源消费市场的形成看,日本积极推行政府的绿色采购,颁布了《绿色采购促进法》,要求和鼓励政府、地方公共团体优先采购再生产品。同时加大宣传力度,提高公众的绿色消费意识和对再生产品的认知程度,确保了再生产品的销售市场。

3. 政府的扶持和引导

日本静脉类产业园的建立、发展都离不开政府的有力支持。日本政府批准生态园区建设的流程为:首先,由地方政府编写"生态园区发展规划",着重介绍静脉类生态园区的分布建设计划和重点实施项目;其次,提交经济产业省和环境省审批。计划若被批准,则生态园区可获得政府的补助。补助分为两类,一类主要针对编制规划进行的调研、展示样本产品和技术、为相关产业和居民提供信息等所需资金;另一类主要针对为促进静脉产业园发展所需购买的资源循环利用设备和园区建设等所需资金。

三 我国静脉类生态工业园的发展

(一) 静脉类产业生态工业园标准

静脉产业类生态工业园是以从事静脉产业生产的企业为主体建设的生态工业园区。

静脉产业（资源再生利用产业）是以保障环境安全为前提，以节约资源、保护环境为目的，运用先进的技术，将生产和消费过程中产生的废物转化为可重新利用的资源和产品，实现各类废物的再利用和资源化的产业，包括废物转化为再生资源及将再生资源加工为产品的两个过程。

国家环保总局于2006年发布了《静脉产业类生态工业园区标准（试行）》（HJ/T275—2006）。与同年发布的综合类生态工业园区、行业类生态工业园区的标准相比，静脉产业类生态园区的标准更侧重于对各类废弃物资源的资源化率的要求，如废旧家电资源化率≥80%、报废汽车资源化率≥90%等，另外要求静脉产业对园区工业增加值的贡献需不小于70%，园区每年的废弃物处理量不少于3万吨等。具体指标如表4-1所示。

表4-1 静脉产业类生态工业园区指标

项目	序号	指标	单位	指标值或要求
经济发展	1	人均工业增加值	万元	≥5
	2	静脉产业对园区工业增加值的贡献率	%	≥70
资源循环利用与利用	3	废物处理量	万吨	≥3
	4	废旧家电资源化率*	%	≥80
	5	报废汽车资源化率*	%	≥90
	6	电子废物资源化率*	%	≥80
	7	废旧轮胎资源化率*	%	≥90
	8	废塑料资源化率*	%	≥70
	9	其他废物资源化率*	%	符合相关规定
污染控制	10	危险废物安全处置率*	%	100
	11	单位工业增加值废水排放量	吨/万元	≤7
	12	入园企业污染物达标排放率	%	100
	13	废物集中处理处置设施		具备
	14	集中式污水处理设施		具备

续表

项目	序号	指标	单位	指标值或要求
园区管理	15	园区环境监管制度		具备
	16	入园企业的废物拆解和生产加工工艺		达到国际同行业先进水平
	17	园区绿化覆盖率	%	35
	18	信息平台的完善度	%	100
	19	园区旅游观光、参观学习人数	人次/年	≥5000
	20	园区编写环境报告书情况		1期/年

* 选择性指标，根据各园区废物种类进行选择

资料来源：《静脉产业类生态工业园区标准（试行）》（HJ/T275—2006）

（二）静脉类产业生态园区的发展案例

位于山东省莱西市姜山镇的青岛新天地静脉产业园是国家环保总局于2006年6月批准创建的国内首个国家级静脉产业类生态工业示范区，也是目前唯一的一个静脉产业类生态工业园区。

该生态工业园区设计的总体目标是以循环经济、生态工业和静脉产业理论为指导，大力开展固废处理产业关键技术研发和国外先进资源化技术的引进，通过各种静脉产业项目的实施和基础设施的完善，实现园区内物质、能源的集约利用、梯级利用，以及基础设施和信息的共享，实现固体废物综合利用的最大化和废物"零排放"，把固废处理中心建设成为以固废处理、处置与综合利用为核心的现代化国家级生态工业园区（静脉产业类）。

青岛新天地静脉产业园一期占地5平方公里，分为研究区、实验区、服务区、生产区4个功能区和1个预留区。产业园涉及固废的收集运输储存、固废的处理处置、固废的资源化、污染土壤的生态修复和最终处置五大功能，构建了以固废的无害化、资源化处置和污染土壤的修复为核心的静脉产业类生态体系。

目前该园区的功能主要体现在以下两个方面。

第一，提供环境服务。一是根据国务院批准的《全国危险废物和医疗废物处置设施建设规划》，承担青岛危险废物处置中心、山东工业固体废物处置中心、鲁南危险废物处置中心和青岛医疗废物处置中心的建设与运营。中心按照废物综合利用、集中焚烧、安全填埋"三位一体"的模式进行设计和建设，其中危废焚烧系统的各类污染物排放指标均按照欧Ⅱ标准设计，可以处置《国家危险废物名录》中除多氯（溴）联苯和爆炸性废物外的各类危险废物；二是负责医

疗废物、工业固废的无害化处置。园区负责对青岛医疗卫生机构产生的医疗废物进行无害化处置；对一般工业固体废物按标准进行填埋处理及焚烧发电；三是提供污染土壤修复及水务处理等服务。园区与中国环境科学研究院合作，采用国际领先的污染土壤修复技术对工业污染场地和垃圾堆放场地进行治理与修复，使污染土壤达到可再用的环境质量标准。

第二，提供固体废物资源化服务。园区主要提供废弃电器电子产品、机电产品、废旧汽车、废塑料、废旧轮胎和废矿物油的资源化利用服务，其他还包括废玻璃、废日光灯管、易拉罐、废硒鼓、废墨盒、废纸、废纸板等废弃物的再生利用等。其中，废弃电器电子产品的回收处理综合利用业务是国家发展和改革委员会批准的示范项目。园区采用国际领先并适合中国国情的处理工艺对废旧冰箱、电视、空调、洗衣机、计算机等各类废弃电子电器产品进行处理，回收处理产生的铜、铁、铝、橡胶、塑料等再生资源由下游各专业公司进行再利用，有毒有害等无法再利用的废物则交由危险废物处置中心安全处置。新天地同时也是国家报废汽车回收拆解的定点企业。通过废旧汽车拆解，对废机油、蓄电池、轮胎、玻璃等进行回收；对氟利昂、安全气囊、ASR（汽车拆解剩余物）进行安全回收；对拆除的其他零部件，严格按照国家有关要求，进行再利用、再制造或破碎后资源化；整个拆解过程产生的废物全部交由青岛危险废物处置中心安全处置。

四 资源循环利用产业园的发展思路

作为一种管理模式的创新，我们提出资源循环利用产业园应是在国际再生资源监管园区的基础上发展起来的生态产业园，兼具国际再生资源监管园区和静脉产业类生态工业园的特征。

（一）园区建设应达到生态工业园的要求

从入园企业的引进而言，要从完善产业链的角度引进相关产业的企业，起到补链、延链的功效，促进园内物质流、能源流的循环流动，提高资源的循环利用率、减少污染的溢出；从园区硬件建设而言，要实现功能分区、污染治理设施的共享，实现信息和技术资源的共享。

（二）园区的性质应属于静脉产业类生态工业园

与静脉产业类生态产业园相同的是，资源循环利用产业园的前导产业是废弃物回收利用产业，末端产业是以再生资源为原材料的产品制造业。"废弃物利用—再生资源—产品制造—废弃物利用"在园区内构成封闭的物质和能源循环。与传统的工业开发区相区别的是，资源循环利用产业园更注重对各种固体废弃物的收集、分拣、拆解与再加工利用。

（三）园区管理应按照国际再生资源监管园区的标准进行

具体而言，第一，资源循环利用产业园具有保税区特征，废弃物资源入园、再生资源及加工产品出园应在海关的监管之下进行。未经拆解、无害化处理的废弃物一律不能出园。第二，废弃物进口企业必须事先向商检局登记，并取得定点加工企业资格。废弃物资源在海关监管下进境后，首先向园区内的检验检疫机构报检，经检验合格后才能正式入区，否则予以退运处理。第三，入园废弃物资源以海外进口废弃物资源为主，而且在海关、检验检疫部门的严格监管下，可适当扩充进入园区的可回收利用的废物类别。只要园区内的拆解加工及污染治理技术达标，可适当放宽限制进口或禁止进口的可用做原料的进口目录。第四，进口废弃物资源进入资源循环利用产业园享受保税待遇。为鼓励提高废弃物的资源化水平，从税收程序上可采用"先征后退"的方式：先按进口废弃物数量预征进口关税，在再生资源或再制造产品出区时，根据再生资源的利用量返回进口关税，以此来鼓励提高资源化水平以及对可回收资源的利用水平。

（四）园区建设和发展应充分利用国际资源

国际资源除了体现在园区所用的废弃物投入主要来自海外市场外，还在于体现在对国际经验的借鉴、对国际先进技术的引进与国际资源利用公司的合作等方面。资源循环利用产业园的建设需要借鉴如日本北九州产业园等的成功经验，需要引进和消化吸收发达国家的废弃物资源化技术及防治二次污染的先进技术，以加速我国自身的技术进步；同时，也需要加强与国外资源利用公司的合作。比如在国外建立废弃物回收网点、合作建立再资源化公司等。为防止违背《巴塞尔公约》的有害废弃物非法入境，还需要加强与国外有关公司、政府部门的合作等。

（五）园区建设和发展的最终目标是促进在污染控制基础上的再生资源国际大循环

作为一个制造业大国，我国每年需消耗大量的资源和能源，与此同时我国又是人均资源拥有量较低的国家，因此，从国外进口废弃物资源进行合理的补充应是我国的资源战略，废弃物资源也属于战略资源。我国每年出口大量的制成品，而从海外进口废弃物恰好能弥补资源的顺差。但这种再生资源的国际大循环需要建立在"零污染转移"的基础上，需要有足够的废弃物资源化技术和污染防治技术作支撑。我们提出的资源循环利用产业园的建设和发展目标就是能实现这种"零污染再生资源国际转移"。

当然，"零污染再生资源国际转移"目标的实现，有赖于政府相关政策的创新和扶持、有赖于废弃物资源化技术和污染防治技术的创新、有赖于公众对废弃物利用意识的提高，同时也有赖于国际间的新型合作。废弃物资源的国际转移需要建立一个区别于当前旨在控制危险废物越境转移的《巴塞尔公约》的、兼顾控制危险废物越境转移和促进可再生资源越境转移的国际新秩序。

第五章　资源循环利用产业与区域经济发展

资源循环利用产业在国民经济中的地位有目共睹。但是，资源循环利用产业由于产业层次低，造成了对环境的严重污染，其负外部性十分显著。目前，国内外研究拆解业对经济发展和环境影响的文献屈指可数，如沈东升等（2005）采用费用-效益分析方法分析了第七类进口废物拆解业对当地乡镇的环境经济影响；沈东升等（2006）从公众评价角度探讨废电器拆解业对农村经济环境的影响；张旭军和胡文蔚（2006）则以浙江台州拆解业为例，分析循环经济和区域经济发展的互动过程。除此之外，相关的文献寥寥无几。与此相对应的是，资源再生产业在国民经济中的地位日益提高，因而本书的研究显得尤为紧迫。

第一节　资源循环利用产业对社会发展的影响

资源循环利用产业劳动密集程度高，能减少资源损耗和降低企业生产成本，因而对社会发展具有显著的推动作用，更为重要的是，资源循环利用程度往往与一个国家或地区的社会经济发展水平密切相关，因此资源循环利用产业对社会发展的推动作用主要体现在以下两个方面。

（一）减少资源的过度消耗和保护有效资源

改革开放以来，我国经济得到快速发展，综合国力显著增强，钢产量已连续10多年保持世界第一，十种有色金属产量也连续多年居世界第一。国民经济的快速增长，各行各业对原材料的需求逐年增加，以钢铁行业发展为例，2009年我国年产钢56 784万吨，比2008年增长13.5%。2010年第一季度，我国钢铁行业出现双增长，而由于资源的长期高强度消耗和矿山资源供给的严重不足，资源与需求的矛盾日益突出，正处在工业化进程中的我国就面临着部分矿产资源短缺的窘境，未来5~10年，我国铜的自给率为30%~40%，镍约50%，铅约60%，锌约65%，不能自给的资源缺口主要依赖进口来填补。清华大学经济管理学院教授魏杰指出，中国经济虽然已上升为世界经济层面，但是很快就会受到资源边界的束缚，资源短缺将成为发展的重要瓶颈。按目前我国可开采铜、铅、锌储量计算，铜储量只够开采8年，铅储量只够开采5年，锌储量只够开采8年,即使是相对较为丰富的铝土资源,由于铝硅比高于10的高品位铝土矿仅占6.9%,也无法满足国内需求。

从可持续发展的角度看,废旧五金的回收利用可以减少金属资源的过度消耗,保护有效的资源。根据资料计算,通常生产1吨原铝约需4吨铝土矿,目前世界年产原铝约2600万吨,年消耗铝土矿超过1亿吨,如果全世界消费的铝能够回收利用其产量的1/4,每年可减少铝土消耗量约2500万吨,这对保护全球铝土矿产资源具有极为重要的意义。

从能源消耗比较看,生产1吨原铝需要消耗213.2太焦耳能源,而生产1吨再生铝合金所需能源消耗为5.5太焦耳,由此可见,利用废铝生产1吨合金铝与铝土矿相比可以节省95%以上的能源消耗。用废铜生产再生铜,所消耗能源仅为矿产原料生产铜的19.7%,用废锌生产再生锌,所耗能源仅为矿产原料生产锌的27.4%。并且铜、铝本身可以反复循环利用,其节能效果十分显著。

从目前世界废旧五金利用规模分析,废五金作为一种再生资源,在矿产资源日益紧缺的背景下,地位日渐突出。1994~1998年,世界废杂铜每年的回收总量为500万吨左右,到2004年全球废杂铜回收利用的总量达到637万吨左右,已经占到当年全球铜表观消费总量的38.6%。20世纪90年代初期,我国国内回收的废杂铜为20万~30万吨,90年代后期达到40万吨,2004年国内回收量达到60万吨。另外,我国从1994年开始进口含铜废料,从21世纪开始年进口废铜量均在300万吨以上,2006年达到了494.3万吨,铜废料已经成为我国铜工业的重要资源。根据中国有色金属工业协会及其再生金属分会的数据,2008年,我国利用废铜生产的再生铜约200万吨,占我国2008年铜产量的一半,为当年我国铜消费量的40%。

以再生铝为例,世界金属统计局对26个发达国家和地区的再生铝产量统计,2005年的再生铝产量达到807.69万吨,比上一年提高3%。美国、中国和日本是再生铝的生产大国,其产量分别为293.00万吨、145.00万吨和126.14万吨,而再生铝的产量超过原铝的有美国、日本、德国、意大利和墨西哥5个国家。再生铝产量占铝总产量的比例和占铝消费量的比例,在国际的差别很大。发达国家再生铝占铝总产量的比例较高,日本为99.5%,意大利为75.6%,美国为52.0%,德国为50.7%,英国为37.5%,法国为35.1%。综合挪威海德鲁铝业公司(Hydro Aluminium)与英国商品研究所(CRU)的预测数据,在到2015年为止的这段时间内,原铝产量的年平均增长率约为4.2%,2015年的产量将达7300万吨;再生铝产量的年平均增长速度为4.7%,2015年的产量可达2600万吨。

从消费方向和方式上看，1976年北美每辆小汽车的平均含铝量仅为40千克，而目前每辆小汽车的平均用铝量已达115千克。全球汽车工业每年消耗率约为600万吨，其中有70%是再生铝。所以，再生铝行业和汽车工业相互看好其未来的合作潜力和发展空间。德国的废铝都要供应汽车制造商，对外销售很难，而在我国再生铝产地则是汽车、摩托车配件制造基地，如浙江台州、广东南海就是典型范例。

以浙江为例，2008年浙江在铜加工和五金机械制品中废铜的利用量达到60万吨以上，在铝加工和铝合金铸配件生产中废铝利用量达到40万吨以上，同年，浙江钢铁工业中利用废钢铁160万吨，废不锈钢30万吨，若以每利用1吨废钢节约铁矿石3吨，比用铁矿石炼钢节约标准煤1.2吨计算，每利用1吨废铜，相当于节约铜矿石200吨，节约能源约5.9吨标准煤，每利用1吨废铝，节约铝土矿4吨，节约能源11.9吨，按此计算，浙江省废五金的利用相当于每年减少铁矿石开采量1080万吨，减少铜矿石开采量12 000万吨，节约铝土矿80万吨，从而节省能源1269万吨标准煤。可见，废五金利用对缓解资源约束、降低能源消耗、促进社会发展具有重要作用。

（二）有利于缓解人口过剩的压力

20世纪末，发达国家废旧五金利用规模已达2500亿美元。21世纪初，增加到6000亿美元，2010年达到18 000亿美元。美国有56 000家企业涉及废五金利用，每年销售额2360亿美元，提供了110万个就业机会，为员工支付了370亿元的工资。

2004年我国第一次经济普查中，将金属废料和碎屑加工处理业单独作为一个行业进行统计，普查资料表明，2004年我国专门从事金属废料和碎屑加工处理业企业法人单位1656个，就业人数5.22万人，其中初中以下学历人员3.33万人，这主要由于废物拆解业涉及面广、技术含量较低，基本上以手工操作为主，因而是一种劳动密集型产业。以浙江路桥为例，拆解业对当地劳动力就业促进巨大，目前，以路桥区峰江镇为主，包括毗邻的温岭市泽国镇、大溪镇在内的台州拆解业，集中了第七类进口废物利用企业32家，相关市场8个，个体拆解户2000多户，直接从业人员2万~3万人。若加上围绕固体废物利用行业的贸易、运输、餐饮等服务行业，仅路桥区、温岭市一带的相关从业人员就可达10万人。因此，拆解业解决了一部分人特别是农村剩余劳动力的就业问题。

第二节　资源循环利用产业对区域经济发展的影响
——以浙江为例

（一）促进相关产业发展

随着资源稀缺性的逐步加强，传统的再生资源回收利用已不能满足需求，更多的是要转移到资源高效利用上来。废旧五金的利用和发展，更大的意义还在于有力地支撑了区域经济和块状经济的发展。以台州为例，交通运输设备制造业（主要为摩托车、汽车制造业）、电气机械及器材制造业（主要为日用电器、照明器具制造业）、普通机械制造业（主要为轴承阀门制造业、通用设备制造业）、工艺美术品制造业、日用金属制品业、塑料制品业等产业已成为台州的支柱产业，几乎每个产业都与再生资源利用有着密切的关系。第一大产业交通运输设备制造业，产值达 105.74 亿元，所用铜、铝 60% 来自固体废物的拆解；第二大产业电气机械及器材制造业，产值 69.12 亿元；第三大产业普通机械制造业，产值 63.49 亿元，以及工艺美术品制造业，产值 39.27 亿元，生产中所需要的很多铜、铝、矽钢片、生铁等原料均由固体废物经拆解提供；第四大产业塑料及塑料模具业，产值 57.77 亿元，其中有部分原料用的是拆解获得的旧塑料。此外，产值为 14.58 亿元的有色、黑色金属压延业所需原料大都来源于拆解业。据初步统计，2002 年台州相关产业利用废铜 28 万吨、废铝 15 万吨、生铁 10 万吨、矽钢片 5 万吨、不锈钢 3 万吨、废塑料 50 万吨。由于大部分铜、铝、矽钢片、不锈钢和生铁等金属资源来源于固体废物的拆解，原材料量多价廉，降低了企业的生产成本，促进了台州产品竞争力的提高，从而促进"台州制造"的真正腾飞。从浙江区域经济发展历程看，废五金的利用促进了浙江不锈钢产业、铜加工产业、五金制造业等产业快速有效发展。

1. 不锈钢制造业

经过 10 余年的发展，浙江不锈钢产业现已形成了包括不锈钢冶炼、热轧开坯、酸洗处理、冷轧及制品深加工等比较完整的体系，成为浙江钢铁行业中颇具发展前景的优势产业。目前，以不锈废钢为主要原料的不锈钢产业，在全国业已形成三大优势。其一，产品总量优势。浙江年产不锈粗钢、不锈钢材，占全国不锈粗钢、不锈钢材总产量的 35%~40%。其二，地域规模优势。占全省总量 92% 的不锈粗钢、95% 的不锈钢材集中产于宁波、温州两地区。以龙湾区永中街道为主体生产的温州不锈钢无缝管材占全国市场份额的 80% 以上，其价格波动影响国内不锈钢管市场价格的基本走势。其三，低成本市场竞争优势。例如，以不锈废钢生产为主的温州不锈钢管价格比国内同类产品低 1/4~1/3，具有明显低成本竞争优势。浙江不锈钢产业以不锈废钢为主要原料，不锈废钢年利用量已达 100 万吨以上，约占全球有效资源 20%。

2. 铜加工业

浙江铜加工材产量连续 10 年位居全国第一，占全国铜加工材总产量的 38%。其中，消耗废铜量约占原料总量的 2/3。浙江废铜利用相对集中在台州、宁波、绍兴、金华地区，而上述地区的再生资源利用又相对集中在少数县市与城镇。例如，宁波地区 60% 以上的废铜利用量集中在江北区慈城镇、慈溪市京汉镇；绍兴市 80% 的废铜集中在诸暨店口镇及上虞汤浦镇；金华地区 80% 的废铜集中在永康芝英镇；台州地区 80% 的废铜利用集中在玉环楚门、清港镇。近年来，浙江铜加工企业循环经济产业的规模不断扩大，涌现出宁波金田铜业等全国再生铜材加工龙头企业；诸暨市店口镇形成从废铜回收与再生、铜材加工到铜管件、铜阀门等五金配件制造完整产业链，构成全镇范围内铜料闭路循环。

3. 特色五金制造业

五金制品行业是浙江的传统行业，改革开放以来，呈现迅速发展的态势，并形成了以永康五金、温州五金（温州锁具、永嘉纽扣、温州金属外壳打火机、温州剃须刀）及玉环阀门为代表的"五金块状经济"。例如，"中国五金之都"——永康，2004 年全市五金工业产值 331 亿元，出口交货值 84 亿元。永康每年生产五金产品的所需原材料，主要依靠利用再生资源。随着循环经济的发展，永康"特色五金"产业正在经历由资源再生利用到节约利用、高效利用的重大变革。中国阀门之都玉环，通过利用废杂黄铜，形成了从铜材到铜质水暖五金、阀门的完整产业链，促进了外向型经济的发展。2005 年，全县阀门行业实现产值 103 亿元，占全县工业总产值的 22.64%，均占全国阀门行业同类产品总产值、外贸出口值和市场份额的 50% 以上。

4. 汽摩及配件产业

浙江汽摩配件占据全国"半壁江山"。浙江上千亿元年产值的汽摩配市场优势来源于民营机制、产业集聚，亦来源于利用再生资源的低成本优势。

台州是我国民营经济型轿车基地，也是中国最大的摩托车及汽摩配件生产出口基地。2009 年台州市从事整车生产的企业已经增加到了 5 家，保持着以经济型轿车为主，皮卡、SUV和载货汽车为辅的产品格局。2009年1~8月，全市共生产各类整车90 971辆，产值38.15亿元，同比分别增长17.1%和14.2%。20家摩托车整车生产企业，也比上年同期增长了11.9%。全市纳入统计口径的512家规模以上汽摩配生产企业共完成产值137.53亿元，同比增长23%。台州汽车整车生产起步于20世纪80年代，到2004年年底，全市拥有汽车及零部件生产企业2000多家，拥有职工近6万人。台州生产的轿车变速器、橡胶密封件、减震器、电动刮水器、机油冷却器等在国内市场占有较大份额。台州有摩托车及配件生产企业1500多家，从业人员4万多人。其中19家整车企业摩托车年产量160万台，占全国的10%以上。台州是国内踏板式摩托车的发源地，产量占国内市场的50%以上，全国各大摩托车生产企业的配件50%来自台州。钱江摩托集团是我国摩托车工业的排头兵，是全国为数不多的能够自主设计开发的摩托车厂之一。"钱江"品牌先后被评为中国驰名商标和中国名牌产品。台州汽摩配制造业的崛起，打造了跨温岭、玉环、路桥、黄岩市县区域的"块状经济"。

温州瑞安有"中国汽摩配之都"的称号。全市有1300多家汽摩配企业，汽摩配产值占瑞安市工业总产值的1/3，成为瑞安市第一主导产业。瑞安汽摩配年产值在1000万元以上的企业超过了100家，年产值亿元以上的企业有14家，被业内人士誉为"中国地域性零部件发展的缩影"。

（二）促进区域经济繁荣

浙江作为我国东南部一个经济大省，近年来经济迅速崛起，以民营经济、产业集群和专业市场为特征的区域经济发展模式引人关注。在区域经济发展过程中，浙江经济的发展和腾飞主要依靠的是产业集群即区域特色经济这个法宝，而浙江区域特色经济的起源与发展都依赖资源的再生利用。笔者多年的跟踪调查发现，浙江经济较为发达的地区，如宁波、温州、台州和金华永康等地，其区域特色经济的早期起源与积累需要的原材料正是来自于废金属、废塑料等废弃资源的再生利用。资源的再生利用为区域特色经济的起步与发展节约了资金，降低了成本，促进了区域特色经济的"萌芽"。

1. 资源再生利用，托起"特色五金"

永康五金源远流长，历史上就有"五金工匠走四方，府府县县不离康"之说。传统五金工业孕育了永康独特的五金文化，造就了永康以五金产业为主导的区域特色经济。

为满足当地"特色五金"对铝、铜等金属资源日益增长的需求，永康人除在全国各地回收废杂铝、废杂铜，甚至从冶炼炉渣、金属垃圾中回收铝、铜资源外，还到美国、日本、西欧、俄罗斯、独联体国家组织再生资源。永康废杂铝、废杂铜回收专业户和从事再生铝、再生铜加工利用的企业达数千家，从业人员达10万多人，年利用铜、铝、钢铁等再生资源100余万吨。永康成为浙江乃至全国重要的再生金属回收利用基地，全国最大的再生紫铜板带生产基地和再生铝加工基地。再生资源利用，使永康五金制造在激烈的市场竞争中较快地完成了原始资本积累，资源再生产业链从家用五金、电动工具等小五金，向电动滑板车、电动自行车、农用车、经济型轿车等大五金方向发展。

永康资源再生利用，由废旧物料回收商、废旧金属市场、利废企业、五金生产企业和"中国科技五金城"之间形成完整产业体系。废旧金属经废旧物料回收商从全国各地及海外运到永康废旧金属市场后，进行拆解细分，供给用户。加工出来的五金产品依托"中国科技五金城"销往国内外。

2. 固废拆解利用，打造"特色制造"

台州人借助港口及当地劳动力资源优势，创建了全国最大进口固废拆解基地。基地内拆解工场50多个，相关专业市场7个，从业人员6万多人，年拆解金属回收量达200多万吨。台州废杂铜成为长三角铜原料供应基地。

路桥再生金属加工园区是全国最早实行"基地化"管理的规范化拆解基地，现已有40多家企业落户其中，涌现出一批规模大、技术装备先进的企业，朝着集团化、规范化、国际化的方向发展。

近几年来，台州的再生金属企业正在延伸产业链，开展废旧金属的深加工方面的起步较快，深加工项目的开展使这里有了新的变化。台州金属压延加工、阀门水泵、工艺礼品、家用电器、汽摩配件、服装机械等制造业的快速发展，成为支柱产业。

实践表明，在废金属拆解与再生利用基础上创建的台州"特色制造"产业群具有三大优势：一是产业集群叠加提高了区域产业竞争力。例如，台州的汽车摩托车行业的竞争优势建立在模具、塑料、汽摩配等众多行业的优势之上。二是产业集群成为民营企业应对国际竞争的重要依托。依托集群，许多民营企业与跨国公司正面竞争，并在竞争中发展壮大。三是产业集群成为区域提高产业根植性的重要基础。例如，在外创业多年的台州籍老板回乡创办皮卡车和经济型SUV的吉奥集团，主要是因为台州拥有强大的配件优势。

3. 收旧利废，依托市场，孕育现代产业集群

近年来，慈溪依托旧货市场，充分利用旧货资源，从传统简单加工向深加工发展。慈溪每年有45万吨以上的旧塑料回收，相当于年产值20亿元的大型塑化企业的年生产能力。通过对塑化企业进行技改，用废塑料生产涤纶化纤，每年要用废塑料70万吨以上，产值70多亿元，产品大多出口欧洲，成了全国最大的再生涤纶短纤生产基地。

慈溪家电产值占全市工业总量1/3。慈溪的家电制造业通过利用废金属、废塑料等再生资源起家，以传统模具技术为支撑，从小配件、小加工，逐步完成国内家电配件基地到创建中国慈溪家电科技城的历史跨越。

余姚从利用废塑料、废金属生产模具及家电配件，逐步使余姚发展形成塑料模具、电子电器、机械仪表（五金）三大特色鲜明和优势突出的主导产业，"三大"主导产业实现产值约占全市工业总量的70%。中国塑料城、中国轻工模具城等多家闻名中外的专业特色市场，为数以万计的余姚制造企业提供了配套服务，成为余姚特色块状经济的有力支撑。

总之，废五金利用使浙江的民营资本原始积累得以顺利完成，促使区域特色经济不断形成、固化和发展，而区域特色经济不断积聚和培育的资金、技术、管理、信息和人力资源等要素，又反哺、促使资源再生产业进入产业链延伸、生态化改造、资源循环利用、高效利用等更高层次。

第三节 资源循环利用产业对环境的影响

（一）资源循环利用产业发展有利于经济与生态环境"双赢"

资源再生利用，是一把"双刃剑"，在托起浙江特色制造，带来区域经济繁荣的同时，也给所在地的局部环境带来损害。为加快产业集聚、减少环境污染，促进区域经济可持续发展，台州市路桥区自1999年筹建废金属拆解园区以来，积极建设台州金属再生工业园区，在全国率先实行"圈区"管理。环保部门积极配合园区工程，按拆解总量，统一建设大型焚烧炉与污水处理系统，由环保部门派员进行监控，保证"三废"的全面处理和达标排放。固废物拆解所产生的垃圾由环卫部门统一清运与处理，确保不造成二次污染。

宁波再生资源加工园区在园区规划建设和管理环节方面都非常重视环境保护问题。固废物拆解区设有污水处理池和不能利用的固废物堆场，各生产加工

单元产生的污水、废物由园区集中后统一处理。污水经污水处理厂生化处理后达标排放；经拆解产出的废物、污泥及油渣等经统一收集后送宁波垃圾发电厂焚烧处理。加上已建成的 5 万多平方米郁郁葱葱的绿化带屏围着场区，青翠的苗木与五彩缤纷的花卉把整个园区装扮得生机盎然，清波荡漾的隔离界河穿园而过，花园型园区已现雏形。在国家发展和改革委员会、海关总署、国家环保总局等五部委组织的联合调研中，宁波再生金属资源加工园区被誉为"国内同行业的样板"。

（二）资源循环利用产业对区域环境经济影响的评估

拆解业成为当地经济的支柱产业，但由于缺乏有效的监督和管理，进口废物拆解业也产生了较严重的环境污染，环境成本逐年增加。本书以台州路桥废五金拆解为例，就废五金利用对区域环境经济影响进行评估。

对台州进口废物拆解业的环境经济效益的评估可采用技术经济学中的成本 - 效益分析法来分析。成本 - 效益分析中常用的指标如下。

1. 净现值（NPV）

$$NPV = \sum_{i=1}^{t} \frac{B_t - C_t}{(1+r)^t}$$

式中，B_t 和 C_t 为第 t 年的效益和成本；r 为折现率；t 为计算年限。

2. 效益 - 成本比（BCR）

$$BCR = \frac{\sum_{i=1}^{t} \frac{B_t}{(1+r)^t}}{\sum_{i=1}^{t} \frac{C_t}{(1+r)^t}}$$

若 BCR>1，则 NPV>0，项目可接受。

首先我们来测算效益。拆解业的效益包括直接效益和间接效益，其中，直接效益包括拆解物的每吨价格 5000 元，间接效益包括每进口 1 吨固体废物的管理费用、商检报送费用、税收等 400 元，以及这些拆解物在其产业链延伸过程的增值按 20% 计算得到的 1000 元增值，那么拆解每吨固体废弃物的总效益为 6400 元。接着我们来测算其成本。拆解业成本主要包括生产成本和环境成本，其中生产成本包括场地和设备投入 50 元/吨（只计算第一年），原材料价格 2000 元/吨，人工费用 50 元/吨，能耗、辅料费用 40 元/吨，环境成本包括拆解场占用农田造成农业的损失 8 元/吨（考虑到农业的重复性生产，该项数据应逐年累计计算），居民健康损失约 1 元 / 吨（从第二年开始计算），大气污染损失约 4 元 / 吨，水环境污染损失约 2 元 / 吨，处置固体废弃物过程中产生的损失约 1 元 / 吨。将上述数据进行成本 - 效益统计，得到表 5-1 的结果。

表 5-1 浙江台州拆解业成本 - 效益分析

年序	拆解量/万吨	成本/亿元		效益/亿元		净效益/亿元	
		生产成本	环境成本	直接效益	间接效益	未贴现	贴现
1	250	53.50	0.38	125.00	35.00	106.13	106.13
2	250	53.50	0.60	125.00	35.00	105.90	116.49
3	250	53.50	0.80	125.00	35.00	105.70	127.90
4	250	53.50	1.00	125.00	35.00	105.50	140.16
5	250	53.50	1.20	125.00	35.00	105.30	153.59
6	250	53.50	1.40	125.00	35.00	105.10	168.32
7	250	53.50	1.60	125.00	35.00	104.90	184.45
8	250	53.50	1.80	125.00	35.00	104.70	202.12
9	250	53.50	2.00	125.00	35.00	104.50	221.49
10	250	53.50	2.20	125.00	35.00	104.30	242.71
合计	2500	535.00	12.98	1250.00	350.00	1052.03	1663.35

注：数据按不变价格计算，贴现率为 10%，时限为 10 年，单位为万元

由表 5-1 可知，台州拆解业的 NPV 为 1663.35 亿元，大于 0，BCR 为 2.92，大于 1，因而拆解业环境经济效应从短期来看尚可。但考虑到拆解业的长期影响和环境成本核算方法的限制，实际环境成本还要更高。因此从长期来看，拆解业的环境经济效应远远不如本书计算结果所反映的那么乐观。

表 5-2 显示出以路桥区为主的台州拆解业对当地环境造成了较大的污染，如万元产值废气排放量和固体废弃物排放量都比其他行业要高，如果再考虑统计误差的因素及重金属污染的长久性，那么台州进口拆解业的环境负面影响将会更大。但同时也看到，拆解业的环境影响与其他相关重污染行业相比，并未明显超标。因而，在今后一段时间内，该产业仍有继续存在和发展的合理性，无须完全取缔或取代，而应正确引导其向可持续方向发展。

表 5-2　台州市路桥区主要产业近五年环境经济平均指标

产业	年均总产值/万元	万元产值排污费/(元/万元)	万元产值能耗/(标煤/万元)	万元产值废气排放/(立方米/万元)	万元产值废水排放/(吨/万元)	万元产值固废排放/(千克/万元)
电气机械及制造业	59 970.37	0.208	0.068	0.021	2.476	0.918
塑料制品业	24 828.89	0.101	0.294	0.019	4.14	0.290
普通机械制造业	24 762.32	0.202	0.133	0.029	2.220	3.514
金属制品业	-18 522.49	10.82	0.675	0.159	9.160	1.859
有色金属冶炼及压延加工业	10 204.43	4.998	0.216	0.237	7.252	4.116
化学原料及化学制品制造业	4 645.89	20.23	0.560	0.533	5.919	—
食品加工业	9 447.85	1.577	0.074	0.005	6.150	—
废物拆解业	20 170.46	—	0.064	0.039	0.362	3.500

资料来源：沈东升等，2005

第四节　资源循环利用产业的宏观经济效应

在此我们利用 Keynesian 乘数模型作为基本理论框架来分析增加资源循环利用率对地区生产总值和就业的潜在宏观经济影响，并运用计量模型就再生资源利用对浙江省的宏观经济效应进行实证分析。

（一）资源循环利用的指标——再生利用率

为了检验再利用进口不可再生原材料的过程对宏观变量是否存在影响，Di Vita 在他的研究中建立了一个总体指标，使之能以宏观的形式表示单个废物再利用的数据。

假设进口不可再生资源的价值是已知的，如式（5-1）所示：

$$Mr = \sum_{i=1}^{n} Q_i P_i \qquad (5\text{-}1)$$

式中，n 种资源的任何一种（$i=1, 2, \cdots, n$）的数量为 Q_i，市场价格为 P_i。再假设每种资源再生利用数量已知，为 Q_i^*，价格为 P_i^*。Di Vita 用以下指标只是表示进口不可再生资源中循环利用的程度：

$$Ir = \frac{\sum_{i=1}^{i=n} Q_i^* P_i^*}{\sum_{i=1}^{i=n} Q_i P_i} \quad (5\text{-}2)$$

现在把这个指标加以扩展，使之不仅仅用于衡量进口不可再生资源的循环利用率，还可以用于表示消费和投资过程中的资源循环利用的程度。

Di Vita 在他的研究中利用 Keynesian 乘数分析了资源再生利用对进口的影响。

将总产出的表示如下：

$$Y = C + I + G - T + E - M \quad (5\text{-}3)$$

式中，Y 为全国总产出；C 为总消费，$C = C_0 + cY_D$；Y_D 为可支配收入；C_0 是外生的、已知的，且消费倾向 c 由 $\dfrac{dC}{dY_D}$ 给出；I 为投资；G 为公共消费；$T = tY$，为收入税，这里 t（税率）由 $\dfrac{dT}{dY}$ 给出；E 为出口；$M = mY$ 为进口，这里 m（进口倾向）由 $\dfrac{dm}{dY}$ 给出。

假设劳动力水平是一个外生变量，就业 N 直接为 GNP 的函数。从式（5-3）中可以得到 Keynesian 乘数方程：

$$Y = \frac{1}{1 - c(1-t) + m}[C_0 + I + G + E] \quad (5\text{-}4)$$

从式（5-4）中可以看出，国民收入与进口倾向之间存在着反相关的关系。增加对国外商品和劳务的购买，会导致国内收入和就业的收缩。

假设已知总进口 M 中不可再生资源 M_r 所占百分比为 ρ，即 $M_r = \rho M$，已知衡量进口不可再生资源循环利用的指标为 I_r。于是再利用的进口不可再生资源的价值 $M_r^* = M_r I_r = \rho M I_r$，仍然假设以由原材料中产生的废物循环过程产生的产品作为投入品，产生的产品，最终都是进入国内市场的。

将再利用进口不可再生原材料的废物对 GNP 的影响考虑进来，新一轮进口可减少 M_r^*，因此，

$$M^* = M - M_r^* \quad (5\text{-}5)$$

将 $M_r^* = \rho M I_r$ 代入式（5-5）得

$$M^* = mY - (mY \rho I_r) \quad (5\text{-}6)$$

$$M^* = mY(1-\rho I_r) \tag{5-7}$$

在式（5-3）中用 M^* 代替 M，得到

$$Y^* = \frac{1}{1-c(1-t)+m(1-\rho I_r)}(C_0+I+E+G) \tag{5-8}$$

式（5-8）表示我们考虑了循环再生的宏观影响后的乘数公式，比较式（5-4）和式（5-8），我们可以看到，式（5-8）的分母比较小，因此 Y^* 比 Y 要大。也可以说，由于资源循环利用，使得进口减少，促进 GNP 的增加，贸易支付差额的改善和就业的升高。

由于对进口不可再生原材料需要的减少，GNP 的增加可由式（5-9）给出：

$$\Delta Y = Y^* - Y \tag{5-9}$$

由于资源循环利用所造成的 GNP 的改变，由 Y^* 和 Y 的比给出，$\frac{Y^*}{Y}$ 用式（5-4）、式（5-8）代入得到

$$\frac{Y^*}{Y} = \frac{1-c(1-t)+m}{1-c(1-t)+m-m\rho I_r} = 1 + \frac{m\rho I_r}{1-c(1-t)+m-m\rho I_r} \tag{5-10}$$

$$\frac{Y+\Delta Y}{Y} = 1 + \frac{\Delta Y}{Y} = 1 + \frac{m\rho I_r}{1-c(1-t)+m-m\rho I_r} \tag{5-11}$$

$$\frac{\Delta Y}{Y} = \frac{m\rho I_r}{1-c(1-t)+m-m\rho I_r} \tag{5-12}$$

从式（5-12）可以看出，在循环利用率 I_r 和 GNP 增长率之间存在一个直接的比例，I_r 的值越大，国民收入增长的越快。

1. **资源再生利用对消费及产出的影响**

前面已经从理论上分析了废物循环再生利用过程会对整个社会的消费产生影响，现在将增加后的消费量设为 C^*。设消费品中不可再生资源的比例为 γ，消费品中的不可再生资源循环利用后得到的二次产品为 C_r^*，$C_r^* = \gamma CI_r = \gamma[c(1-t)Y]I_r$（这里不考虑自主消费 C_0 变化），则增加循环利用后的总消费为

$$C^* = C + C_r^* = C + \gamma CI_r = (1+\gamma I_r)C \tag{5-13}$$

$$C^* = C_0 + c(1-t)(1+\gamma I_r)Y \tag{5-14}$$

将 C^* 代替 C，代入式（5-3）中，得到

$$Y^* = \frac{1}{1-c(1-t)(1+\gamma I_r)}(C_0 + I + G + E - M) \tag{5-15}$$

$$Y = \frac{1}{1-c(1-t)}(C_0 + I + G + E - M) \tag{5-16}$$

式（5-15）与式（5-16）之比为

$$\frac{Y^*}{Y} = \frac{1-c(1-t)}{1-c(1-t)(1+\gamma I_r)} = 1 + \frac{c(1-t)\gamma I_r}{1-c(1-t)-c(1-t)\gamma I_r}$$

$$\frac{\Delta Y}{Y} = \frac{c(1-t)\gamma I_r}{1-c(1-t)-c(1-t)\gamma I_r} \tag{5-17}$$

显然，由于资源的再生利用，国民收入有一个增量，循环利用带来了乘数效应，而且增长率与资源循环利用指标有着直接的相关性。

2. 资源循环利用对投资及产出的影响

一方面，资源再生利用可以节约开采、处理、运输费用等，假设这些原来投入到生产过程的费用都转化为投资，另一方面，随着废弃物再利用资源化产业的兴起也会引致投资增加。以 I_F 表示由于资源循环利用带来的新增投资，假设这一新增投资与资源循环利用程度 I_r 和上一轮投资 I 成正比例 λ，即

$$I_F = \lambda I_r I \tag{5-18}$$

那么新投资为

$$I^* = I + I_F(1+\lambda I_r)I \tag{5-19}$$

投资乘数由 $\frac{1}{1-c(1-t)}$ 变为 $\frac{1+\lambda I_r}{1-c(1-t)}$，则

$$Y^* = \frac{1+\lambda I_r}{1-c(1-t)}(C_0 + I + G + E - M) \tag{5-20}$$

由资源循环利用带来的投资增加因子乘数效应，会直接地增加就业和国民收入。

3. 资源循环利用的总体宏观效应

这样，我们已经得到了废弃物再利用过程对进口、消费、投资三个方面的影响的等式，它们代表的是引入了循环利用过程之后，这三个变量所能达到的新的值。

首先考虑资源再生过程影响消费和进口，从而影响 GNP，将 C^*、M^*、I^* 代

入收入方程式，则 $Y^* = C^* + I^* + E - M^*$，得到在宏观经济中引入循环利用过程后新的总产出值 Y^*，即

$$Y^* = \frac{C_0 + I + G + E + \lambda I_r I}{1 - c(1-t) + m - [c(1-t)\gamma + m\rho]I_r} \tag{5-21}$$

式（5-21）表示我们考虑了资源循环利用对消费、投资、进口的影响后的乘数公式。比较式（5-4）和式（5-20），可以发现，在考虑了资源循环利用再生的情况下，国民收入表达式的分子增大了，而分母却变大了，即在相似的条件下，循环经济会使我们有更低的进口和更高的国民产出及就业。

现在 GNP 的增长可以由式（5-22）给出：

$$\frac{Y^*}{Y} = \frac{(C_0 + I + G + E)[1 - (1-t) + m] + [1 - (1-t) + m]\lambda I I_r}{[1 - c(1-t) + m](C_0 + I + G + E) - [c(1-t)\gamma + m\rho](C_0 + I + G + E)I_r}$$

$$= 1 + \frac{[c(1-t)\gamma + m\rho](C_0 + I + G + E) + [1 - c(1-t) + m]\lambda I}{[1 - c(1-t) + m](C_0 + I + G + E) - [c(1-t)\gamma + m\rho](C_0 + I + G + E)I_r} I_r \tag{5-22}$$

$$\frac{\Delta Y}{Y} = \frac{[c(1-t)\gamma + m\rho](C_0 + I + G + E) + [1 - c(1-t) + m]\lambda I}{[1 - c(1-t) + m](C_0 + I + G + E) - [c(1-t)\gamma + m\rho](C_0 + I + G + E)I_r} I_r \tag{5-23}$$

根据式（5-21）和式（5-22）可以知道，$\frac{Y^*}{Y}$、国民收入增长率与 I_r 之间同样存在着同方向变化的关系。也就是说，循环再生越多，I_r 越大，GNP 的增长也就越大越快。

资源循环利用过程对总就业的影响由 GNP 的变化量 dY 乘以系数 χ 表示：

$$dN = (Y^* - Y)\chi \tag{5-24}$$

式中，χ 为每个工人的总产量 $\frac{Y}{N}$ 的倒数。式（5-24）能够度量在循环利用和相关活动中雇佣的工人。资源循环利用再生的越多，I_r 越大，GNP 的增长也就越大，就业机会增加越多，失业率也会不断下降。

通过对进口、消费、投资这三个方面作用的研究可以看出，资源的回收利

用过程将会直接影响基础宏观变量的改变。

（二）资源循环利用的宏观效应分析——以浙江为例

本书仅考察进口初级产品的再生利用，来检验资源再生的潜在影响。由于消费中可再生利用资源的比例比较难确定，对静脉产业（旧物调剂和资源回收产业）的投资也缺乏数据，因此本书就资源循环利用程度对产出和就业的潜在影响，通过将 I_r 从 5% 变化到 40% 引起 GDP 和就业量的增加进行实证分析。

C_0 由回归方程得到，消费倾向 $c = \dfrac{dC}{dY_D}$，税率 $t = \dfrac{dT}{dY}$，进口倾向 $m = \dfrac{dM}{dY}$，用浙江省 1990~2007 年的宏观经济数据（表 5-3）进行线性回归。

表 5-3　浙江省 1990~2007 年的宏观经济数据　　（单位：亿元）

时间	GDP	总消费	投资	公共消费	税收	出口	进口
1990	904.69	548.85	252.44	80.23	101.59	111.17	29.69
1991	1 089.33	613.19	336.05	84.94	108.94	151.13	49.10
1992	1 375.7	697.4	533.76	95.31	118.36	190.35	76.10
1993	1 925.91	847.96	902.23	125.04	166.64	246.42	137.34
1994	2 689.28	1 173.68	1 185.23	153.03	209.39	514.98	245.78
1995	3 557.55	1 495.24	1 786.79	180.29	248.5	651.31	322.74
1996	4 188.53	1 806.91	2 034.61	213.71	291.75	668.57	374.11
1997	4 686.11	2 004.31	2 230.01	248.74	340.52	837.20	344.96
1998	5 052.62	2 172.29	2 482.45	286.81	401.8	897.55	329.37
1999	5 443.92	2 355.39	2 519.98	344.04	477.4	1 063.17	448.86
2000	6 141.03	3 150.88	2 652.77	431.3	658.42	1 605.97	693.00
2001	6 898.34	3 579.14	2 891.02	579.35	855.82	1 897.94	811.32
2002	8 003.67	4 062.46	3 467.46	566.82	1 166.58	2 434.35	1 038.39
2003	9 705.02	4 623.26	4 663.83	706.56	1 468.89	3 443.45	1 640.49
2004	11 648.7	5 416.73	5 748.72	1 063.1	1 805.16	4 808.67	2 338.44
2005	13 437.85	6 373.24	6 448.72	1 265.53	2 115.36	6 228.82	2 480.62
2006	15 742.51	7 435.94	7 291.05	1 471.86	2 567.7	7 879.83	2 987.61
2007	18 780.44	8 652.34	8 512	1 806.79	3 239.89	9 365.64	3 543.53

资料来源：《浙江统计年鉴》（1996、2002、2008）

将表 5-3 数据进行线性回归，得到

$Y = 109.703 + 0.7C + 0.788G + 1.308I + 0.949T + 0.019E - 1.40M$

（88.594）（0.181）（0.9267）（0.132）（0.563）（0.159）（0.365）

SE=130.6488　　DW=2.049　　R^2=1.000　　F=4543.121

接下来用浙江省 1990～2007 年的数据来测算资源再生利用的宏观效应，C_0=109.703；消费倾向 c、税率 t、进口倾向 m 用每年消费、税收、进口的增量与 GDP 增量的比来计算；进口中不可再生资源所占百分比为 ρ，用初级产品占总进口比例来代替。

下面分别测算在其他变量不变情况下，进口、消费、投资在再生利用程度变化时带来产出的增量，最后实证分析进口、消费、投资三方面都加强资源综合利用时的产出增加。

1. 进口效应实证分析

进口效应以式（5-25）为分析模型：

$$Y^* = \frac{1}{1-c(1-t)+m(1-\rho I_r)}(C_0 + I + E + G) \tag{5-25}$$

式（5-25）表示在考虑了进口资源循环利用再生的宏观经济影响后的国民收入决定公式，资源循环利用使得进口减少，促进了 GNP 的增加。分两种情形模拟：Y_{m_1} 表示在其他变量不变的情况下，I_{r_1} = 0.05 时的 GDP 水平；Y_{m_2} 表示在其他变量不变的情况下，I_{r_2} = 0.4 时的 GDP 水平（图 5-1）。

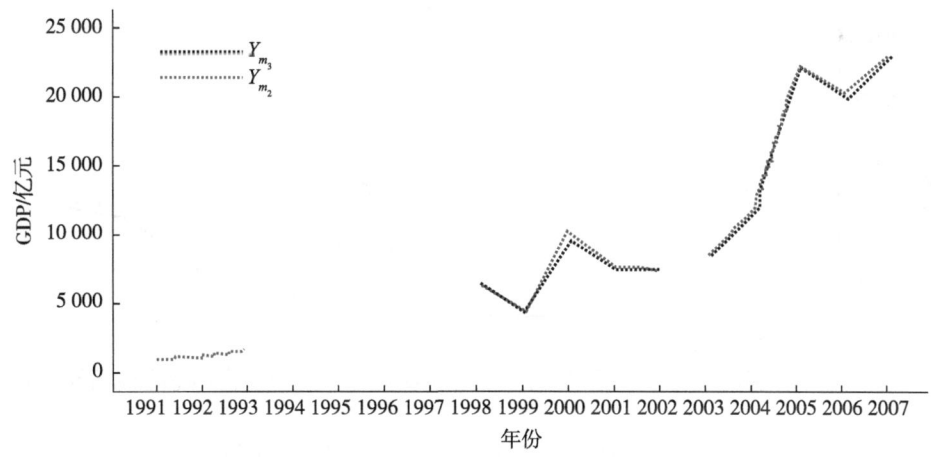

图 5-1　进口资源循环利用再生对 GDP 的宏观经济影响

表 5-4 为 2001~2007 年进口资源再生利用率不同时的 GDP 的水平。

表 5-4 进口资源再生对 GDP 的宏观经济影响 （单位：亿元）

情形	2001 年	2002 年	2003 年	2004 年	2005 年	2006 年	2007 年
Y_{m1}	7 436.1	7 397.5	8 262.3	11 522.1	22 069.5	19 776.6	22 771.6
Y_{m2}	7 540.1	7 506.5	8 416.1	11 799.8	22 260.8	20 159.6	23 131.4

2. 消费效应实证分析

消费效应以式（5-26）为分析模型：

$$Y^* = \frac{1}{1-c(1-t)(1+\gamma I_r)}(C_0 + I + G + E - M) \quad (5\text{-}26)$$

由于消费品中的不可再生资源循环利用，二次产品增加了总消费，从而在既定资源条件下增加了产出，循环利用带来了乘数效应，而且增长率与资源循环利用指标有着直接的相关性。

消费品中不可再生资源产品的比例为 γ，这里模拟两种不同比例的情形：YC_1 为 $\gamma_1 = 0.1$、$I_{r_1} = 0.05$ 时，GDP 的水平；YC_2 为 $\gamma_2 = 0.25$、$I_{r_2} = 0.4$ 时，GDP 的水平。图 5-2 表示消费品中不可再生资源产品比例和再生利用率不同的两种情形下带来的产出增量。

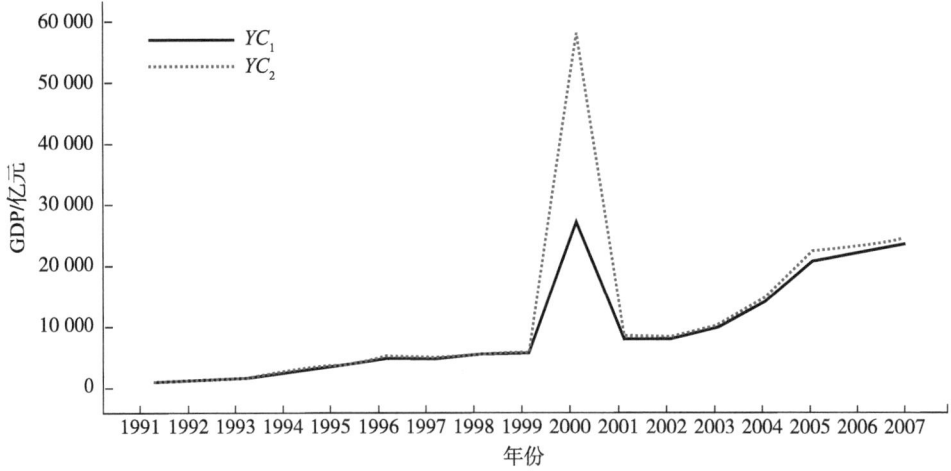

图 5-2 消费品中资源再生对 GDP 的宏观经济影响

表 5-5 为 2001~2007 年消费品中不可再生资源产品的比例和再生利用率不同时 GDP 的水平。

表 5-5 消费品中资源再生对 GDP 的宏观经济影响

情形	2001 年	2002 年	2003 年	2004 年	2005 年	2006 年	2007 年
YC_1	8 084.6	8 098.1	10 009.8	14 214.7	20 818.3	21 934.3	23 667.1
YC_2	8 640.6	8 467.8	10 377.1	14 939.9	22 519.1	23 238.3	24 734.2

3. 投资效应实证分析

投资的效应分析以式（5-27）为分析模型：

$$Y^* = \frac{1+\lambda I_r}{1-c(1-t)}(C_0 + I + G + E - M) \quad (5\text{-}27)$$

分两种情形分析：YI_1 为 $\lambda_1 = 0.05$、$I_{r_1} = 0.05$ 时，GDP 的水平；YI_2 为 $\lambda_2 = 0.2$、$I_{r_2} = 0.4$ 时，GDP 的水平。图 5-3 表示资源再生利用投资比例和再生利用率不同的两种情形下产出的增加量。

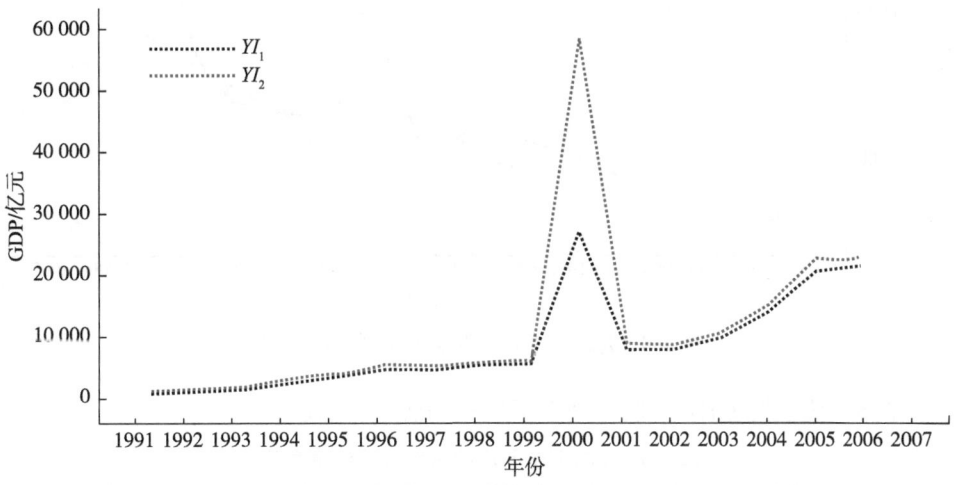

图 5-3 投资中资源再生对 GDP 的宏观经济影响

表 5-6 为 2001~2007 年资源再生利用投资比例和再生利用率不同时 GDP 的水平。

表 5-6 投资中资源再生对 GDP 的宏观经济影响

情形	2001 年	2002 年	2003 年	2004 年	2005 年	2006 年	2007 年
YI_1	8 039.8	8 099.8	10 016.5	14 213.9	20 787.7	21 924.6	23 672.5
YI_2	8 661.3	8 725.9	10 790.5	15 312.7	22 394.7	23 619.6	25 502.6

4. 资源再生利用的总体宏观效应

关于进口、消费、投资三者一起的宏观效应，用式（5-28）进行实证分析：

$$Y^* = \frac{C_0 + I + G + E + \lambda I_r I}{1 - c(1-t) + m - [c(1-t)\gamma + m\rho]I_r} \quad (5\text{-}28)$$

式（5-28）表示在考虑了资源循环利用对消费、投资、进口影响后的乘数公式，c、t、m、ρ根据当年的实际数据计算。

分两种情形分析：Y_1为$\lambda_1 = 0.05$、$\gamma_1 = 0.1$、$I_{r_1} = 0.5$时，GDP的水平；Y_2为$\lambda_2 = 0.2$、$\gamma_2 = 0.25$、$I_{r_2} = 0.4$时，GDP的水平。

图 5-4 为实际 GDP 与两种情形下模拟 GDP 的比较。

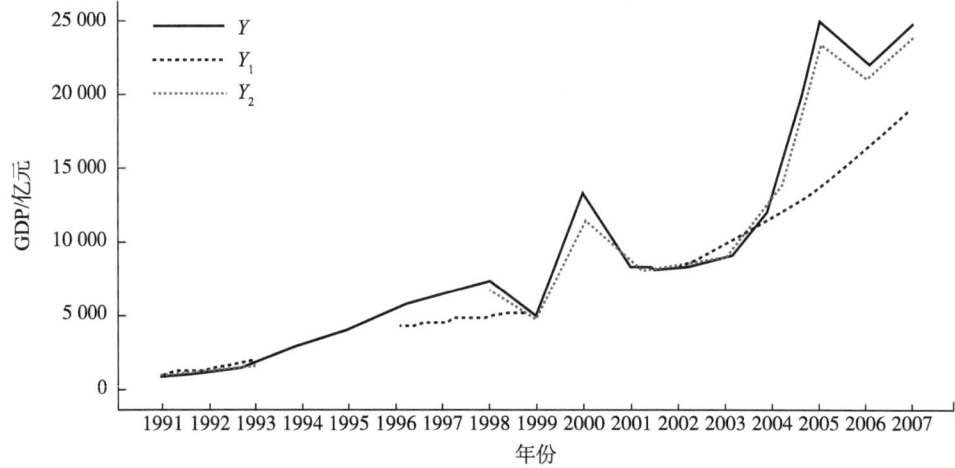

图 5-4 资源再生利用的总体宏观经济影响

表 5-7 为实际 GDP 与两种情形下模拟 GDP 的比较。

表 5-7 资源再生利用的总体宏观经济影响

情形	2001 年	2002 年	2003 年	2004 年	2005 年	2006 年	2007 年
Y_1	8 039.8	8 099.8	10 016.2	14 213.9	20 787.7	21 924.6	23 672.5
Y_2	8 661.3	8 725.9	10 790.5	15 312.7	22 394.7	23 619.6	25 502.6
Y	6 141.1	6 898.3	8 003.7	9 705.1	11 648.7	13 437.9	18 780.4

通过以上实证分析可以看出，资源循环利用，可以大量增加产出和就业，而且再生利用率越高、消费品中不可再生资源产品的比例和再生资源投资比重越大，GDP 增加的幅度越大，而且还会带来就业的增加。

第六章 中国资源循环利用产业发展的保障体系

第一节 法律法规保障

法律是社会关系和人的行为的调整器。作为由国家制定的社会规范，法律具有告示、指引、评价、预测、教育和强制等规范作用。资源循环利用产业要求在资源不断循环利用的基础上发展经济，它无疑是一种绿色经济、生态经济。与单向流动的传统产业运作流程，即"资源→产品→废弃物"相比，资源循环利用产业是发展路径和模式的根本变革。因此，它不仅涉及整个经济体系的方方面面，而且与整个社会大系统的一切主要组成部分息息相关。某个小小零件的制造和使用，都必定涉及千家万户；而如果要求其循环使用，则更得依靠无比繁复的整个产业链的重新安排，并且往往要跨越行政区域，超越行业界限，不可能仅凭主观要求、独家操作就能实现。从这个意义上说，发展资源循环利用产业特别需要坚强有力的行政权力进行持久的、有序的强力推动。而这种行政权力的顺利运作，又涉及诸多法律法规的支撑与保障。

一 资源循环利用产业相关法律

（一）《循环经济促进法》

2008年通过的《循环经济促进法》是资源循环利用领域地位最高、规定最全面、保障最充分的一部基本法，是资源循环利用产业发展的有力保障。

循环经济是指在生产、流通和消费等过程中进行的减量化、再利用、资源化活动的总称，也是资源节约和循环利用活动的总称。因此，发展资源循环利用产业是循环经济建设的核心内容和主要表征。《循环经济促进法》规定了一系列保障和促进资源循环利用产业发展的制度和措施。

1. 生产者责任延伸制

《循环经济促进法》第十五条规定："生产列入强制回收名录的产品或者包装物的企业，必须对废弃的产品或者包装物负责回收；对其中可以利用的，由各该生产企业负责利用；对因不具备技术经济条件而不适合利用的，由各该生产企业负责无害化处置。对前款规定的废弃产品或者包装物，生产者委托销售者或者其他组织进行回收的，或者委托废物利用或者处置企业进行利用或者处置的，受托方应当依照有关法律、行政法规的规定和合同的约定负责回收或者利用、处置。对列入强制回收名录的产品和包装物，消费者应当将废弃的产品或者包装物交给生产者或者其委托回收的销售者或者其他组织。强制回收的产品和包装物的名录及管理办法，由国务院循环经济发展综合管理部门规定。"

2．废物回收利用制度

《循环经济促进法》第三十条规定："企业应当按照国家规定，对生产过程中产生的粉煤灰、煤矸石、尾矿、废石、废料、废气等工业废物进行综合利用。"

《循环经济促进法》第三十六条规定："国家支持生产经营者建立产业废物交换信息系统，促进企业交流产业废物信息。企业对生产过程中产生的废物不具备综合利用条件的，应当提供给具备条件的生产经营者进行综合利用。"

《循环经济促进法》第三十七条规定："国家鼓励和推进废物回收体系建设。地方人民政府应当按照城乡规划，合理布局废物回收网点和交易市场，支持废物回收企业和其他组织开展废物的收集、储存、运输及信息交流。废物回收交易市场应当符合国家环境保护、安全和消防等规定。"第三十八条规定："对废电器电子产品、报废机动车船、废轮胎、废铅酸电池等特定产品进行拆解或者再利用，应当符合有关法律、行政法规的规定。"

《循环经济促进法》第三十九条规定："回收的电器电子产品，经过修复后销售的，必须符合再利用产品标准，并在显著位置标识为再利用产品。回收的电器电子产品，需要拆解和再生利用的，应当交售给具备条件的拆解企业。"

《循环经济促进法》第四十一条规定："县级以上人民政府应当统筹规划建设城乡生活垃圾分类收集和资源化利用设施，建立和完善分类收集和资源化利用体系，提高生活垃圾资源化率。"

3．资源循环利用激励制度

《循环经济促进法》第四十二条规定："国务院和省、自治区、直辖市人民政府设立发展循环经济的有关专项资金，支持循环经济的科技研究开发、循环经济技术和产品的示范与推广、重大循环经济项目的实施、发展循环经济的信息服务等。具体办法由国务院财政部门会同国务院循环经济发展综合管理等有关主管部门制定。"

《循环经济促进法》第四十三条规定："国务院和省、自治区、直辖市人民政府及其有关部门应当将循环经济重大科技攻关项目的自主创新研究、应用示范和产业化发展列入国家或者省级科技发展规划和高技术产业发展规划，并安排财政性资金予以支持。利用财政性资金引进循环经济重大技术、装备的，应当制订消化、吸收和创新方案，报有关主管部门审批并由其监督实施；有关主管部门应当根据实际需要建立协调机制，对重大技术、装备的引进和消化、吸收、创新实行统筹协调，并给予资金支持。"

《循环经济促进法》第四十四条规定："国家对促进循环经济发展的产业活动给予税收优惠，并运用税收等措施鼓励进口先进的节能、节水、节材等技术、设备和产品，限制在生产过程中耗能高、污染重的产品的出口。具体办法由国务院财政、税务主管部门制定。企业使用或者生产列入国家清洁生产、资源综合利用等鼓励名录的技术、工艺、设备或者产品的，按照国家有关规定享受税收优惠。"

《循环经济促进法》第四十五条规定："县级以上人民政府循环经济发展综合管理部门在制订和实施投资计划时，应当将节能、节水、节地、节材、资源综合利用等项目列为重点投资领域。对符合国家产业政策的节能、节水、节地、节材、资源综合利用等项目，金融机构应当给予优先贷款等信贷支持，并积极提供配套金融服务。对生产、进口、销售或者使用列入淘汰名录的技术、工艺、设备、材料或者产品的企业，金融机构不得提供任何形式的授信支持。"

《循环经济促进法》第四十六条规定："国家实行有利于资源节约和合理利用的价格政策，引导单位和个人节约和合理使用水、电、气等资源性产品。国务院和省、自治区、直辖市人民政府的价格主管部门应当按照国家产业政策，对资源高消耗行业中的限制类项目，实行限制性的价格政策。对利用余热、余压、煤层气及煤矸石、煤泥、垃圾等低热值燃料的并网发电项目，价格主管部门按照有利于资源综合利用的原则确定其上网电价。省、自治区、直辖市人民政府可以根据本行政区域经济社会发展状况，实行垃圾排放收费制度。收取的费用专项用于垃圾分类、收集、运输、储存、利用和处置，不得挪作他用。国家鼓励通过以旧换新、押金等方式回收废物。"

《循环经济促进法》第四十七条规定："国家实行有利于循环经济发展的政府采购政策。使用财政性资金进行采购的，应当优先采购节能、节水、节材和有利于保护环境的产品及再生产品。"

《循环经济促进法》第四十八条规定："县级以上人民政府及其有关部门应当对在循环经济管理、科学技术研究、产品开发、示范和推广工作中作出显著成绩的单位和个人给予表彰和奖励。企业事业单位应当对在循环经济发展中作出突出贡献的集体和个人给予表彰和奖励。"

（二）《清洁生产促进法》

2002年通过的《清洁生产促进法》是促进资源合理利用，保障资源循环利用产业顺利发展的又一重要法律。为了配合我国转变经济发展方式的形势需要，2012年全国人大常委会对该法进行了修订。

按《清洁生产促进法》第二条的规定，清洁生产是指不断采取改进设计、使用清洁的能源和原料、采用先进的工艺技术与设备、改善管理、综合利用等措施，从源头削减污染，提高资源利用效率，减少或者避免生产、服务和产品使用过程中污染物的产生和排放，以减轻或者消除对人类健康和环境的危害。资源循环利用与合理利用是清洁生产的内在要求。

在促进资源循环利用产业发展方面，《清洁生产促进法》主要体现为以下规定。

一是清洁生产财政激励制度。《清洁生产促进法》第七条规定："国务院应当制定有利于实施清洁生产的财政税收政策。国务院及其有关部门和省、自治区、直辖市人民政府，应当制定有利于实施清洁生产的产业政策、技术开发和推广政策。"第九条规定："中央预算应当加强对清洁生产促进工作的资金投入，包括中央财政清洁生产专项资金和中央预算安排的其他清洁生产资金，用于支持国家清洁生产推行规划确定的重点领域、重点行业、重点工程实施清洁生产及其技术推广工作，以及生态脆弱地区实施清洁生产的项目。中央预算用于支持清洁生产促进工作的资金使用的具体办法，由国务院财政部门、清洁生产综合协调部门会同国务院有关部门制定。县级以上地方人民政府应当统筹地方财政安排的清洁生产促进工作的资金，引导社会资金，支持清洁生产重点项目。"

二是清洁生产规划制度。《清洁生产促进法》第八条规定："国务院清洁生产综合协调部门会同国务院环境保护、工业、科学技术部门和其他有关部门，根据国民经济和社会发展规划及国家节约资源、降低能源消耗、减少重点污染物排放的要求，编制国家清洁生产推行规划，报经国务院批准后及时公布。国家清洁生产推行规划应当包括：推行清洁生产的目标、主要任务和保障措施，按照资源能源消耗、污染物排放水平确定开展清洁生产的重点领域、重点行业和重点工程。国务院有关行业主管部门根据国家清洁生产推行规划确定本行业清洁生产的重点项目，制定行业专项清洁生产推行规划并组织实施。县级以上地方人民政府根据国家清洁生产推行规划、有关行业专项清洁生产推行规划，按照本地区节约资源、降低能源消耗、减少重点污染物排放的要求，确定本地区清洁生产的重点项目，制定推行清洁生产的实施规划并组织落实。"

三是生态设计制度。《清洁生产促进法》第二十条规定："产品和包装物的设计，应当考虑其在生命周期中对人类健康和环境的影响，优先选择无毒、无害、易于降解或者便于回收利用的方案。企业对产品的包装应当合理，包装的材质、结构和成本应当与内装产品的质量、规格和成本相适应，减少包装性废物的产生，不得进行过度包装。"这条是在产品和包装物的设计中应用生命周期思想或者系统的评价方法，优先采用无毒、无害、易于降解或者便于回收利用的方案，以便减少产品和包装物对健康和环境的影响，使得其在废弃后能得到经济有效的回收利用和处理处置，最终促进形成更具有可持续性的生产和消费体系。

另外，《清洁生产促进法》第二十六条规定："企业应当在经济技术可行的条件下对生产和服务过程中产生的废物、余热等自行回收利用或者转让给有条件的其他企业和个人利用。"

（三）《固体废物污染环境防治法》

虽然1995年通过并于2004年修订的《固体废物污染环境防治法》的主要目的是防治固体废物的污染，但对固体废物的资源循环利用问题也进行了原则规定。《固体废物污染环境防治法》第三条规定："国家对固体废物污染环境的防治，实行减少固体废物的产生量和危害性、充分合理利用固体废物和无害化处置固体废物的原则，促进清洁生产和循环经济发展。国家采取有利于固体废物综合利用活动的经济、技术政策和措施，对固体废物实行充分回收和合理利用。国家鼓励、支持采取有利于保护环境的集中处置固体废物的措施，促进固体废物污染环境防治产业发展。"

《中华人民共和国固体废物污染环境防治法》第十八条第二款规定："生产、销售、进口依法被列入强制回收目录的产品和包装物的企业，必须按照国家有关规定对该产品和包装物进行回收。"

二 资源循环利用产业的相关行政法规

资源循环利用产业发展的相关行政法规主要是《废弃电器电子产品回收处理管理条例》。废弃电器电子产品回收处理产业是资源循环利用产业的重要部门，2008年国务院通过的《废弃电器电子产品回收处理管理条例》规定了一系列废弃电器电子产品回收处理方面的制度和措施，以实现废弃电器电子产品的多渠道回收和集中处理。

（一）资格许可制度

《废弃电器电子产品回收处理管理条例》第六条规定："国家对废弃电器电子产品处理实行资格许可制度。设区的市级人民政府环境保护主管部门审批废弃电器电子产品处理企业（以下简称处理企业）资格。"

（二）处理基金制度

《废弃电器电子产品回收处理管理条例》第七条规定："国家建立废弃电器电子产品处理基金，用于废弃电器电子产品回收处理费用的补贴。电器电子产品生产者、进口电器电子产品的收货人或者其代理人应当按照规定履行废弃电器电子产品处理基金的缴纳义务。废弃电器电子产品处理基金应当纳入预算管理，其征收、使用、管理的具体办法由国务院财政部门会同国务院环境保护、资源综合利用、工业信息产业主管部门制定，报国务院批准后施行。制定废弃电器电子产品处理基金的征收标准和补贴标准，应当充分听取电器电子产品生产企业、处理企业、有关行业协会及专家的意见。"

（三）多渠道回收制度

《废弃电器电子产品回收处理管理条例》第十一条规定："国家鼓励电器电子产品生产者自行或者委托销售者、维修机构、售后服务机构、废弃电器电子产品回收经营者回收废弃电器电子产品。电器电子产品销售者、维修机构、售后服务机构应当在其营业场所显著位置标注废弃电器电子产品回收处理提示性信息。回收的废弃电器电子产品应当由有废弃电器电子产品处理资格的处理企业处理。"

《废弃电器电子产品回收处理管理条例》第十二条规定："废弃电器电子产品回收经营者应当采取多种方式为电器电子产品使用者提供方便、快捷的回收服务。废弃电器电子产品回收经营者对回收的废弃电器电子产品进行处理，应当依照本条例规定取得废弃电器电子产品处理资格；未取得处理资格的，应当将回收的废弃电器电子产品交有废弃电器电子产品处理资格的处理企业处理。回收的电器电子产品经过修复后销售的，必须符合保障人体健康和人身、财产安全等国家技术规范的强制性要求，并在显著位置标识为旧货。具体管理办法由国务院商务主管部门制定。"

《废弃电器电子产品回收处理管理条例》第十三条规定:"机关、团体、企事业单位将废弃电器电子产品交有废弃电器电子产品处理资格的处理企业处理的,依照国家有关规定办理资产核销手续。处理涉及国家秘密的废弃电器电子产品,依照国家保密规定办理。"

《废弃电器电子产品回收处理管理条例》第十四条规定:"国家鼓励处理企业与相关电器电子产品生产者、销售者以及废弃电器电子产品回收经营者等建立长期合作关系,回收处理废弃电器电子产品。"

(四)集中化处理制度

《废弃电器电子产品回收处理管理条例》第十五条规定:"处理废弃电器电子产品,应当符合国家有关资源综合利用、环境保护、劳动安全和保障人体健康的要求。禁止采用国家明令淘汰的技术和工艺处理废弃电器电子产品。"

《废弃电器电子产品回收处理管理条例》第十六条规定:"处理企业应当建立废弃电器电子产品处理的日常环境监测制度。"

《废弃电器电子产品回收处理管理条例》第十七条规定:"处理企业应当建立废弃电器电子产品的数据信息管理系统,向所在地的设区的市级人民政府环境保护主管部门报送废弃电器电子产品处理的基本数据和有关情况。废弃电器电子产品处理的基本数据的保存期限不得少于 3 年。"

《废弃电器电子产品回收处理管理条例》第十八条规定:"处理企业处理废弃电器电子产品,依照国家有关规定享受税收优惠。"

三 资源循环利用产业的相关政府规章

资源循环利用产业发展的相关政府规章主要是《再生资源回收管理办法》。商务部 2006 年通过的《再生资源回收管理办法》也是规范管理再生资源回收行业的第一部全国性规章,其主要内容如下。

一是备案制度。《再生资源回收管理办法》第七条规定:"从事再生资源回收经营活动,应当在取得营业执照后 30 日内,按属地管理原则,向登记注册地工商行政管理部门的同级商务主管部门或者其授权机构备案。"

二是登记制度。《再生资源回收管理办法》第十条规定:"再生资源回收企业回收生产性废旧金属时,应当对物品的名称、数量、规格、新旧程度等如实进行登记。"

三是回收方式。《再生资源回收管理办法》第十四条规定："再生资源回收可以采取上门回收、流动回收、固定地点回收等方式。再生资源回收经营者可以通过电话、互联网等形式与居民、企业建立信息互动，实现便民、快捷的回收服务。"

四是管理体制。《再生资源回收管理办法》第十五条规定："商务主管部门是再生资源回收的行业主管部门，负责制定和实施再生资源回收产业政策、回收标准和回收行业发展规划。发展改革部门负责研究提出促进再生资源发展的政策，组织实施再生资源利用新技术、新设备的推广应用和产业化示范。公安机关负责再生资源回收的治安管理。工商行政管理部门负责再生资源回收经营者的登记管理和再生资源交易市场内的监督管理。环境保护行政管理部门负责对再生资源回收过程中环境污染的防治工作实施监督管理，依法对违反污染环境防治法律法规的行为进行处罚。建设、城乡规划行政管理部门负责将再生资源回收网点纳入城市规划，依法对违反城市规划、建设管理有关法律法规的行为进行查处和清理整顿。"

五是行业发展规划。《再生资源回收管理办法》第十六条规定："商务部负责制定和实施全国范围内再生资源回收的产业政策、回收标准和回收行业发展规划。县级以上商务主管部门负责制定和实施本行政区域内具体的行业发展规划和其他具体措施。县级以上商务主管部门应当设置负责管理再生资源回收行业的机构，并配备相应人员。"

六是网点规划。《再生资源回收管理办法》第十七条规定："县级以上城市商务主管部门应当会同发展改革（经贸）、公安、工商、环保、建设、城乡规划等行政管理部门，按照统筹规划、合理布局的原则，根据本地经济发展水平、人口密度、环境和资源等具体情况，制定再生资源回收网点规划。再生资源回收网点包括社区回收、中转、集散、加工处理等回收过程中再生资源停留的各类场所。"

七是行业协会职责。《再生资源回收管理办法》第十九条规定，"再生资源回收行业协会是行业自律性组织，履行如下职责：①反映企业的建议和要求，维护行业利益；②制定并监督执行行业自律性规范；③经法律法规授权或主管部门委托，进行行业统计、行业调查，发布行业信息；④配合行业主管部门研究制定行业发展规划、产业政策和回收标准。再生资源回收行业协会应当接受行业主管部门的业务指导"。

第二节 经济政策保障

一 外部性理论与资源循环利用产业发展的经济政策

外部性理论是由福利经济学代表人物庇古（A.C.Pigou）提出，后经新古典经济学代表人物马歇尔（A.Marshall）发展而形成。依据这一理论，外部性可以定义为，"当个人或厂商的一种行为直接影响到他人，却没有给予支付或得到补偿时，就出现了外部性"，或"未被市场交易所体现的额外成本和额外收益称为外部性"。按萨缪尔森的理解，"生产和消费过程中当有人被强加了非自愿的成本或利润时，外部性就会产生。更为精确地说，外部性是一个经济机构对他人福利施加的一种未在市场交易中反映出来的影响"。按照一般说法，外部性指的是私人收益与社会收益、私人成本与社会成本不一致的现象。

在完全竞争的条件下，市场通过价格波动来自发调节，从而使资源配置达到合理状态，但是外部性的出现，阻碍了价格供求机制的正常运转，从而使资源配置偏离了帕累托最优状态。为了保证资源配置的有效性，需要对外部性进行治理。因此最大限度地减弱以至消除外部性的影响，将外部性问题内在化，是环境经济政策的主要目标之一。

发展资源循环利用产业是一种典型的正外部性经济活动。资源循环利用产业有以下三个收益来源。

一是废弃物转化为商品后产生的经济收益。这部分的收益大致包括回收者和利用者两个环节。例如，废纸回收利用产业、废纸收集企业将收集到的废纸卖给造纸企业作原料，造纸企业支付给废纸收集企业的货款就构成了作为回收者的废纸收集企业的收益，而造纸企业利用这些废纸制造出符合卫生标准和产业标准的纸张，在市场上出售获得的销售收入就是作为利用者的造纸企业的收益。废弃物转化为商品后产生的经济收益的大小取决于回收与利用的规模和销售价格。回收与利用的规模取决于回收和利用体系的建设水平。在我国，资源循环利用产业的废弃物回收体系和利用体系整体上还处于粗放型状态，以非正规的回收渠道和处理模式为主要表征。目前，随着国家在资源循环利用产业法律法规政策的完善，回收与利用体系正逐步完善。销售价格方面，主要由两个因素决定：①市场也就是消费者对废弃物生产的产品的认可程度，在不同的文化、社会、经济条件的国家，这种认可度的差异是极其巨大的。就我国当前的公众环保意识和消费观念来说，与发达国家相比还有很大距离，需要进一步加强资源循环利用产业相关宣传教育；②与再生品具有相同或接近的使用价值的原生品的价格，如果原生品价格更低，那么即使再生品的生产成本更高，也不可能以超过原生品价格的价格来出售，因此，合理的原生资源产品价格形成机制是资源循环利用产业发展壮大的关键因素。

二是节约的垃圾处理和污染治理成本。环境本身具有再生和净化两大能力。但是，经过了人类 300 多年的工业文明之后，人类排放的废弃物的数量和向自然界所取的资源都远远超出了自然的承受能力。更可怕的是，现代工业文明创造的许多废弃物并不是自然界能够净化的，它们的污染可以持续极其漫长的时间。在这样的条件下，人类只有自己来进行垃圾处理和污染治理。目前，每个国家都要花费大量的财力、人力和土地来处理垃圾和治理污染。资源循环利用产业通过回收废弃物并重新利用，显著减少了垃圾排放量和降低了对大自然的污染程度，必然减少政府在垃圾处理和污染治理方面的成本。这种成本的降低显然构成资源回收利用产业收益的一部分。

三是资源节约所产生的收益。资源循环利用产业不仅使整个经济系统显著减少了垃圾排放和降低了污染程度，而且通过资源的再生利用极大地节约了资源，尤其是自然资源的使用量。资源再生导致整个经济系统资源使用的减量化产生了两个外部经济性结果：①减少了经济系统向自然系统的资源攫取，从而产生了难以估量的环境收益；②再生利用相对增加了资源使用量，必然使得资源的价格降低，从而降低了其他企业尤其是高消耗企业的成本，提高了它们的竞争力和收益。

在完全的市场机制条件下，资源循环利用企业只能得到三个收益中的第一项，后两项收益是资源循环利用产业对经济系统其他主体产生的正外部性，不能内部化为资源回收企业的收益。资源循环利用产业的众多收益是外部收益，这一产业存在着明显的正外部性。

在市场经济条件下，较高的投资回报率是产业发展的内在动力。也就是说，在一定的风险条件下，投资回报率越高，进入这一产业的资本越多，产业发展也越快。反之，投资回报率越低，产业资本进入的可能性就越小，甚至导致现有资本退出这一行业，使得整个产业萎缩。投资回报率等于净利润与投资额之比，收益扣除了成本后的差额形成利润，扣除所得税后的利润为净利润。这里的投资额为总资产减去负债后形成的所有者权益。投资额的多少取决于资源循环利用产业的技术经济特征，在一定的时间段内难以改变。因此，要提高投资回报率必须更多地通过各种手段提高收益和降低成本。

在完全的市场机制条件下，外部收益是不能内部化到资源循环利用产业中去的，外部成本也是它们所不可控的，往往需要资源循环利用产业承担，这就产生了收益和成本不对称的市场失灵现象。根据最基本的经济学原理，政府需要对具有正外部性的企业进行政策扶持，内部化外部收益。

目前，我国对资源循环利用产业的经济激励政策主要表现为税收优惠政策、财政补贴政策、价格和收费政策、政府绿色采购政策，以及金融政策等。

二 税收优惠政策

我国资源循环利用产业的税收政策可以大致分为以下四个阶段。

第一阶段是 1987 年以前。国家财政体制对资源循环利用产业在税收政策上没有特别的优惠和扶持。

第二阶段是 1987～1993 年。国家对废旧物资回收行业给予批发环节营业税、所得税的减征优惠政策。

第三阶段是 1994～2008 年。1994 年，国家进行税制体制改革，简化税制，统一税率，过去的减免优惠政策失效，对公有制的再生资源企业批发营业税一律改征为 17% 的增值税。此次税制改革对废旧物资回收企业产生了巨大的冲击，各地废旧物资收购业务大幅下降。针对资源再生相关企业在新税制实施后遇到的税负增加、亏损严重的情况，国家相继出台了一系列税收优惠政策。

第四阶段是 2008 年至今。2008 年，国家在资源循环利用产业的税收优惠政策方面进行了大的调整。在增值税方面，2008 年财政部、国家税务总局发布了《关于资源综合利用及其他产品增值税政策的通知》(财税〔2008〕156 号) 和《关于再生资源增值税政策的通知》(财税〔2008〕157 号)；在所得税方面，财政部、国家税务总局于 2008 年发布了《关于执行资源综合利用企业所得税优惠目录有关问题的通知》(财税〔2008〕47 号)，以这几个文件为依据，2008 年以来资源循环利用产业实行新的税收优惠政策。

(一) 增值税政策

1994 年国家税制改革以来，以 2008 年为界，资源循环利用产业增值税优惠政策可以分为前后两个时期。

1. 1994~2008年的增值税优惠政策

1994年,财政部、国家税务总局下发了《关于运输费用和废旧物资准予抵扣进项税额问题的通知》(财税字〔1994〕12号)[①],规定从事废旧物资经营的增值税一般纳税人收购的废旧物资不能取得增值税专用发票的,根据经主管税务机关批准使用的收购凭证上注明的收购金额,依10%的扣除率计算进项税额予以扣除。

1995年,财政部、国家税务总局下发了《关于对废旧物资回收经营企业增值税先征后返的通知》(财税字〔1995〕24号)。通知规定,为解决废旧物资回收经营企业在新旧税制转换过程中的实际困难,在1995年内,对从事废旧物资经营增值税一般纳税人,按现行规定计算缴纳增值税后,实行增值税先征后返。由企业提供纳税凭证,经审核批准,按已入库增值税税额的70%退还企业。1996年财政部、国家税务总局《关于继续对废旧物资回收经营企业等实行增值税优惠政策的通知》(财税字〔1996〕21号),1999年财政部、国家税务总局《关于废旧物资回收经营企业增值税先征后返问题的通知》(财税字〔1999〕1号)又分别将《关于废旧物资回收经营企业增值税先征后返的通知》规定的对废旧物资回收经营企业增值税先征后返70%的政策延续到1997年年底和2000年年底。

1995年,财政部、国家税务总局下发了《关于对部分资源综合利用产品免征增值税的通知》(财税字〔1995〕44号),规定对企业生产的原料中掺有不少于30%的煤矸石、石煤、粉煤灰、烧煤锅炉的炉底渣(不包括高炉水渣)的建材产品,在1995年年底以前免征增值税。1996年,财政部、国家税务总局下发了《关于继续对部分资源综合利用产品等实行增值税优惠政策的通知》(财税字〔1996〕20号),规定从1996年1月1日起,《关于对部分资源综合利用产品免征增值税的通知》(财税字〔1995〕44号)规定的增值税优惠政策继续执行,且免征增值税的建材产品包括以其他废渣为原料生产的建材产品。

2001年,财政部、国家税务总局下发了《关于部分资源综合利用及其他产品增值税政策的通知》(财税〔2001〕198号),规定自2001年1月1日起,对下列货物实行增值税即征即退的政策:①利用煤炭开采过程中伴生的舍弃物油母页岩生产加工的页岩油及其他产品。②生产原料中掺有不少于30%的废旧沥青混凝土生产的再生沥青混凝土。③利用城市生活垃圾生产的电力。④在生产原料中掺有不少于30%的煤矸石、石煤、粉煤灰、烧煤锅炉的炉底渣(不包高

[①] 按2009年财政部、国家税务总局《关于公布若干废止和失效的增值税规范性文件目录的通知》(财税〔2009〕17号)的规定,此通知现已失效。

炉水渣）及其他废渣生产的水泥。

2001年，财政部、国家税务总局下发《关于废旧物资回收经营业务有关增值税政策的通知》（财税〔2001〕78号），规定自2001年5月1日起，对废旧物资回收经营单位销售其收购的废旧物资免征增值税，生产企业增值税一般纳税人购入废旧物资回收经营单位销售的废旧物资，可按照废旧物资回收经营单位开具的由税务机关监制的普通发票上注明的金额，按10%计算抵扣进项税额。

2. 2008年以来的增值税优惠政策

现行针对资源循环利用产业发展的增值税优惠政策，主要依据是2008年财政部、国家税务总局发布的《关于资源综合利用及其他产品增值税政策的通知》（财税〔2008〕156号）和《关于再生资源增值税政策的通知》（财税〔2008〕157号）。①

《关于资源综合利用及其他产品增值税政策的通知》将新扩大的和现有的资源综合利用产品增值税优惠政策作了分类整合，按照优惠方式可分为以下四类。

一是实行免征增值税政策。主要有再生水、以废旧轮胎为原料生产的胶粉、翻新轮胎、生产原料中掺兑废渣比例不低于30%的特定建材产品、污水处理劳务。

二是实行增值税即征即退政策。主要有以工业废气为原料生产的高纯度二氧化碳产品、以垃圾为燃料生产的电力或者热力、以煤炭开采过程中伴生的舍弃物油母页岩为原料生产的页岩油、以废旧沥青混凝土为原料生产的再生沥青混凝土、采用旋窑法工艺生产并且生产原料中掺兑废渣比例不低于30%的水泥（包括水泥熟料）。

三是实行增值税即征即退50%的政策。主要有以退役军用发射药为原料生产的涂料硝化棉粉，以燃煤发电厂及各类工业企业产生的烟气、高硫天然气进行脱硫生产的副产品，以废弃酒糟和酿酒底锅水为原料生产的蒸汽、活性炭、白炭黑、乳酸、乳酸钙、沼气，以煤矸石、煤泥、石煤、油母页岩为燃料生产的电力和热力，利用风力生产的电力，部分新型墙体材料产品。

四是实行增值税先征后退政策。仅适用于以废弃的动物油和植物油为原料生产的生物柴油。

上述免征增值税政策自2009年1月1日起实施，即征即退、先征后退政策自2008年7月1日起实施。

《关于再生资源增值税政策的通知》主要是针对《关于废旧物资回收经营业务有关增值税政策的通知》（财税〔2001〕78号）的优惠政策的困境而作出的

---

① 根据这两个文件，上述从1995年起陆续出台的增值税优惠政策同时废止。

新调整。按《关于废旧物资回收经营业务有关增值税政策的通知》的规定，从2001年开始对回收企业销售废旧物资免征增值税，其开具的废旧物资销售发票（普通发票）可以作为下环节企业（限于利用废旧物资作原料的生产企业，即利废企业）的扣税凭证，按金额的10%抵扣进项税额。这种上环节免税、下环节扣税的做法，违反了征税抵扣、免税不抵扣的增值税原理，在执行中因难以控制享受政策的回收企业范围，容易给一些不法分子以可乘之机，造成国家税收流失。特别是2002年国家取消了对废旧物资回收行业的特种行业许可管理以后，出现了比较严重的三个问题：①产废企业容易偷逃增值税；②利废企业存在虚增进项税额抵扣的利益驱动；③部分回收企业通过虚开发票从中非法牟利。这些问题的存在，不仅直接导致国家税收的大量流失，而且严重影响了回收行业的规范和健康发展。2001~2006年的短短几年时间，全国享受增值税优惠政策的回收企业数量由原来的几千家猛增到六万多家。据估算，国家因实施该政策减少的税收收入，最多的一年超过400亿元。

为了解决上述问题，国家税务机关近年来采取了一系列加强回收行业税收管理的措施，对制止偷骗税起到了一定的作用，但单纯靠加强管理的措施无法从根本上解决政策设计缺陷产生的问题。考虑到废旧物资回收企业增值税优惠政策的调整对产废、回收、利废的整个废旧物资循环利用产业都有直接的影响，是一个系统工程，不能单纯从规范税制角度设计政策调整方案，而应该按照科学发展观的要求，统筹考虑规范税制和促进废旧物资循环利用两方面的需要。财政部、国家税务总局会同有关部门、行业协会在经过多次调研和广泛征求各有关方面意见的基础上，最终形成了政策调整方案。

调整后的再生资源增值税政策的主要内容包括以下两个部分。

一是取消原来对废旧物资回收企业销售废旧物资免征增值税的政策，取消利废企业购入废旧物资时按销售发票上注明的金额依10%计算抵扣进项税额的政策。

二是对满足一定条件的废旧物资回收企业按其销售再生资源实现的增值税的一定比例（2009年为70%，2010年为50%）实行增值税先征后退政策。这些条件包括：按照《再生资源回收管理办法》的有关规定应当向有关部门备案并已经备案的；有固定的再生资源仓储、整理、加工场地；通过金融机构结算的再生资源销售额占全部再生资源销售额的比重不低于80%；自2007年1月1日起，未因违反《中华人民共和国反洗钱法》《中华人民共和国环境保护法》《中华人民共和国税收征收管理法》《中华人民共和国发票管理办法》《再生资源回收管理办法》而受到刑事处罚或者县级以上工商、商务、环保、税务、公安机关相应的行政处罚（警告和罚款除外）。

（二）所得税政策

1994年，财政部、国家税务总局下发了《关于企业所得税若干优惠政策的通知》（财税〔1994〕001号），规定企业利用废水、废气、废渣等废弃物为主要原料进行生产的，可在五年内减征或者免征所得税。具体规定如下。

（1）企业在原设计规定的产品以外，综合利用本企业生产过程中产生的，在《资源综合利用目录》内的资源作主要原料生产的产品的所得，自生产经营之日起，免征所得税五年。

（2）企业利用本企业外的大宗煤矸石、炉渣、粉煤灰作主要原料，生产建材产品的所得，自生产经营之日起，免征所得税五年。

（3）为处理利用其他企业废弃的，在《资源综合利用目录》内的资源而新办的企业，经主管税务机关批准后，可减征或者免征所得税一年。

2008年1月1日起，新的《中华人民共和国企业所得税法》（以下简称《新税法》）和《中华人民共和国企业所得税法实施条例》开始施行，原企业所得税优惠政策重新调整。为此，财政部、国家税务总局于2008年发布了《关于执行资源综合利用企业所得税优惠目录有关问题的通知》（财税〔2008〕47号），规定企业自2008年1月1日起以《资源综合利用企业所得税优惠目录》（以下简称《目录》）中所列资源为主要原材料，生产《目录》内符合国家或行业相关标准的产品取得的收入，在计算应纳税所得额时，减按90%计入当年收入总额。享受上述税收优惠时，《目录》内所列资源占产品原料的比例应符合《目录》规定的技术标准。企业同时从事其他项目而取得的非资源综合利用收入，应与资源综合利用收入分开核算，没有分开核算的，不得享受优惠政策。企业从事不符合实施条例和《目录》规定范围、条件和技术标准的项目，不得享受资源综合利用企业所得税优惠政策。

三 财政补贴政策

财政补贴政策是资源循环利用产业发展的一项重要经济激励制度，对激发资源循环利用企业的积极性、推动资源循环利用产业发展具有巨大的促进作用。目前，我国在国家层面还没有出台专门的资源循环利用产业财政补贴措施，只是在《循环经济促进法》中对包括资源循环利用产业在内的循环经济发展的财政补贴问题作出了原则性规定，这主要体现在《循环经济促进法》第四十二条规定的专项资金制度上。《循环经济促进法》第四十二条规定："国务院和省、自治区、直辖市人民政府设立发展循环经济的有关专项资金，支持循环经济的科技研究开发、循环经济技术和产品的示范与推广、重大循环经济项目的实施、发展循环经济的信息服务等。具体办法由国务院财政部门会同国务院循环经济发展综合管理等有关主管部门制定。"

自《循环经济促进法》2008年出台后，在国家层面，还没有出台相应的专项资金管理办法，而许多地方政府却为了促进本地循环经济的发展，纷纷设立了促进循环经济发展的专项资金，并出台相应的管理办法。例如，江苏省从2006年起设立江苏省发展循环经济专项资金，并出台了专门的管理办法——《江苏省发展循环经济专项资金暂行管理办法》。其第六条规定了"专项资金使用范围：①运用节能、节水、节材、资源综合利用等技术实施的改造项目。②重点行业、重点流域的清洁生产示范项目。③再生资源产业化和机电产品再制造项目。④专门为循环经济提供技术咨询、指导等社会性服务的平台项目。⑤其他"。由此条可见，资源循环利用产业的发展是循环经济专项资金的重点补贴对象。具体补贴办法在第七条进行了规定，"专项资金主要采取补助形式：①对第六条第①、②、③项的项目，在项目竣工投产或主体设备到位后，按照实际到位的技术设备投资额的一定比例给予补助，单项最高不超过200万元。②对第六条第④项的项目，按年度经费发生额的一定比例给予补助，单项最高不超过50万元。③对同一项目当年省财政资金不重复安排"。

云南省也于2007年设立工业循环经济专项资金，并由省人民政府办公厅下发了《云南省发展工业循环经济省级专项资金管理暂行办法》，其第六条规定了专项资金的使用范围，包括：①资源综合开发类。引进和推广运用新技术、新设备，提高资源利用率，促进资源的可持续利用；对矿产资源的采、选、冶工艺进行完善，提高综合回收率，延长矿山寿命；推进尾矿、共伴生矿和废石的综合利用，实现矿业的优化与升级。②资源节约消耗类。工业节能项目改造，特别是钢铁、有色、煤炭、电力、化工、建材等重点能耗行业的节能改造项目和节约原材料的重大示范项目。开发研制适合我省实际的绿色照明设施、太阳能热水系统、变频设备和自动控制系统等节约降耗项目。③资源综合利用类。工业废水(液)、废气和废渣的回收和综合利用项目；废钢铁、废有色金属、废塑料、废纸、废旧轮胎、废旧家电及电子产品、废旧纺织品、废旧机电产品及包装废弃物的回收和循环利用项目;城市生活污水再生利用设施建设和垃圾资源化利用等项目。
④重大工业循环经济科技开发和应用推广项目类。资源节约和替代技术、产业链延长和链接技术、能源梯级利用技术、可回收利用生态材料和回收处理技术、再生水回用技术、"零"排放技术、绿色再制造技术、废弃物综合利用技术等。
⑤其他列入省循环经济发展规划,按省人民政府要求须重点支持的工业循环经济项目。其第七条规定了专项资金的使用方式,采取无偿资助和贷款贴息两种方式予以扶持。申请专项资金的同一项目,可选择其中一种支持方式。

其他省市,如浙江省、福建省、杭州市、厦门市、广州市、北京市海淀区等,也先后设立了促进循环经济发展的专项资金及其管理办法。

四 政府绿色采购政策

随着我国资源环境形势的日益严峻,促进资源循环利用产业发展是政府不可推卸的责任,政府采购中对资源循环利用产业进行倾斜也是促进资源循环利用产业发展的有效手段。目前,我国尚未出台专门的资源循环利用产业政府采购规定,而是体现在有关政府绿色采购政策中。

2002年,我国颁布了第一部《政府采购法》,该法规于2003年正式实施,其中对政府绿色采购已有原则性规定,如其中第九条规定,"政府采购应当有助于实现国家的经济和社会发展政策目标,包括保护环境,扶持不发达地区和少数民族地区,促进中小企业发展等"。这为政府绿色采购提供了法律保障。

2004年12月,财政部、国家发展和改革委员会联合制定了《节能产品政府采购实施意见》,要求在政府采购活动中增加节能要求,通过政府采购政策功能的实施,使政府机构优先采购节能产品,发挥政府表率作用,扩大节能产品市场规模,降低节能产品初始成本,促进节能技术进步,最终实现节能产品市场的繁荣。这是第一次明确要求政府采购应当优先采购节能产品,对促进我国绿色政府采购具有重大意义。

2006年10月24日,财政部、国家环保总局联合发布了《关于环境标志产品政府采购实施的意见》,意见要求从2008年1月1日起,在全国推行各级国家机关、事业单位和团体组织用财政性资金进行采购时,要优先采购环境标志产品,不得采购危害环境及人体健康的产品,并且附上了首批环境标志产品政府优先采购清单,增强了绿色采购的可操作性。

2008年的《循环经济促进法》第四十七条规定:"国家实行有利于循环经济发

展的政府采购政策。使用财政性资金进行采购的，应当优先采购节能、节水、节材和有利于保护环境的产品及再生产品。"这对政府绿色采购作出了进一步的要求。

五 价格和收费政策

价格和收费政策是重要的外部性内部化的经济手段，《循环经济促进法》第四十六条对资源循环利用产业相关的价格政策和收费政策进行了原则性规定："国家实行有利于资源节约和合理利用的价格政策，引导单位和个人节约和合理使用水、电、气等资源性产品。国务院和省、自治区、直辖市人民政府的价格主管部门应当按照国家产业政策，对资源高消耗行业中的限制类项目，实行限制性的价格政策。对利用余热、余压、煤层气，以及煤矸石、煤泥、垃圾等低热值燃料的并网发电项目，价格主管部门按照有利于资源综合利用的原则确定其上网电价。省、自治区、直辖市人民政府可以根据本行政区域经济社会发展状况，实行垃圾排放收费制度。收取的费用专项用于垃圾分类、收集、运输、储存、利用和处置，不得挪作他用。国家鼓励通过以旧换新、押金等方式回收废物。"

（一）价格政策

我国在资源产品的合理价格形成机制方面，目前还处于探索阶段。2007年《国务院关于促进资源型城市可持续发展的若干意见》规定："完善资源性产品价格形成机制。要加快资源价格改革步伐，逐步形成能够反映资源稀缺程度、市场供求关系、环境治理与生态修复成本的资源性产品价格形成机制。科学制定资源性产品成本的财务核算办法，把矿业权取得、资源开采、环境治理、生态修复、安全设施投入、基础设施建设、企业退出和转产等费用列入资源性产品的成本构成，完善森林生态效益补偿制度，防止企业内部成本外部化、私人成本社会化。"目前，资源价格改革已提上国家立法规划，学术界和实务界都进行了非常深入和广泛的探讨。为推进资源循环利用产业的健康发展，对资源性产品进行合理定价已势在必行。

（二）收费政策

收费政策是我国在环境保护领域比较常用的外部性内部化的经济手段，早在1979年出台的《环境保护法（试行）》中就规定了排污收费制度。在资源循环利用产业领域，收费政策主要体现为垃圾处理收费。城市生活垃圾实行处理收费制度是国际社会比较通行的做法，这有利于提高城市生活垃圾的处理效率，减少城市生活垃圾的排放，增强城市生活垃圾的再利用和资源化，是资源循环利用产业发展中在生活垃圾综合利用产业化方面的重要举措。2002年，国家发展计划委员会、财政部、建设部和国家环境保护总局等四部委发布了《关于实行城市生活垃圾处理收费制度促进垃圾处理产业化的通知》（以下简称《通知》），明确要求全面推行生活垃圾处理收费制度。此后，我国城市垃圾收费进程发展较快。截至2005年年底，全国661个设市城市有260个实行了垃圾处理收费制度，占城市总数的40%，还有相当一部分城市已经完成了听证会筹备工作，即将开征垃圾处理费。

按《通知》的规定，城市生活垃圾是指城市人口在日常生活中产生或为城市日常生活提供服务产生的固体废物，以及法律、行政法规规定，视为城市生活垃圾的固体废物（包括建筑垃圾和渣土，不包括工业固体废物和危险废物）。所有产生生活垃圾的国家机关、企事业单位（包括交通运输工具）、个体经营者、社会团体、城市居民和城市暂住人口等，均应按规定缴纳生活垃圾处理费。

《通知》还对城市生活垃圾处理费用的收费标准、征收方式、费用使用等进行了原则性规定。

在收费标准方面，《通知》规定，按照垃圾处理产业化的要求，环卫企业收取的生活垃圾处理费为经营服务性收费，其收费标准应按照补偿垃圾收集、运输和处理成本，合理盈利的原则核定，并区别不同情况，逐步到位。垃圾收集、运输和处理成本主要包括运输工具费、材料费、动力费、维修费、设施设备折旧费、人工工资及福利费和税金等。垃圾处理费收费标准，由城市人民政府价格主管部门会同建设（环境卫生）行政主管部门制定，报城市人民政府批准执行，并报省级价格、建设行政主管部门备案。目前垃圾处理费仍按行政事业性收费管理的，应创造条件，结合环卫体制改革，尽快向经营服务性收费转变。

在征收方式方面，《通知》规定，生活垃圾处理费应本着简便、有效、易操作的原则，按不同的收费对象采取不同的计费方法，并按月计收。对于城市居民，可以以户或居民人数为单位收取；对于纳入城市暂住人口管理的居民及国家机关、事业单位，可以以人为单位收取；对于生产经营单位，商业网点可以按营业面积收取；船舶、列车及飞机等交通工具可以按核定的载重吨位或座位收取；其他生产经营单位产生的生活垃圾，原则上以人为单位计收，生产垃圾处理费与工业废物垃圾处理费不得相互重复计收。具备条件的城市可以按照生活垃圾量计收垃圾处理费。对下岗职工自谋职业者和城市下岗职工、失业人员及低保对象，应实行收费减免政策。垃圾处理费的具体计收办法和收费减免办法由城市人民政府根据实际情况制定。

加强生活垃圾处理收费的管理,提高垃圾处理费的收缴率。应针对不同收费对象,采取措施,鼓励其按规定、按时足额缴纳垃圾处理费。对代收单位,允许从收取的垃圾处理费中提取一定比例的手续费。手续费标准,在制定垃圾处理费标准时予以明确。任何单位和个人都不得擅自减免垃圾处理费。对不按规定缴纳垃圾处理费的,各地要采取措施加强管理。

在收费使用方面,《通知》规定,生活垃圾处理费全部用于支付垃圾收集、运输和处理费用,任何部门和单位不得截留、挪用。对于生活垃圾处理设施不足,已经投资在建的垃圾处理设施,经城市人民政府批准,收取的生活垃圾处理费可用于补充生活垃圾处理设施的建设费用,但在建项目三年内必须建成,并实施垃圾处理。

该《通知》出台后,各地纷纷开始实行垃圾收费制度,并为此出台了相应的实施办法,对《通知》规定的收费制度进行具体化。比较典型的如2003年的《湖南省城市生活垃圾处理收费管理试行办法》,其第三条规定:"在本省范围内,全面推行城市生活垃圾处理收费制度。城市环境卫生行政主管部门应尽快与垃圾处理企业(单位)实行政企、政事分开。垃圾处理单位经改革后实行企业化管理的城市,可开征生活垃圾处理费。所有产生生活垃圾的国家机关、企事业单位(包括交通运输工具)、个体经营者、社会团体、城市居民和城市暂住人口,均应按规定缴纳生活垃圾处理费。"第五条规定:"城市生活垃圾处理费为经营服务性收费,收费单位为从事生活垃圾处理的单位。收费标准应按照补偿成本、合理盈利的原则,由城市人民政府价格主管部门主持召开价格听证会,广泛征求社会各界意见后制定,报同级人民政府批准后执行,并报省价格、建设行政主管部门备案。"第六条规定:"生活垃圾处理费应本着简便、有效、易操作的原则,对不同的收费对象采取不同的计费办法,按月或季度收取。①城市居民(含城市暂住人口)按户或按人计收;②国家机关、企事业单位、生产经营单位(不含临街门店)以产生的生活垃圾量或按在职人数计收;③临街门店根据经营项目按营业面积计收;④交通运输工具是指车站、码头、机场、港口的客货运载工具和社会营运车辆,计费办法可按吨位或座位计收。"

六 金融政策

现代经济中,任何产业的成长发展都需要金融业的支持。资源循环利用产业是以资源的高效利用和循环利用为核心的新型产业，更需要金融政策的有力支撑。高投入是资源循环利用产业发展的基本特征和重要条件。只有建立和完善有效的金融支持体系，才能全方位地满足资源循环利用产业的金融需求。《循环经济促进法》第四十五条规定："县级以上人民政府循环经济发展综合管理部门在制订和实施投资计划时，应当将节能、节水、节地、节材、资源综合利用等项目列为重点投资领域。对符合国家产业政策的节能、节水、节地、节材、资源综合利用等项目，金融机构应当给予优先贷款等信贷支持，并积极提供配套金融服务。对生产、进口、销售或者使用列入淘汰名录的技术、工艺、设备、材料或者产品的企业，金融机构不得提供任何形式的授信支持。"这为资源循环利用产业发展的金融支持体系建设提供了原则性的法律基础。

2007年，中国人民银行出台了《关于改进和加强节能环保领域金融服务工作的指导意见》，对节能环保领域资源循环利用产业发展的金融支撑政策提出了全面的指导性意见。这主要包括以下几项措施。

（一）加强信贷管理

各银行类金融机构要认真贯彻国家环保政策，严格授信管理，将环保评估的审批文件作为授信使用的条件之一，严格控制对高耗能、高污染行业的信贷投入，加快对落后产能和工艺的信贷退出步伐。人民银行各分支机构要掌握国家有关宏观调控的政策措施，加强对当地经济发展和经济结构的调查研究，充分利用形势分析会等平台，加强对金融机构支持节能减排、循环经济发展的政策引导和信息服务。指导金融机构对贷款实行差别定价，加大对节能环保企业和项目的信贷支持。

（二）着重支持技术创新和改造

各银行类金融机构要研究有关节能环保产业经济发展的特点，开展金融产品和信贷管理制度创新活动，充分利用财政资金的杠杆作用，建立信贷支持节能减排技术创新和节能环保技术改造的长效机制。各政策性银行对国家重大科技专项、国家重大科技产业化项目、科技成果转化项目、高新技术产业化项目、引进技术消化吸收项目、高新技术产品出口项目等提供贷款，给予重点支持。各商业银行要探索创新信贷管理模式，对国家和省级立项的高新技术项目，根据国家投资政策及金融政策规定，给予信贷支持；对有效益、有还贷能力的自主创新产品生产所需的流动资金贷款根据信贷原则优先安排、重点支持；对资信好的自主创新产品生产企业可核定一定的授信额度,在授信额度内,根据信贷、结算管理要求,及时提供多种金融服务。各政策性银行和商业银行要加强合作,发挥各自优势,通过联合贷款、转贷款等多种合作方式,为起步资金大、项目回收期长的重点节能环保项目提供全程的金融服务,根据项目不同阶段的信贷需求提供不同的信贷产品。

(三)加快完善企业征信系统等金融基础设施建设

人民银行各分支机构要加强与环保部门的沟通和合作,进一步推动将企业环保信息纳入人民银行企业征信系统的有关工作,并按照"整体规划、分步实施"的原则,从企业环境违法信息起步,逐步将企业环保审批、环保认证、清洁生产审计、环保先进奖励等信息纳入企业征信系统。督促和引导金融机构在为企业或项目提供授信等金融服务时把审查企业信用报告中的环保信息、企业环保守法情况作为提供金融服务的重要依据。

(四)进一步改善节能环保领域的直接融资服务

各银行类金融机构要学习借鉴和消化吸收国外先进金融理念、技术和管理经验,发挥金融机构的独特优势,在已有的直接融资产品基础上,进一步加大基础产品和衍生产品的创新力度,丰富和完善直接融资产品,多角度拓展节能环保企业的筹资渠道,降低其筹资成本。

第三节 技术创新保障

一 技术创新理论与资源循环利用产业发展

现代技术创新理论是在美籍奥地利经济学家熊彼特的经济发展理论基础上发展起来的。1912年,熊彼特在《经济发展理论》一书中首次对创新进行了科学定义,提出以技术创新为基础的经济创新理论。自20世纪50年代中期起,随着科学技术在经济发展中的作用日益突出,熊彼特的技术创新理论越来越受到人们的重视,许多学者开始继承和发展熊彼特的技术创新理论。

技术创新理论认为,一国的技术创新速度决定了一国经济增长的速度。该理论认为,一国的经济发展取决于三方面的条件。首先是生产要素,如果各种生产要素都增加，总产量、经济水平当然提高；其次是产业结构，给定生产要素，如果将这些生产要素从附加值比较低的产业转移到附加值比较高的产业，经济总体水平也会提高，尽管要素总量并没有增加；最后是技术创新。给定生产要素、产业结构，如果技术创新，经济水平同样可以提高。在这三种主要条件中，最重要是技术创新，因为前面两者都取决于后者。从资本积累的角度来看，如果技术不创新，资本不断积累，就会碰到投资报酬递减，资本的回报和积累的意愿就越来越低。所以，除非保持一个很快的技术创新速度，否则就不会有一个很高的资本积累。从结构变迁的角度来看，如果没有新技术，就不会有新的、附加价值比较高的产品、产业。工业革命以后，新产业不断出现，这是新技术的结果。比如，纺织业是原来有的产业，因为有技术变迁，机械化生产比手工生产效率更高，如果把资本、劳动力转移到机械化生产上来，附加值就比较高。又如后来出现的机械制造业、化工产业、汽车制造业、航天产业和信息产业，都是新技术的结果。因此，一个国家经济结构变迁的可能性，相当大程度决定于其技术变迁的可能性。所以，要判断一个国家、社会的经济发展或生产力发展的潜力，其实只要看这个国家、社会技术创新的可能性有多大。

资源循环利用产业是一种新型的集约化、内涵式产业模式，它将先进的科学技术与优良的传统技艺相融合，具有低消耗、低排放、高效率的基本特征。发展资源循环利用产业，要求把经济活动组织成一个"资源—产品—废弃物—再生资源"的反馈式流程，所有的物质和能源都要能在这个不断进行的经济循环中得到合理和持久的利用，从而把经济活动对自然环境的影响降低到尽可能小的程度，从根本上消解长期以来资源、环境与经济发展之间的尖锐冲突。

从技术角度来看，资源循环利用产业的核心就是技术的创新与集成，它不是单纯地要求改变末端治理方式，而是要把资源、产品、废弃物及其再生看成一个循环的系统，进行全面的考虑。在这个循环的系统中，我们要尽可能地减少原材料的消耗和废弃物的排放，以把对环境有污染的排放物消除在生产过程之中；充分利用太阳能、风力、潮汐和地热等可循环能源；要开发使用可回收再利用的材料，把污染环境的废弃物减少到最低程度；要采用无害或低害的新工艺、新技术改造和提升传统产业，以实现少投入、高产出、低污染的良性循环，使物质能循环利用，等等。由此可见，发展资源循环利用产业对科学技术提出了更高的要求，继续单纯地依靠传统技术是无法解决和难以有力支撑的。只有在科学技术上取得突破性进展，资源循环利用产业才有可能有效、快速地发展壮大。

二 构建促进资源循环利用产业发展的技术创新保障体系

(一) 制定资源循环利用产业技术发展规划

科学的发展规划,有利于国家整体科技实力的提高,有利于关键技术的突破攻关,因而是构建资源循环利用产业技术支撑体系的重要的先决条件。政府应制定专门的科学技术发展规划,重点组织开发资源节约和替代技术、延长产业链和相关产业链接技术、废弃物重新利用处理技术等先进技术,建立资源循环利用产业发展的技术支撑体系。同时要把资源循环利用产业的科学技术创新纳入经济社会总体发展规划中,使科学技术的发展更好地满足经济社会发展的需要,特别是资源循环利用产业发展的需要。

(二) 健全资源循环利用产业技术创新法律制度

没有完善的法律法规体系,科技创新活动就无章可循,维护科技成果所有者的权益就无法可依,科技成果创造者的利益也就不能得到保证,进而必然会影响到企业技术开发和科研人员发明创造的积极性。所以,建立完善的技术创新法律制度是构建资源循环利用产业技术支撑体系的重要法律保障。一是要加快资源循环利用产业技术标准体系建设,尽快制定各个行业和产业不同的技术标准,为资源循环利用产业实用技术的开发提供技术标尺。二是要加强资源循环利用产业科技成果产权保护的立法和执法,明确科技成果的产权归属,保障科研单位和科技工作者的研究成果及其利益不受侵犯。三是完善延伸生产者责任制度。生产者不仅应当承担产品原材料选择、生产加工及产品使用过程中所带来的环境责任,而且还应该承担产品使用、报废后的一定的环境责任。让生产者对产品的全生命周期负有经济和行为责任,生产者会将产品设计得易于重复利用,通用零部件会更经久耐用,整件被设计得易于拆卸;对生产和使用过程中产生的废弃物将采取适当的技术进行再利用,最大限度地减少废弃物排放;企业会尽量采用清洁技术,积极推行清洁生产方式。

(三) 完善资源循环利用产业发展的科技政策体系

有了良好的政策环境,资源循环利用产业技术研发才有动力,新的科学技术才能尽快得到转化和应用。因此,完善的科技政策体系,是构建资源循环利用产业技术支撑体系的重要体制保证。一是要加大政府对科技创新的投入力度，在科技经费、环保专项资金方面加大对资源循环利用产业科技攻关项目的支持力度，突破资源循环利用产业科技创新活动的资金约束。二是研究制定符合各地实际情况的、切实可行的科技扶持政策，鼓励和引导企业走上自主创新、依靠科技进步求发展的轨道。三是要对资源循环利用产业科技创新成果、创新型人才，以及推广技术成效显著的企业和示范项目给予一定的奖励，以激励科技人员努力研究开发绿色技术，激励企业积极推广绿色技术的积极性。

（四）建立资源循环利用产业科技市场机制

市场机制是构建资源循环利用产业技术支撑体系的重要推动力。市场机制的建立，能够使科学技术作为一种资源得到更优的配置，从而加快科学技术向生产力的转化过程。资源定价如果不能正确地反映资源的稀缺程度，就不能激励企业进行绿色技术创新和发展资源循环利用产业。如果采用新技术的收益无法被使用新技术的企业所获取，导致收益外溢，那么，即使有污染治理技术的发明，企业也没有积极性去使用。由于初次资源和再生资源的价格形成机制不同，以大规模、高速度为特征的现代生产技术体系使很多原材料开采加工制造的直接成本日益降低。相比之下，对各种废旧产品和废弃物的处理技术发展滞后，在很多情况下，把废旧产品和生产过程中产生的废弃物变为有用资源的再生成本比购买新资源的价格还高。技术经济的成本收益比较增加了推进资源循环利用产业的难度。因此，必须完善市场经济体制，使自然资源和环境资源的稀缺程度通过市场价格得以体现。一是确立自然资源和环境资源产权制度，通过市场价格显现自然资源和环境资源的稀缺程度，企业为了追求利润最大化，将会主动寻求能够合理地利用自然资源和环境资源的技术，从而有利于新技术的研发与推广应用。二是推进生态环境的有偿使用制度，坚持"污染者付费、利用者补偿、开发者保护、破坏者恢复"的原则，使生产者、消费者共同承担起产品生产和使用过程中带来的环境责任，既能够促使企业积极开展清洁生产方式，又能够鼓励消费者进行绿色消费。

第四节　体制机制保障

机制（mechanism）一词，又称机理，来源于古希腊文 mechane，原指机器的构造和原理，是工程学概念。之后被运用到生理学、医学领域描述生物集体的各器官如何有机结合在一起,通过它们各自的变化和它们之间的相互作用产生特定的机能。社会科学领域对"机制"一词的引进标志着对社会事务的认识与研究从现象描述到本质说明的方法论变革。按照辩证法普遍联系的观点,人类社会是一个有机联系的整体,与整体相连的任何一个部门可视为一个研究系统,每个系统由若干要素组成,每一个要素都有自己特定的功能,各要素间相互作用,均有一定的纽带将其联系起来,使其按一定规律的要求运转,形成系统或整体的功能。因此,社会科学范畴的"机制"概念可定义为:系统内各要素间的律动或惯性的作用联系,这种联系通过一定的作用方面、作用形式表现出来,形成系统的综合效率。

资源循环利用产业发展是一个系统性的工程,需要政府、企业和公众三大主体的协调配合,形成整体的合力,因此,我们可以将资源循环利用产业发展的实施机制归纳为三大机制:政府引导、企业运作和公众参与。

一 政府引导

资源循环利用产业涵盖公众、企业、社区、社会等多个层次,要求企业循环生产,产业循环布局,社会循环消费,共建节约社会、生态经济。发展资源循环利用产业是一场对传统经济模式、生产方式的全面变革。目前,我国发展资源循环利用产业还处于起步阶段,对资源循环利用产业理论研究和实践起步较晚,还有许多问题亟待解决,如资源循环利用产业的观念尚未全面树立,发展资源循环利用产业缺乏技术和资金支持,缺乏系统的促进资源循环利用产业发展的政策和法规,发展资源循环利用产业可供选择的模式比较少,加上资源循环利用产业本身是一项复杂的系统工程,这项工作要取得显著成效,就必须得到相关部门的支持,其中政府的主导地位尤为重要,直接左右整个资源循环利用产业发展全局,只有充分发挥政府部门的组织保障作用,我国发展资源循环利用产业才能取得成功。在发展资源循环利用产业中,政府要进一步建立完善组织保障机制,通过健全综合决策机制,建立高效务实的综合协调机制,完善考核机制等,稳步推进资源循环利用产业快速、协调发展。

(一)健全政府综合决策机制

政府在实施资源循环利用产业决策中,应充分考虑在环境保护和经济增长之间实行统筹兼顾和综合平衡,具体做到两个必须:一是必须制定实施和发展资源循环利用产业的具体目标和措施，将自然资源合理开发、资源循环利用和生态环境保护纳入国民经济和社会发展的总体战略；二是必须使发展资源循环利用产业的资金投入纳入政府预算及核算体系，确保投资规模和优惠政策的落实。在制定经济政策、长远发展规划、资源开发和行业发展规划等重大决策时，必须考虑经济、社会和环境效益，从促进经济发展、保护环境和提高资源利用的角度审视利弊，把发展资源循环利用产业与地方经济发展紧密结合起来。通过制定科学的决策程序，使经济建设、社会发展和环境保护相协调，实现自然资源的永续利用。

（二）建立高效务实的政府综合协调机制

资源循环利用产业要求对环境资源实施经济价值与生态价值并重的综合管理模式。这种综合模式，仅靠单一部门难以实现，需要各级各部门从多个角度、多个环节对企业、社会团体、公众进行引导、鼓励、支持和规范。它要求政府部门必须建立相对完备的管理机构和职能，加强对资源循环利用产业的组织领导，建立健全公平、务实、合作、畅通、高效的工作机制和参与机制，使各部门单位既能各司其职又能相互协调，共同促进资源循环利用产业体系的建立和发展。

（三）完善政府部门考核机制

为了克服环境和资源的限制，实现由高生产、高消耗、高废弃的经济社会走向将环境与经济社会协调发展的可持续发展的循环型社会，政府要按照权责明确、行为规范、监督有力、高效运转的要求，加大对违法行为的处罚力度，建立一套完备的评估检测体系和监督体系，把环境资源损失价值引入GDP，把资源节约和再生利用目标层层分解，落到实处。要进一步完善环境保护责任制，建立环境责任追究制度和干部环境效益考核制度，明确政府对辖区内的环境职责，党政一把手作为辖区环境保护的第一责任人。要把完成经济指标和完成环境保护指标放在同一考核位次上，作为评价政府工作和考核干部政绩的重要内容，并将考核结果作为干部任用和晋升的重要依据。要加快建立"排污者收费，治污者赚钱"的利益导向机制。要推行环保"一票否决制"，通过采取政治调控手段，努力推进资源循环利用产业的实施。

二 企业运作

企业是资源循环利用产业发展的主体。资源循环利用产业是一种以资源的高效利用和循环利用为核心的新型产业,是循环经济发展的重要组成部分,循环经济的 3R 原则也体现为资源循环利用产业的减量化、再利用、再资源化原则。减量化原则,要求在经济活动的源头就注意节约资源和减少污染;再利用原则,要求产品在完成其使用功能后,尽可能重新变成可以重复利用的资源,而不是有害的垃圾;再资源化原则,要求产品和包装器具能够以初始的形式被多次和反复使用,而不是使用完毕就丢弃。资源循环利用产业发展的三项原则,主要靠企业来实行,运作的情况不仅反映着企业成本消耗、经济效益情况,而且直接关系着资源循环利用产业发展的成效。因此,发展资源循环利用产业,必须高度重视并充分发挥企业的主体作用,充分调动和发挥企业职工的积极性、主动性和创造性。

资源循环利用产业的企业运作机制主要体现为以下几个方面。

(一)清洁生产制度

1989 年联合国环境规划署 (UNEP) 首次在国际范围内提出了清洁生产的定义:"将综合预防的环境保护策略持续地应用于生产过程和产品中,以期减少对人类和环境的风险。"1998 年联合国环境规划署在第五次国际清洁生产高级研讨会定义清洁生产为:"清洁生产是一种新的、创造性的思维方式,这种思维方式将整体预防的环境战略持续应用于生产过程、产品和服务中,以增加生态效益和减少人类及环境的风险。"这一定义得到了国际的普遍认可。我国《清洁生产促进法》借鉴了上述观点,在第二条中指出:"清洁生产是指不断采取改进设计、使用清洁的能源和原料、采用先进的工艺技术与设备、改善管理、综合利用等措施,从源头削减污染,提高资源利用效率,减少或者避免生产、服务和产品使用过程中污染物的产生和排放,以减轻或者消除对人类健康和环境的危害。"

目前我国企业清洁生产的运行机制尚不科学、健全,许多企业在信息收集、组织管理、战略管理运行机制上存在生产措施不完备、技术水平不高、管理水平落后等问题,缺乏系统性分析。企业应根据实际,抓好以下三大机制的建立和完善。

一是清洁生产信息管理机制。清洁生产信息管理机制的实质是指清洁生产要注重信息采集的全面性、系统性,必须从各个方面、各个层次对企业产耗及环境情况进行准确深入的把握。信息收集运行机制应注重系统性分析,至少包括五个方面:企业基本情况分析,包括企业历史、企业地址、规模、组织机构、主要产品、近年来产量利税及企业规划等;企业环境背景分析,包括所在地的地理、地质、地形地貌、气象、水文和生态环境等;企业生产排污情况分析,包括能耗、物耗、废物产生部位、污染物的形态、性状、毒性和数量、排污和去向等；污染治理现状分析，包括治理项目、方法、投资、评价、排污费、污染纠纷、人员健康情况、相关的环保法规和排放要求等；物料、能量的核算、分析和预测。

二是清洁生产组织管理机制。清洁生产组织管理机制的系统性分析是指对清洁生产的每个步骤、每个环节、每个要素都进行全面严格的管理，对全部主要影响因素都要找全搞准，不放过任何一个缺漏，这样才能进行正常清洁生产。具体包括：筹划和组织，设立专门的清洁生产和环保资金，计入生产成本；设立专门的机构和人员编制，使其职能成为比生产、营销、财务等部门更高档次的指导型部门，其主要职能是为企业宏观战略发展和清洁生产提供咨询、建议和具体指导。比如，设立负责清洁生产（环保）的副总裁、工作组等，建立完整的环境管理体系（EMS），主动开展环境咨询与监测，所有工艺在实践前都要经环保专家评估，建立针对员工的清洁生产和环保行为规范；预告评估，确定审计重点，设置污染预防目标；评估，编制工艺流程图和单元操作工艺流程图，实行输入、输出物流的物料平衡测算，提出实施简易废物削减方案；备选方案的产生与筛选；可行性分析，通过技术评估、环境评估、经济评估、推荐可实施方案。最后是方案实施。

三是清洁生产战略管理机制。该机制主要是指清洁生产系统中各要素、各过程之间的关系及清洁生产系统与其他系统之间的关系处理，以及战略重点的突出处理。首先，要坚持先进性战略。要从末端治理延伸至过程控制，对管理方法和方式、人员结构和素质等进行相应的调整，建立污染防治管理新体系。其次，要坚持结合性战略。要将清洁生产审计、环境管理体系、环境标志等环境管理工具结合起来，与主要污染物排放总量控制相结合，与改革和完善现行的环境管理制度（如环境影响评价、"三同时"、排污收费、排污许可证等制度）相结合，与实施 ISO14000 系列标准相结合。坚持完备性战略，建立比较完善的清洁生产管理体制和实施机制。

（二）生产者责任延伸制度

生产者延伸责任（extended producer responsibility），又称为产品延伸责任（extended product responsibility）、产品监护责任（product guardianship, product stewardship）、生产者后责任（latter producer responsibility）、产品和生产者延伸责任（extended product and producer responsibility）。欧盟将生产者责任延伸界定

为，生产者必须负责产品使用完毕后的回收、再生利用或处置，并强调政府通过立法强制规定生产者的回收责任和具体回收目标。

生产者责任延伸制度充分体现了资源循环利用的指导思想与核心内容。首先，生产者责任延伸制度要求生产者对产品实行绿色设计、绿色工艺，实施清洁生产，对废弃产品加以回收处置，使生产对资源的需求量同环境对资源的可供量之间保持平衡，也使生产和生活过程中废弃物的排放量不超过环境容量的极限，从而大大缓解自然的环境资源压力，有助于失衡的自然生态系统尽快修复，从而实现自然生态系统的平衡，体现了资源循环利用、可持续利用的指导思想。其次，生产者责任延伸制度体现了"减量化、再利用、再循环"原则。生产者责任延伸制度通过明确生产者对产品废弃物管理的责任，一方面促使生产者减少进入生产和消费过程的物质和能量，从生产到消费的全过程不产生或少产生废弃物，从而从源头上减少废弃物的产生；另一方面可以使废弃物更容易被回收利用和安全处置，以利于对废弃物的再利用和再循环。因此，生产者责任延伸制度是资源循环利用产业发展的重要制度支撑，是实现资源循环利用产业健康发展的重要的、必不可少的具体手段或重要途径之一。

资源循环利用产业发展方面有关生产者责任延伸制度的法律规定主要体现在《循环经济促进法》中。《循环经济促进法》第九条规定："企业事业单位应当建立健全管理制度，采取措施，降低资源消耗，减少废物的产生量和排放量，提高废物的再利用和资源化水平。"第十五条规定："生产列入强制回收名录的产品或者包装物的企业，必须对废弃的产品或者包装物负责回收；对其中可以利用的，由各该生产企业负责利用；对因不具备技术经济条件而不适合利用的，由各该生产企业负责无害化处置。对前款规定的废弃产品或者包装物，生产者委托销售者或者其他组织进行回收的，或者委托废物利用或者处置企业进行利用或者处置的，受托方应当依照有关法律、行政法规的规定和合同的约定负责回收或者利用、处置。对列入强制回收名录的产品和包装物，消费者应当将废弃的产品或者包装物交给生产者或者其委托回收的销售者或者其他组织。强制回收的产品和包装物的名录及管理办法，由国务院循环经济发展综合管理部门规定。"

在资源循环利用产业中实施生产者责任延伸制度，要求企业做好以下几个方面的工作。

一是实行绿色设计。绿色设计将产品的生命周期延伸到产品使用结束后的回收再利用及处理处置即"从摇篮到再现"的过程，是一个并行过程，要求产品在生命周期的各个阶段并行考虑。绿色设计既有利于保护环境，又可以防止资源的浪费，这是生产企业应对生产者责任延伸的一项积极又有利可图的措施。在产品设计中把经济效益、社会效益和环境效益统一起来，充分注意到物质的循环利用，最大限度地实现对环境友好、易于回收处理处置或者废物处理处置过程中二次污染小的产品设计方案。

二是推动绿色技术发展。以往的技术创新基本上走的是"技术创新→经济效益提高→生态负效益出现→经济效益下降→投入费用消除生态负效应"的恶性循环之路。在生产者责任延伸制度下，应遵循生态学原理和生态经济规律，有选择地发展高新技术，实现高新技术的绿色化。加强绿色技术的研究开发，提高外部技术资源和技术成果的选择能力、消化能力，以及贯穿于创新过程始终的创新管理能力。建立高效的绿色技术信息网络和绿色技术推广、服务中心，使企业能及时了解国外绿色技术创新和扩散的最新动态，以降低企业绿色技术创新的投入成本。

三是构建回收网络。生产者可以通过三种途径承担废弃物的回收、处置和循环利用：①亲自建立回收网络，通过直接方式来承担回收、处置和循环利用责任；②委托第三方组织机构来承担废弃物回收、处置与循环利用责任并为此支付相应的费用；③委托政府回收、处置与循环废弃物，生产者承担相应的费用。至于究竟采用什么样的回购网络，作为"经济人"的企业可以通过承担的经济成本和产生的效益进行比较平衡，进而采取适合本企业的回购责任承担方式。

三 公众参与

公众参与是现代民主的重要形式。温家宝总理在全国人大十届二次会议政府工作报告中指出："要进一步完善公众参与、专家论证和政府决策相结合的决策机制，保障决策的科学性和正确性，所有重大决策都要在深入调查研究、广泛听取意见、进行充分论证的基础上，由集体讨论决定。"

我国的环境基本法是1989年的《环境保护法》，它对整个环境保护领域的公众参与制度进行了原则性的规定。《环境保护法》确定了公民的监督、检举和控告的权利。该法第6条规定："一切单位和个人都有保护环境的义务，并有权对污染和破坏环境的单位和个人进行检举和控告。"第8条规定："对保护和改善环境有显著成绩的单位和个人，由人民政府给予奖励。"第11条规定："国务院和省、自治区、直辖市人民政府环境保护行政主管部门应当定期发布环境状况公报。"在资源循环利用产业方面，有关公众参与的法律规定主要体现在《循环经济促进法》中。《循环经济促进法》第三条规定："发展循环经济是国家经济社会发展的一项重大战略,应当遵循统筹规划、合理布局,因地制宜、注重实效,政府推动、市场引导、企业实施、公众参与的方针。"第十条规定："公民应当增强节约资源和保护环境意识,合理消费,节约资源。国家鼓励和引导公民使用节能、节水、节材和有利于保护环境的产品及再生产品,减少废物的产生量和排放量。公民有权举报浪费资源、破坏环境的行为,有权了解政府发展循环经济的信息并提出意见和建议。"这些规定为资源循环利用产业公众参与制度奠定了基础。但是这些规定都比较原则,有待进一步从以下方面予以完善。

(1) 明确公众在发展资源循环利用产业中的权利和义务。我国法律规定了公众有参与管理国家事务的权利,但停留在原则性概念阶段,缺乏可供操作的程序性规范,在遇到具体问题时,公众无法应用。所以,应加强立法工作,进一步明确公众的各项权利和义务。首先,通过法律、法规,明确规定公众参与发展资源循环利用产业的范围(包括参与人的范围和参与事项的范围)、途径(如意识参与、自为性参与、监督参与、决策参与)和具体方式。其次,明确规定公众参与的程序、方法。例如,就听证会这种方式而言,对于参加听证会的公众代表选择的程序和方法、听证会进行的程序、听证会举证和辩论的方法、听证会要点记录的效力等问题,都必须在法律上予以明确。否则,公众参与就难以有序进行,难以发挥有效作用。最后,通过法律法规明确规定公众反馈意见的合理公正处理。公众意见得不到及时有效的处理,极大地打击了公众的积极性,是我国目前公众参与水平低的重要原因。

(2) 建立健全政务信息公开制度,扩大公众的知情权。信息公开是公众有效参与的基本条件和前提。没有信息公开,公民不了解政府的决策依据、形成过程、预期成本和效益等情况,很难对政策的相关决策进行评价,提出自己的意见、建议,公众参与很可能只是走形式、走过场。政务公开是社会主义政治文明的重要内容,并已走上了法制化轨道。

(3) 加强宣传教育,提高公众的认识水平和参与意识。一方面,通过报纸、电视等宣传媒体向公众宣传教育我国目前严峻的人口、资源和环境现状,使其认识到我国发展资源循环利用产业、走资源节约型道路的紧迫性,认识到发展资源循环利用产业需要每一位公民的生活方式、消费方式作出一定的改变,使其逐步培养成绿色消费、节约消费的良好习惯,从而最大限度地减少生活型污染和资源的浪费。另一方面,通过宣传教育,逐步提高公众参与监督、参与决策的思想意识。在计划经济时代,公众一切都依赖政府,导致其主体参与意识逐渐淡薄。在今天，随着经济发展水平的提高，公众的参与意识虽有所增强，但权利意识比较淡薄的现象尚未得到根本改变。除非事关重大，一般不愿积极参与，而在权益受损时，宁愿采取自力救济而不愿采取司法诉讼。因此，要唤醒公众的主体意识，增强公民的责任感，一个重要和必要的途径就是加强宣传教育，使公众都能认识到，参与监督、参与决策对我国发展资源循环利用产业的重大意义，并积极投身于具体的参与行动中。

（4）发展民间社会团体，保障公民依法结社的权利。公众参与发展资源循环利用产业的形式有两种：以个体方式的参与和以团体方式的参与。以个体方式参与的效果远不及以团体方式的参与的效果，因为相对于强大的政府，没有组织的个人人微言轻，政府可能根本注意不到你的声音，而具有某种共同利益的人一旦组成社团，其说话的声音就比较宏大，比较容易引起政府重视。因此为了促进公众参与，鼓励发展非政府社会团体就成了必然趋势。

（5）培育绿色消费市场。从社会层面看，广大公众是资源循环利用产业产品（绿色产品）的消费者，也是政府和企业发展资源循环利用产业的督促者。培育绿色消费市场，形成资源循环利用产业的需求拉动机制，对资源循环利用产业的发展具有举足轻重的作用。消费是生产的最终实现，消费偏好和消费模式不同程度地影响并制约着生产方式。公众的绿色消费行为既是资源循环利用产业运行的重要环节，也是推动资源循环利用产业发展的基本力量。我国正处于消费转型升级的阶段，应积极采取措施促进绿色消费，实现跨越式发展。一方面，通过市场和非市场手段提升资源循环利用产业产品的性价比。追求消费品高性价比是大多数居民消费的理性选择，在收入水平普遍不高的前提下，如果绿色产品不具有性价比优势，居民一般不会为了空泛的环境利益而进行绿色消费，只有当经济社会发展到一定阶段，人们在小康生活相当富足之时，社会的绿色消费需求才会兴起。另一方面，通过多层面教育和大众传媒等方式提高公众的环保和绿色消费意识，培育绿色产品需求力量，实现消费模式的跨越式发展。在政府和社会的积极倡导下，绿色消费社会的提前到来是能够实现的。同时，居民对企业生产行为的监督及由此形成的社会舆论，有利于政府和企业以更积极的姿态投入资源循环利用产业。公众是发展资源循环利用产业的终极力量，只有让人民真正觉醒，资源循环利用产业的发展才能获得不竭动力。

第七章　资源循环利用产业发展的国际合作

因社会经济文化的不同，各国面临的资源循环利用问题存在很大的差异。在日益开放的当代世界，任何国家要想取得资源循环利用产业经济的迅速发展，就必须加强国际合作。从生态设计的理念出发，资源循环利用产业发展的国际合作应基于现有状况及规则体系进行法律融合、技术转让、政策调整，其中涉及不同国家和地区的企业、政府（学会协会、基金组织）和公众等不同主体的习惯及默认行为。为推进资源循环利用产业的发展，我国已与世界上许多国家建立了合作关系，并已同亚洲、欧洲、北美洲等地区几十个国家展开了技术研发、人员培训和转让示范等多种形式的合作。通过加强与扩大资源循环利用产业国际间广泛合作，培育新的经济增长点、促进废弃物回收率、推动我国资源循环利用产业结构升级，实现经济和社会可持续发展。

在国家出台战略性新兴产业的背景下，资源循环利用产业已成为一个重要的生态设计潜力领域。当今的国际资源循环利用产业是在国际贸易规则体系下发展的，与世界贸易组织（World Trade Organization，WTO）和《控制危险废弃物越境转移及其处置巴塞尔公约》（Basel Convention on the Control of Transboundary Movements of Hazardous Wastes and their Disposal）（以下简称《巴塞尔公约》）密不可分。

第一节　中日资源循环利用产业领域的合作

资源循环利用产业是低碳、资源节约型社会建设的支柱产业之一。亚洲资源循环利用型产业越来越和亚洲低碳型社会的建设紧密相连，并已呈现为一种趋势。亚洲各个国家和地区在资源循环利用新兴产业领域有各自独特的做法，也存在合作的潜力。日本在建设资源循环利用产业方面有比较完善的法律法规体系、推进计划，值得我国借鉴，也给我们提供了广阔的合作空间。

本节在总结日本资源循环利用产业特征的基础上，介绍中日资源循环利用产业领域的进展及现有合作项目，探讨中日资源循环利用产业领域政府合作及民间合作的机遇与挑战。

（一）日本资源循环利用产业特征

日本是一个岛国，为了从根本上转轨"大量生产、大量消费、大量废弃"的传统社会经济发展模式，实现绿色 GDP 增长，日本提出了发展资源循环利用、构建循环型社会的经济社会发展战略。通过构建资源循环利用法律体系、完善资源循环利用发展的政策机制，日本形成了具有发达国家特色的发展模式及特点。

第一，日本过去大量生产、大量废弃、大量消费的社会经济模式带来了诸多的环境问题，主要表现为：一方面废弃物处理压力日益增大。废弃物处理的社会成本不断加大。一般废弃物（生活废弃物）排放量从 1985 年的 4300 万吨上升到 1996 年的 5100 万吨。特别近 10 年来一般废弃物大约增加了 20%，产业废弃物（产业活动发生的废弃物）大约增加了 30%。日本由消费引起的一般废弃物年产生量约为 5000 万吨，产业废弃物 4 亿吨，人均垃圾日产生量在 1 千克以上。在废弃物的处理上，日本一直采用焚烧和最终填埋的方法。尽管做了大量减排处置方面的努力，但每年的最终填埋量还是达到 6000 万吨。另一方面，填埋处置场的使用年限在逐年减少。以 2000 年年底的统计为例，一般废弃物填埋处置场的使用年限为 12 年，产业废弃物仅剩 3.4 年，在首都东京问题更为突出。另外，近年来排放的废弃物质量也发生了很大变化，不易自然分解、加工处置容易产生有害物质的废弃物越来越多，对环境构成很大的危害。由于受到可用土地的限制，日本目前面临最终填埋场严重不足的挑战。

第二，日本是资源消费大国，但自然资源并不丰富，绝大部分经济发展所需的资源、能源依靠从国外进口。日本从 20 世纪 50 年代开始到 60 年代末，迅速崛起为世界第二经济大国，但在 80 年代末泡沫经济破灭后便一蹶不振，陷入 10 多年的经济持续低迷期。特别是 1990 年泡沫经济崩溃之后，日本经济产业结构转换迟缓、过分依赖国外原料和市场的问题日益突出。

日本经济的低迷归根到底是工业危机所致。工业危机本质上是工业生产方式的危机，其主要表现是：工业生产资源匮乏乃至枯竭，环境污染严重、生态恶化。这势必将阻止工业化经济的发展，达到工业化的极限。日本著名社会学家见田宗介在对现代社会发展进行分析时认为："现代工业社会是一个'大量开采、大量生产、大量消费、大量废弃'的社会，而这必然要受到有限的自然资源和环境的限制，造成资源匮乏、环境污染、生态恶化的局面，因此应从根本上反思现代工业社会的生产生活模式，积极寻求新的出路。"这个新的出路就是日本提出的发展资源循环利用产业（静脉产业）、构建循环型社会。

第三，日本发展资源循环利用产业（静脉产业）、构建循环型社会非常迫切。从生态经济学角度看，人类社会要取得发展的强可持续性，必须维持自然资产存量。生态足迹主要计算在一定的人口与经济规模条件下，维持资源消费和废弃物消纳所必需的生物生产面积。将其同实际所能提供的生物生产面积相比较，就能判断一个国家或区域的生产消费活动是否处于当地生态系统承载力范围内。从生态足迹看，日本生态系统可承载的社会经济活动的允许值是0.86，但实际值已达到5.94，大大超过了生态环境负荷。如果全球都按照日本人的方式生活，人类就需要2.7个地球来维持自己。

日本每年资源的投入总量约为20亿吨，其中石油、煤炭、铁矿石等天然资源几乎完全依赖进口，岩石、砂砾等土木和建筑资料则主要由国内供应，而日本国内生产这些资料，约需消费3亿吨能源、排放4亿吨的废弃物。因此，为了最大限度地减少对进口资源的依赖，变垃圾为可利用的再生材料，进而建设资源—产品—再生资源的循环型社会成为日本的发展战略。2000年3月，日本通产省产业结构审议会在《21世纪经济产业政策课题展望》报告中，提出把发展环境产业及构建资源循环利用体系作为改善日本经济结构，提高产业竞争力的重要内容。

第四，日本资源循环利用产业分类及其相关法律法规体系。为加强资源循环利用工作，日本废弃物分为城市生活固体废弃物（一般废弃物）和工业废弃物（产业废弃物）两大类，资源循环利用产业可以细分为灰渣（粉煤灰）、废酸、废碱、废塑料、废钢、废纸等19类。日本建立了玻璃瓶、钢罐、铝罐、PET瓶、废塑料、泡沫聚苯乙烯、废纸、废旧汽车、废旧家电（冰箱、电视、空调）、计算机、容器包装等11种资源循环利用产业的回收体系。

第五，日本资源循环利用产业的特点。日本资源循环利用产业的主要特点可归结为：日本每一个资源循环利用产业都和其相关的法律法规紧密相连，法律法规是产业发展强有力的支撑。日本促进资源循环利用发展的法律法规体系比较健全，可以分成三个层面，基础层面是一部基本法，即《促进建立循环型社会基本法》；第二层面是综合性的三部法律，分别是《固体废弃物管理和公共清洁法》《促进资源有效利用法》《绿色采购法》；第三层面是根据各种产品的性质制定的具体法律法规，分别是《促进容器与包装分类回收法》《家用电器回收法》《建筑及材料回收法》《食品回收法》《报废汽车回收法》。

例如，日本建筑废弃物回收拆解产业就和《固体废弃物管理和公共清洁法》《促进资源有效利用法》《特定设施整备法》《建筑废弃物回收拆解法》相关。法律规定主要建筑废弃物对象包括混凝土块、沥青块、建设相关污泥、建设相关木材及包含废旧金属在内的建设混合废弃物；确立了建筑废弃物回收拆解的施工顺序、解体工事施工技士资格制度；建立了拆解、施工技术及人员登记数据库。根据规划目标及条例等规范建筑废弃物回收拆解产业的发展。

（二）中日资源循环利用产业合作进展

中日资源循环利用产业的合作进展较为顺利，已初步构筑了一些交流平台。

1. 中日高层直接对话

应日本政府邀请，中国国家主席胡锦涛于2008年5月6~10日对日本进行了国事访问。访日期间两国首脑就全面推进战略互惠关系达成广泛共识，并签署了《中日关于全面推进战略互惠关系的联合声明》，强调要特别加强在能源和环境领域开展合作。双方也将在《联合国气候变化框架公约》框架下，根据"共同但有区别的责任及各自能力"的原则，按照"巴厘路线图"积极参与构建2012年之后有实效的应对气候变化国际框架。双方确认能源安全、环境保护、贫困、传染病等全球性问题是双方面临的共同挑战，双方将从战略高度开展有效合作，共同为推动解决上述问题作出应有贡献。

2010年8月，第三次中日经济高层对话在北京人民大会堂举行，中国国务院副总理王岐山同日本外务大臣冈田克也共同主持对话。双方围绕经济复苏对策、双边互惠双赢合作、全球及区域合作等三个专题深入交换意见，重点讨论了涉及两国经济合作的宏观性、战略性、长期性议题，达成重要共识。两国应进一步加强东亚财金合作，如期实现2012年完成中日韩自贸区官产学联合研究目标，共同推进东亚地区基础设施互联互通建设，继续就国际金融体系改革、WTO多哈回合谈判、气候变化等重大问题加强沟通、协调立场。

2. 展览会交流、项目合作、论坛交流合作平台

已建成的中日资源循环利用交流渠道包括日本国立环境研究所的E-waste论坛平台、Eco-design论坛展览会交流平台；日本国际协力机构（Japan International Cooperation Agency, JICA）项目；东京大学、筑波大学、北海道大学、一桥大学、产业技术综合研究所、大阪大学等研究机构的日本学术振兴会（Japan Society for the Promotion of Science, JSPS）项目合作；中国科技部中日科技合作项目等。然而与资源循环利用产业相关的一些专业协会有待于进一步的交流合作，如中国电子质量管理协会（China Quality Management Association For Electronics Industry）和日本电子信息技术产业协会（Japan Electronics and

Information Technology Industries Association）有意向进行互访。

第二节 中欧资源循环利用产业领域的合作

中欧资源循环利用产业领域的合作应基于欧洲的废弃物贸易现状。

（一）欧洲的废弃物贸易现状

废弃物贸易是一个全球性的行当，日益严格的危险废弃物处理规定，特别是欧洲的相关规定是促使这一行业发展的部分原因。新的规定远没有实现消灭非法和危险处置废弃物的行为，相反，其作用仅仅是有效地把这种行为驱逐出境。人们担心，《控制危险废弃物越境转移及其处置巴塞尔公约》无法防止非法贩卖废弃物的肆虐。

2007年生效的《欧盟废旧电子电气设备指令》旨在鼓励参与设计生产电子电气设备的人员考虑并推动电子电气设备的再利用、再循环和回收。虽然《欧盟废旧电子电气设备指令》禁止出口电子废弃物，但是它允许出口二手电子电气设备。在发展中国家，二手电子设备有很大的市场，利润率高，受法律保护。例如，一家英国的慈善机构在10年内往以非洲为主的地区运送了15万台翻修计算机，并声称可以找到这个数字10倍的买家。然而，这在英国每年淘汰的400万台计算机中仅占一小部分。

大部分旧计算机都流向电子废弃物的非法贸易及黑色地下贸易渠道。在欧洲，非法出口电子废弃物的成本仅占合法处置成本的1/4。欧洲环境总署估计，每年有2000万废弃物集装箱通过合法或非法途径从欧洲运到各地，其中一半经过鹿特丹。港口和海关当局面临的困难在于，即便书面文件看似合规，但要把适于再利用的材料和用于处置的废弃物区别开却并非易事。一些声称是运来重新利用的设备可能在输入国以极端危险的方式拆卸加工。

欧洲出现了不少关于有毒废弃物的丑闻。2009年9月意大利的一群犯罪分子在卡拉布里亚区（Calabria）海岸把30艘装有放射性有毒货物的船沉降到海底。一个知情人带领调查人员到达一个沉船口，声称1992年黑手党在此潜藏了120桶来自欧洲医药公司的放射性污泥。船里装的是什么东西还有很大的不确定性，但卡拉布里亚区环境署曾发出警告说，污染范围可能很大，以致清理和消除污染会非常复杂且成本高昂。在同一个月，巴西把一批来自英国的2000吨家庭废弃物和医疗废弃物遣返回去，宣称这些废弃物贴错了标签，标注为可回收塑料，违反了《巴塞尔公约》和巴西法律。巴西总统卢拉指责英国把巴西当成"世界垃圾桶"，但事情暴露后发现，这些废弃物来自英国斯温登市巴西人开的公司。

（二）中欧资源循环利用产业的合作

中国资源循环利用产业与欧盟合作渠道应包括项目合作、示范平台、专项基金、长期平台等领域。

1. 中欧双方在再生资源和循环产业技术上有进一步合作的潜力

目前中欧在资源循环利用产业合作的典型案例之一为 Switch Asia 项目。Switch Asia 是欧盟的一个具有高度竞争力的援助资金项目，其目的在于推动亚洲地区的可持续消费和生产。2008 年中国第一个最终获得批准的 Switch Asia 项目为中国国家标准化研究院的"中国电机系统节能的挑战"项目。项目通过推动工业电机系统的节能改造预计将减少 100 万吨二氧化碳排放量。

2009 年 2 月底天津开发区管委会申报了 Switch Asia 项目概念性申请书。项目主题为"滨海新区工业共生网络建设及环境管理体系推广"，主要目标如下：一是建立滨海新区工业共生网络，发展千家企业会员，促成百个工业共生项目；二是围绕重点大企业，开展绿色供应链管理能力建设，对供应链上的中小企业进行环境管理体系的培训和推广，并进行简易清洁生产审核；三是在项目实施过程中找到滨海新区在环境政策特别是在发展循环经济方面的需求，参与项目的还有天津市经委、保税区管委会、临港工业区管委会及英国国家工业共生项目组织(National Industrial Symbiosis Programme, NISP)、英国环境署(Environment Agency, EA)。力争在 Switch Asia 项目支持下，引进欧盟工业共生管理模式及技术，服务于滨海新区循环经济建设。2010 年是 Switch Asia 项目执行的最后一年，中国物资再生协会正在积极准备 2010 年 Switch Asia 项目的申报工作。

2. 中欧资源循环利用产业示范平台

在中欧已有的合作基础上，应当建立中欧资源循环利用产业示范平台，以推行欧盟在资源循环利用产业管理方面的成功实践，探索更适合中国的资源循环利用产业发展模式及途径。建设中欧资源循环利用产业示范平台，有助于进一步加强中欧双方经验及信息的交流，合作开发并建立资源循环利用产业相关数据库，为其他发展中国家提供共性技术等可借鉴的发展经验；示范平台的建设也将成为新技术、新成果引进和推广的平台，为中欧其他项目的发展树立了榜样，起到其应有的科技示范带头作用。

3. 中欧长期合作平台

借鉴欧洲发展资源循环利用产业的成功经验，中欧社会经济理事会可根据中国国情，考虑成立相关促进中欧资源循环利用型社会形成的专题平台。中欧长期合作平台的基本宗旨是：落实建设资源节约型、环境友好型社会，促进中欧之间资源循环利用产业的互利发展，推进资源循环利用产业领域共性技术和关键技术的集成创新，促进中欧双边政府、专家学者与企业间的同台对话，以及成立中国企业与欧盟企业在政策框架内开展技术、资金、管理交流的对接平台，创造双边资源循环利用经济合作的前沿增长点，为深化中欧在资源循环利用型社会方面的深层次合作作出贡献。

第三节 中美资源循环利用及清洁能源产业的合作

中美资源循环利用产业合作进展与中美政治经济关系密切相关，特别是与《中华人民共和国与美利坚合众国联合声明》、中美战略与经济对话密切相关。

1. 《中华人民共和国与美利坚合众国联合声明》

应美利坚合众国总统奥巴马邀请，中国国家主席胡锦涛于 2011 年 1 月 18～21 日对美国进行国事访问。访问期间，两国首脑在华盛顿签署了《中华人民共和国与美利坚合众国联合声明》。中美致力于共同努力建设相互尊重、互利共赢的合作伙伴关系，以推进两国共同利益、应对 21 世纪的机遇和挑战。中美正在安全、经济、社会、能源、环境等广泛领域开展积极合作，需进一步深化双边接触与协调。两国领导人还一致认为，需要与国际伙伴和机构进行更加广泛、深入的合作，以形成和落实可持续的解决方案并促进世界和平、稳定、繁荣和各国人民的福祉。

2. 中美战略与经济对话

中美战略与经济对话是中美双方就事关两国关系发展的战略性、长期性、全局性问题而进行的战略对话。2009 年 7 月 27 至 7 月 28 日，首轮中美战略与经济对话在华盛顿举行，双方深入地交换了意见，首轮对话取得了积极成果。2010 年 5 月 24 至 5 月 25 日，第二轮中美战略与经济对话在北京举行。

3. 中美清洁能源产业合作进展近况

2011 年 1 月 18 日参加第二届中美清洁能源论坛的中美企业、研究机构签署了多项清洁能源领域的合作协议，涉及高能效建筑、清洁煤、电动汽车等领域，其中包括中国国电集团与美国 UPC 集团的合作，双方将共同开发、建设和运营 7 个风电项目，总投资额超过 100 亿元人民币。双方将共同开发、建设及运营装机总容量超过 1075 兆瓦的合作风电项目。UPC 在 2006 年正式进入中国，目前在中国的 12 个省、市、自治区开发、建设了 24 个项目。截至 2010 年年底，UPC 在中国境内的风电装机容量达到 150 兆瓦。

美国上市公司爱依斯公司与重庆能源投资集团有限公司签订了《全面合作备忘录》，将共同成立一家合资企业，开发建设及运营一系列可再生和碳减排项目。双方估计将先期运行 400 兆瓦的水电项目、700 兆瓦的风电资源开发项目和约 100 万吨的乏风瓦斯减排项目。中方计划持有合资企业 51% 的股份，爱依斯将持股 49%，未来五年内合资公司的可再生能源项目总装机容量可能会达到 2 吉瓦左右。

中核集团计划从西屋公司购买 10 台套 AP1000 核燃料制造设备。西屋公司内部人士向记者表示，西屋公司的合同价值为 3500 万美元，设备制造涉及的地区包括美国宾夕法尼亚、俄亥俄、科罗拉多、密歇根及南卡罗来纳等多个州，而设备的安装地点则设在内蒙古的包头。中核集团正在包头建设 AP1000 核燃料制造厂，2015 年起将为我国的 AP1000 核电站提供核燃料换料。

美国电力巨头杜克能源公司与中国民企新奥集团达成合作，将向中国企业"学习"未来能源科技示范平台。中国华能集团与美国电力公司签署了有关燃煤电厂节能降耗和二氧化碳减排技术合作的协议。根据协议，双方将开展在燃煤电厂二氧化碳减排领域的合作研究，双方同意采用华能集团自主开发的二氧化碳捕集技术，对美国电力公司拥有的一座 60 万千瓦燃煤电厂年捕集 150 万吨二氧化碳工程进行可行性研究，适时推进该二氧化碳捕集示范工程的建设。

4. 中美废纸资源循环利用产业合作案例

美国是全球造纸大国，也是消费大国，但是美国非常注重废纸等再生资源的循环利用，政府每年还拿出一些补贴，鼓励一些经营规模较大的废纸回收加工机构把每家每户的废纸和垃圾一起回收，在废纸回收完卖掉后，把垃圾也符合标准地处理掉。美国政府还对废纸回收和再生造纸的公司实行减税补贴。据美国森林和纸业协会统计，美国每年消耗 4700 万吨纸张，其中将近 75% 的废纸将被循环利用。在美国，废纸回收产业一直是资源性、环保性的产业。

中美资源循环利用产业巨头之一是从收废纸到造纸大王的女首富张茵。她以超前的国际化眼光和产业链意识，先在中国香港做起了废纸回收生意，将稻草浆造纸改为环保造纸，再把废纸回收及其贸易做到了美国乃至全世界，成立了中南控股集团有限公司（中南），又与国内纸厂合作经营，后自己创办纸厂生产高档牛卡纸,经不断产业升级,成为中国包装纸板之王并在香港上市。美国不仅废纸资源丰富,并且废纸回收系统高效、科学。美国的废纸原料市场广阔,但废纸贸易的国际化企业的经营方式、国际市场的游戏规则是一道关卡。为了解决向中国大市场的运输问题,张茵利用当时中远集团运货大多是空返,以极低的运费就把美国的废纸运到了中国。中南现在是欧美最大的纸原料供应商,年出货量超过500万吨。据美国森林和纸业协会推算,美国可再利用废纸中的1/7是由张茵的美国中南输出的,而中国再生造纸原料的1/4以上则由美国中南控股公司输入。"废纸就是森林",张茵以独到的清洁商业模式创造了资源循环利用的废纸产业,为中国种下了一片广袤的森林。

第四节 国际资源循环利用产业的规则体系

全球废弃物规模正以惊人的速度增长。以电子废弃物为例,每年大约增加4000万吨的电子废弃物。2007年世界手机销量超过10亿部。手机及个人计算机的生产每年消耗世界3%的金矿、银矿开采量,13%的钯开采量及15%的钴开采量。开采和生产电气电子设备中使用贵金属和稀有金属而排放的二氧化碳已超过2300万吨,占全球排放量的0.1%(不包括涉及钢、镍及铝业的排放,也不包括制造这些电气电子设备所产生的排放)。世界化学品管理机构预测,到2020年,中国由旧计算机产生的电子废弃物量将从2007年水平猛升200%~400%,中国由废弃手机产生的电子废弃物量将比2007年水平增加7倍,中国电视电子废弃物将增加1.5~2倍。

在物质、服务全球化移动的今天,含有废弃物的循环资源的越境转移也在不断加剧,引发了人们对废弃物资源越境转移的国际规则或公约的重视。目前规范废弃物资源越境转移的国际规则和公约主要有WTO体系和《巴塞尔公约》。

(一) WTO体系

全球动脉经济体系也就是WTO体系。WTO成立于1995年1月1日。WTO是一个独立于联合国的永久性国际组织,总部设在瑞士日内瓦莱蒙湖畔。WTO在调解成员争端方面具有更高的权威性。世界贸易组织与世界银行、国际货币基金组织一起,被称为当今世界经济体制的"三大支柱"。1996年1月1日,它正式取代关税及贸易总协定(以下简称关贸总协定)临时机构。与关贸总协定相比,世贸组织涵盖货物贸易、服务贸易及知识产权贸易,而关贸总协定只适用于商品货物贸易。目前，WTO 的贸易量已占世界贸易总量的 95% 以上。

WTO 的宗旨是：促进经济和贸易发展，以提高生活水平、保证充分就业、保障实际收入和有效需求的增长；根据可持续发展的目标合理利用世界资源、扩大商品生产和服务；达成互惠互利的协议，大幅度削减和取消关税及其他贸易壁垒并消除国际贸易中的歧视待遇。WTO 协议的范围包括从农业到纺织品与服装、从服务业到政府采购、从原产地规则到知识产权等多项内容。WTO 的最高决策权力机构是部长会议，至少每两年召开一次会议。下设总理事会和秘书处，负责 WTO 的日常会议和工作。总理事会设有货物贸易、非货物贸易（服务贸易）、知识产权三个理事会和贸易与发展、预算两个委员会。总理事会还下设贸易政策核查机构，监督各个委员会并负责起草国家政策评估报告。对美国、欧盟、日本、加拿大每两年起草一份政策评估报告，对最发达的 16 个国家每四年一次，对发展中国家每六年一次。上诉法庭负责对成员间发生的分歧进行仲裁。WTO 是一个国际性的贸易组织，其成立的目的就在于要公平、公正地处理各国贸易活动中所发生的争端，建立平等互利的健康国际贸易秩序。

2001 年 12 月 11 日，中国正式成为 WTO 成员。WTO 成员分为四类：发达成员、发展中成员、转轨经济体成员和最不发达成员。

WTO 的基本原则体现在它的各项协议、协定之中，主要有最惠国待遇原则、国民待遇原则、互惠互利原则、扩大市场准入原则、促进公平竞争与贸易原则、鼓励发展和经济改革原则、贸易政策法规透明度原则；核心在于促进贸易自由化。

最惠国待遇原则是指在货物、服务贸易等方面，某一成员给予其他任一成员的优惠和好处，都须立即无条件地给予所有成员。国民待遇原则是指在征收国内税费和实施国内法规时，成员对进口产品、外国企业与服务和本国产品、企业、服务要一视同仁，不得歧视。严格讲应是外国商品或服务与进口国国内商品或服务处于平等待遇的原则。互惠互利原则也称权利与义务的平衡原则，WTO 管理的协议是以权利与义务的综合平衡为原则，这种平衡是通过成员达成互惠互利地开放市场的承诺而获得的，也就是你给我多少利益，我也测算给你多少实惠。以相互提供优惠待遇的方式来保持贸易的平衡，谋求贸易自由化的实现。互惠包括双边互惠和多边互惠。扩大市场准入原则是指 WTO 倡导成员在权利与义务平衡的基础上，依其自身的经济状况，通过谈判不断降低关税和取消非关税壁垒，逐步开放市场，实行贸易自由化。促进公平竞争与贸易原则是指 WTO 禁止成员采用倾销或补贴等不公平贸易手段扰乱正常贸易的行为，并允许采取反倾销和反补贴的贸易补救措施，保证国际贸易在公平的基础上进行。鼓励发展和经济改革原则是指，WTO认为，发达成员方有必要认识到促进发展中成员方的出口贸易和经济发展，从而带动整个世界贸易和经济的健康发展。因此，在各项协议中允许发展中成员方在相关的贸易领域，在非对等的基础上承担义务。贸易政策法规透明度原则是指要求各成员将实施的有关管理对外贸易的各项法律、法规、行政规章和司法判决等迅速加以公布，以使其他成员政府和贸易经营者加以熟悉；各成员政府之间或政府机构之间签署的影响国际贸易政策的现行协定和条约也应加以公布；各成员应在其境内统一、公正和合理地实施各项法律、法规、行政规章、司法判决等。

（二）《巴塞尔公约》

资源循环利用包括可循环废弃物和二手产品。有不属于循环资源，又没有被使用，但得到和循环资源同样处理的物质，以及实际是使用过的产品但通过伪装贸易方式被运往国外销售的，这些问题都和循环资源有着密切的关系。

随着世界范围工业的发展，全球经济不断地增长，各式各样的产品被陆续开发出来。通常产品的增长亦使得废弃物的产量增加；同时由于工艺上的需要，数以千计的有毒物质被应用于生产过程中。阻燃剂常常用来处理易燃产品。使用最普遍的化学阻燃剂是溴化阻燃剂。溴化阻燃剂的毒性资料表明，它在环境中的广泛持久性和潜在的生物累积效应都使得禁止生产、使用这种化学品的压力越来越大，要求研究更安全的替代产品。溴化阻燃剂每年的总生产量超过20万吨。除了在生产这类产品的车间外，还能在室内灰尘、专门的电子废弃物堆放处、填埋场和河床沉淀物中找到溴化阻燃剂，甚至在海底也发现了溴化阻燃剂。

全世界每年产生的危险废弃物约有4亿吨，其中95%产生于发达国家。很多发达国家在处理危险废弃物方面的环保法规和标准都日益严格起来。在美国1吨有毒废弃物的处理费高达400美元以上，比70年代上涨了16倍。而在一些发展中国家因环境标准低，危险废弃物的处理费仅为美国的1/10。这种差价使一些垃圾商为从中牟利，把大批有害废弃物越境转移到发展中国家来。据保守估计，发达国家向非洲、加勒比和拉丁美洲，以及亚洲和南太平洋的发展中国家每年出口的危险废弃物就达200万吨以上。

因运送过程的处理不当或送往发展中国家后弃之不顾，造成严重的意外事件和国际纠纷层出不穷。此类事件一再地在各国的环境中上演，造成各国政府和人民之间的困扰，同时亦形成包括我国在内的全球环境保护的隐忧。为了有效解决这个问题，人们开始求助于国际法。这一问题曾被某些国际法文件部分地、不完整地提起过。在习惯国际法中，1938年"特雷尔冶炼厂仲裁案"及1949年"科孚海峡案"的裁决都曾指出，国家有合理注意（due diligence）的义务，即国家应确保自己的行为不损害其他国家的环境。1972年《斯德哥尔摩宣言》第21条原则更是声明："根据联合国宪章和国际法原则，各国有按自己的环境政策开发自己资源的主权；并且有责任保证在他们管辖或控制之内的活动，不致损害其他国家的或在国家管辖范围以外地区的环境。"即国家应阻止其领土内可能对环境造成严重损害的各种行为。联合国环境规划署执行理事会所通过的1981年《蒙得维的亚方案》第一次全面地规定处理危险废弃物管理方面的问题。此外，联合国环境规划署发动政府间专家组于1985年制定了《对危险废弃物进行无害环境管理的准则和原则》（"开罗准则"），它是一项非约束性的法律文件，用以帮助政府制定废弃物管理的国家政策。但从总体上看，当时并不存在特别调整这一问题的国际法文件。

近年来资源循环利用产业及国际贸易迅速增长，中国等发展中国家的经济不断发展，对资源的需求也不断扩大，使得从北美、欧盟和日本出口到中国等发展中国家的可循环废弃物的趋势逐步增大。与此同时可循环资源贸易也出现了很多现实问题，如循环利用资源产生了环境污染问题，不可循环利用的不可再生废弃物的非法越境问题，以及不可重复使用的废弃物被作为二手产品出口等问题。为了解决上述出现的问题，国际社会最通行的做法是按照《巴塞尔公约》对可循环资源贸易进行规范管理。该公约旨在严格限制危险废弃物的越境转移，尤其是从发达国家流向发展中国家，其主要制度是要求各缔约国执行贸易前的申请和审批制度。

具体来说，为应对日益增长的世界范围内的危险废弃物国际运输问题，联合国环境规划署执行理事会经过谈判于1989年3月22日在巴塞尔（瑞士）全权代表会议上通过了《控制危险废弃物越境转移及其处置巴塞尔公约》，即《巴塞尔公约》。当时53个国家的政府和欧洲经济共同体的代表签署了该公约。该公约于1992年5月5日生效。《巴塞尔公约》是一项关于危险废弃物和其他废弃物的最全面的全球环境条约，有170个成员国（缔约方）。美国至今没有批准该议定书。

《巴塞尔公约》的宗旨是保护人类健康和环境免遭危险废弃物和其他废弃物的生成、管理、越境转移和处置产生的不利影响。《巴塞尔公约》的总体目标是保护人类健康和环境免遭危险废弃物的生成、越境转移和管理产生的不利影响。它的两个主要支柱是：对危险废弃物越境转移的全球控制系统，以及对危险废弃物的环境无害管理。《巴塞尔公约》试图通过设定详尽的程序管控危险废弃物越境转移，尤其是建立一个事先通知意图出口危险废弃物和其他废弃物的制度，并要求缔约方提出书面同意（prior informed consent, PIC），即"事先知情同意"，然后才能将这种废弃物转运或进口到属于其国家管辖范围的地区（即缔约方按照国际法行使管制和行政责任的陆地、海域或空域）。值得注意的是，作为《巴塞尔公约》的目的，"处置作业"包括公约附件四所规定的将导致最终处置的作业，以及将导致资源回收、再循环、再利用和重复使用的任何作业。

危险废弃物的内在危险性构成了管控废弃物越境转移的基础，而且是按照应加控制的危险废弃物类别清单及危险特性来确定的。

《巴塞尔公约》的适用范围包括第一类"危险废弃物"（45类）及第二类"其他废弃物"（2类）。危险废弃物指国际上普遍认为具有爆炸性、易燃性、腐蚀性、化学反应性、急性毒性、慢性毒性、生态毒性和传染性等特性中的一种或几种的生产性垃圾和生活性垃圾，前者包括废料、废渣、废水和废气等，后者包括废食、废纸、废瓶罐、废塑料和废旧日用品等，这些垃圾给环境和人类健康带来了危害。《巴塞尔公约》在第2条第1款将"废弃物"定义为"处置的或打算予以处置的或按照国家法律规定必须加以处置的物质或物品"。公约适用于其所界定的两大类废弃物。第一类"危险废弃物"是指公约附件一中所列举的45类废弃物（只要其具有附则三所描述的特征，且为公约附则四中详述的作业所处置）和缔约国国内立法视为危险废弃物但不包括在公约附件一中的危险废弃物。公约附则一中所列废弃物可分成两类。前18种废弃物是某个特定加工过程的副产品，包括源自医院的医疗服务、药品生产、涂料生产及摄影化学物品生产过程中产生的废弃物。另外27种废弃物种类特征明显，因为其具有某些组成要素。这包括诸如含有铜或锌复合物、砷、铅或水银等物质的废弃物。第二类"其他废弃物"是公约附件二所列明的从住家收集的废弃物及焚烧住家废弃物产生的残余物。但受其他国际法律文件约束的放射性废弃物和船舶正常作业而产生的废弃物被《巴塞尔公约》排除在外。

《巴塞尔公约》中的"管理"是指对危险废弃物或其他废弃物的收集、运输和处置，包括对处置场所的事后处理。"越境转移"是指危险废弃物或其他废弃物从一国的国家管辖地区移至或通过另一国的国家管辖地区的任何转移，或移至或通过不是任何国家的国家管辖地区的任何转移,但该转移须涉及至少两个国家。"核准的场地或设施"是指经该场地或设施所在国的有关当局授权或批准从事危险废弃物或其他废弃物处置作业的场地或设施。"危险废弃物或其他废弃物的环境无害管理"是指采取一切可行步骤,确保危险废弃物或其他废弃物的管理方式将能保护人类健康和环境,使其免受这类废弃物可能产生的不利后果。"有关国家"是指出口缔约国或进口缔约国,或不论是否为缔约国的任何过境国。"非法运输"是指第九条所指的对危险废弃物或其他废弃物的任何越境转移。

《巴塞尔公约》越境转移的控制包括禁止、允许。《巴塞尔公约》第4条为缔约国创设了广泛的一般义务。每一缔约国均有权禁止危险及其他废弃物的进口,同样其他缔约国有义务确保危险及其他废弃物不被出口至已经禁止此类废弃物进口的国家。《巴塞尔公约》第4条第2款a、b、c、d、e、f、g、h项明确规定了有关缔约国应如何管理和处理国内危险废弃物的义务。此外,公约也责成各缔约国方互相合作,以改善和获得危险废弃物及其他废弃物的环境无害管理,并防止其非法运输。《巴塞尔公约》就危险废弃物的处理和转移为缔约方设定了严格的义务。根据第9条,危险废弃物的越境转移仅仅在下列特定情况下才被允许:出口国没有技术能力和必要的设施、设备能力或适当的处置场所以无害于环境而且以有效的方式处置有关废弃物;进口国需要有关废弃物作为再循环或回收工业的原材料;有关的越境转移符合缔约国决定的其他标准,但这些标准不得背离《巴塞尔公约》的目标。同时第10条规定,出口危险废弃物的缔约国还应确保,废弃物在进口国或其他地方以一种环境无害的方式予以管理。根据《巴塞尔公约》第3条,危险及其他废弃物的非法运输被认为是犯罪行为。根据《巴塞尔公约》第4条,《巴塞尔公约》要求各缔约国要采取适当的法律、行政和其他措施,以防止和惩罚此类犯罪行为。此外,南纬60度以南的区域被设定为危险废弃物的特别控制区,缔约国协议不许可将危险废弃物出口至该区域(第6条)。1959年《南极条约》也对此作了规定。

对于非缔约国的越境转移,《巴塞尔公约》禁止缔约国将危险废弃物或其他废弃物出口至非缔约国或从非缔约国进口危险废弃物或其他废弃物,除非存在一项有关越境转移的双边、多边或区域协定。这种协定或协议不得损害危险及其他废弃物的环境无害管理,且协定的规定在环境无害性上不应比公约的要求更低。同时这种转移需要遵守事先知情同意程序。

《巴塞尔公约》下有各种外围团体,如计算机设备行动伙伴关系。个人计算机的使用改善了各地人民的生活。随着市场的扩大,加上社会各界通过更多地接触信息技术获得了许多惠益,很多国家尤其是发展中国家面临着管理报废电子产品的挑战。包括原始设备制造商、消费者和回收商在内的所有利益攸关方都应在推动无害环境管理废旧计算机设备方面发挥作用。目前已经具备技术和技能来推动无害环境的管理,例如,通过进行适当的维修和翻新,可以延长使用寿命,提供就业,并为低收入人群提供有价值的设备。此外,那些无法再利用的产品可以进行无害环境的材料回收和再循环,这样可以回收贱金属和贵金属,充分地处理那些成问题的物质并节约资源和能源。计算机设备行动伙伴关系是在《巴塞尔公约》主持下由工业界、政府、学术界和民间社会组成的多方利益攸关方伙伴关系,旨在以无害环境的方式管理废旧计算机设备和报废计算机设备。该多方利益攸关方工作组由个人计算机制造商、回收商、国际组织、学术界、环保团体和各国政府的代表组成,负责制定计算机设备行动伙伴关系的拟议工作范围、职权范围、财务安排和结构。

(三) 在 WTO 体系与《巴塞尔公约》下探索建立世界资源循环利用交易新体系

关于国际化学品和废弃物的最新管控趋势,2009 年 10 月联合国公布了《在环境事务中获得信息、公众参与决策以及获得司法救济的联合国/欧洲经济委员会公约》(The United Nations Economic Commission for Europe Convention on Access to Information, Public Participation in Decision-making and Access to Justice in Environmental Matters)[又称为《奥胡斯公约》(the Aarhus Convention)]。缔约方通过了《关于污染物排放和转移注册的基辅议定书》(the Kiev Protocol on Pollutant Release and Transfer Registers)。这项议定书要求私营公司对包括温室气体在内的 86 种污染物的排放和运输进行通报(UNECE 2009)。《关于持久性有机污染物的斯德哥尔摩公约》第 4 次缔约方大会批准成立 8 个机构,这 8 个机构都是能力建设和技术转让的区域和次区域中心(UNEP POPs 2009)。而在我国,新化学物质环境管理办法已经由环境保护部于 2010 年 1 月 19 日发布,2010 年 10 月 15 日实施,而列入《中国现有化学物质名录》后即不再按新化学物质进行管理。在保税区和出口加工区内生产或者进口新化学物质、设计为常规使用时有意释放出含新化学物质的物品,应按相关文件要求办理新化学物质登记。

《巴塞尔公约》同大多数环境条约一样,没有规定切实的责任和赔偿条款,只是原则性地号召各缔约国在这方面加强合作,以求制定这方面的议定书。这一缺陷，大大影响了公约规定的事先知情同意的效力和公约关于非法运输问题规定的效力。所以，这些问题使得《巴塞尔公约》关于危险废弃物越境转移的努力并无相应的法律制裁力予以保障，其法律规定看起来更像是一种政治宣示。而从《巴塞尔公约》的多次缔约国大会的情况来看，其发展呈现出一个明显的趋势，即《巴塞尔公约》显然不满足其仅仅作为一种几乎没有任何法律约束力的政治宣言地位，而是通过其历次缔约国大会不断强化其法律性质。由于各国对危险废弃物问题的认识不同，禁止废弃物转移对各国的经济发展和法律体系的影响迥异，《巴塞尔公约》不可能一次性就各缔约国的具体的权利义务作出明确规定。《巴塞尔公约》避免出现让各国纠缠于一些具体的规则或条款的情况，而是采取了先协调缔约国就有关某些重大问题达成国际一致，然后通过历次缔约国大会不断商讨再确定各国权利义务的做法。这种做法降低了各国谈判成本和履约的难度，有利于各国的接受和该领域国际环境法的发展。可以说，《巴塞尔公约》这种不断强化自身法律性质的经验值得其他国际环境资源条约借鉴。

第八章 中国资源循环利用产业发展展望

任何一个产业的发展都是与当时的社会、经济发展阶段要求相适应的。特定的人类社会发展历史时期及当时的经济发展水平对各种产业的发展提出了需求；而当时的制度环境、技术水平、资本、劳动等要素的供给水平和供给方式则提供了产业发展的基础。资源循环利用产业是对"大量生产、大量消费、大量废弃"的传统经济增长模式的根本变革，资源循环利用产业的发展，有利于减轻环境污染，还可以增加就业岗位，缓解就业压力。从20世纪80年代起步，中国资源循环利用产业经历了20多年的快速发展，已经从一个不起眼的角色成为我国国民经济的重要组成部分。进入21世纪，随着我国资源短缺的矛盾日益突出，资源循环利用产业开始进入快速发展阶段，逐渐成为支撑产业经济效益增长的重要力量，资源循环利用产值在5000万元以上的企业和园区达数千家，2008年全国资源循环利用产业总产值6600亿元，就业人数达2500多万人，年均增长15%以上，正在成为国家革新和调整产业结构的重要目标和关键。

第一节 资源循环利用产业发展相关理论

一 产业生命周期理论

（一）产业生命周期理论的演化

作为生物学概念，产业也和企业、人一样具有生命周期，对一定时期、一个国家或一个地区来说，任何一个产业在经济上对经济增长的作用、对社会主体需要的满足程度及在技术上都会被新的产业所替代，产业兴衰是工业化过程中经济活动的一个重要现象。

产业生命周期理论是指整个产业从诞生到衰退的演进过程中，产业内厂商数目、市场结构及产业创新动态变化的理论，属于现代产业组织学的重要分支之一。产业生命周期是指每个产业都要经历的一个由成长到衰退的演变过程，一般分为形成期、成长期、成熟期和衰退期四个阶段。识别产业生命周期所处阶段的主要标志有市场增长率、需求增长潜力、产品品种多少、竞争者多少、市场占有率状况、进入壁垒、技术革新和用户购买行为等。产业生命周期理论是最常用来预测产业兴衰演变轨迹的分析工具。

杨公朴和夏大慰（2002）认为产业演进的动态性主要表现在四个方面：第一，单一产业的生命周期，即任何一个产业在特定的国家和地区，都必然经历形成、成长、成熟和衰退等四个发展阶段，这就是产业的生命周期。第二，产业时序作用周期。这是指随着社会生产力的不断发展，渐次形成第一、二、三次产业，而各产业渐次在经济增长中起主导作用，成为国民经济的支柱。第三，不同产业或产业综合体在经济发展中随着对经济增长作用的变化在地位上演进的阶段性和周期性。第四，由主体需求层次的升级规律推动的产业结构高度化的演进过程。

产业生命周期理论起源于产品生命周期理论。1957年，美国的波兹（Booz）和阿伦（Allen）在《新产品管理》一书中提出了产品生命周期理论，他们根据产品销售情况将产品生命周期划分为投入期、成长期、成熟期和衰退期四个阶段。

在20世纪70年代William J. Abernathy和James M. Utterback共同提出的A-U模型基础上，Gort和Klepper在1982年所提出的G-K理论是第一个产业生命周期模型。他们通过对市场中厂商数目的变化研究，对产品生命周期进行划分，得到引入、大量进入、稳定、大量退出和成熟五个阶段。G-K模型强调产业生命周期阶段对创新的特征、重要性和创新的来源具有重大影响，认为外部企业通过产品创新而不断进入该产业；而在大量退出期，价格战、外部创新减少和通过"干中学"方式所建立的效率竞争，导致企业的大量退出；在产业成熟期，一旦有重大技术变动或重大需求变动产生，将开始新一轮生命周期。该模型的突出贡献在于，强调了产业生命周期的重要影响，即其对创新的特征、重要性和来源的重大影响，首次指出厂商数目存在"淘汰"（shakeout）现象，并建立了创新方式与进入率的正式联系。之后Klepper和Graddy、Agarwal和Gort及Klepper等分别对产业生命周期理论进行了改进，分别提出了K-G产业生命周期理论及Agarwal、Rajshree等的产业生命周期理论，使该理论在各个分支的纷争和融合中逐步走向成熟。

（二）产业生命周期演化机理

从产业生命周期理论来看，产业的发展会经历形成、成长、成熟和衰退四个阶段，象征整个产业演化的过程，如图 8-1 所示。

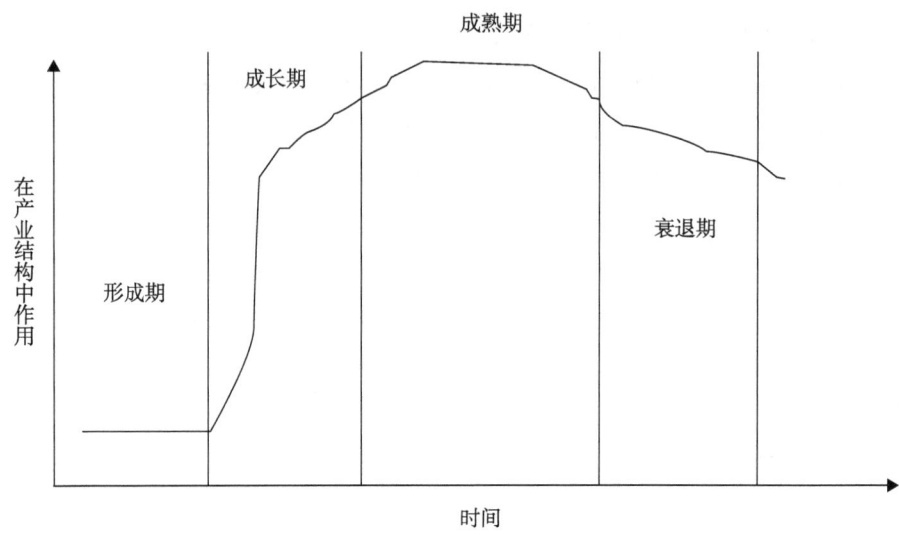

图 8-1　产业生命周期

其中，产业形成期又被称为产业萌芽期或产业导入期，是指某些生产或者某些社会经济活动不断发育和集合，逐步成型进而构成产业的基本要素的过程。产业形成的关键是新技术的产生和推广应用，也可以理解为是科学发明创造的价值实现过程。产业形成的另一个关键是产业创新和企业的创新。在此阶段产业的成长是较缓慢的。

产业成长期又称为产业扩张期，是继产业形成后，产业经过选择，不断充实和完善，不断吸纳各种经济资源而扩大的过程，产业扩张既包含产业在量上的扩张，即产业内企业数量、生产能力的增加，同时也指产业质的改变，即技术的进步，管理素质的提高，产品的升级换代及产业组织的合理化。

产业成熟期是指产业经过充分扩张达到极限之后，产业的生产能力和生产空间的扩大趋于停滞。产业进入一个规模稳定、技术稳定、供给与需求稳定、产品稳定、地位显赫的阶段，成为国家或地区的支柱产业。

产业衰退是产业从兴盛走向不景气进而走向衰落的过程。产业衰退的本质是产业创新能力的衰退或降低。产业衰退是客观的必然，也是历史的必然，是产业经济新陈代谢的表现，它主要表现为产业发展相对的或绝对的规模萎缩，因产品老化、退化、功能减退而出现的颓势状态。产业衰退是对产业自身的否定并孕育新的产业和新的产品的过程。老产业衰退与新产业形成并存使产业体系不断推陈出新，从而保持旺盛的活力，推动产业经济和国民经济不断发展。

不同的产业会有不同的产业生命周期形态，因此每个产业在每一个生命周期阶段便会显现出不同的产业特性，主要的产业特征如表 8-1 所示。

表 8-1 产业生命周期对产业特征的预测

生命周期阶段	主要产业特征
形成期	尚未发展良好的营销路径 进入障碍主要来源为关键性因素之取得 竞争手段为教育消费者
成长期	获得规模经济效益使价格下降 营销路径快速发展 潜在者的威胁度最高 竞争程度低 需求快速成长使企业增加营收
成熟期	低市场成长率 进入障碍提高 潜在竞争威胁降低 产业集中度较高 竞争程度激烈 产生过多的产能 采用低价策略
衰退期	呈现负成长 竞争程度继续增加 产能过剩进而产生削价竞争

资料来源：Hill 和 Gareth（2001）

因此，我们认为，任何一个国家的产业均会经历兴衰过程，一国在不同的经济发展时期会存在不同的新兴产业、主导产业，其原理可以由产业生命周期理论得到阐释。产业的兴衰就是按照产业生命周期，各个产业从低层次向高层次、由简单系统向复杂系统演进的过程。产业兴衰实质上是产业在产业体系中地位的变迁，产业兴衰是幼小产业→先导产业→主导产业→支柱产业→夕阳产业的过程；是资本在某一产业领域形成→集中→大规模聚集→分散的过程；是新技术的产生→推广应用→转移→落后的过程；是创新在产业领域里由弱到强再到弱小的过程。从外在表现上看，产业兴衰过程还表现在规模和市场容量有一个小→大→小的过程。

二 可持续发展理论

可持续发展理论源于第二次世界大战以后,随着科技进步和工业文明而至的全球生态危机,对人类的生存和发展构成了严重的威胁,促使以人与自然统一的生态和谐发展为核心的可持续发展观逐渐兴起。1962 年美国生态学家蕾切尔·卡逊发表了《寂静的春天》,作者描绘了一幅由于农药污染所产生的可怕景象,惊呼人们将会失去"春光明媚的春天",指出生物界及人类所面临的危险。1972 年罗马俱乐部第一次提出了关于世界趋势研究的报告《增长的极限》。该报告认为,如果目前人口和资本的快速增长模式继续下去,世界就会面临一场"灾难性的崩溃"。该报告给人类指出了在现行政策和趋势保持不变的情况下,可能产生的灾难局面,第一次指出了经济增长的极限,从而开始了对可持续发展问题的探讨。

"可持续发展"(sustainable development)的概念最先是在 1972 年在斯德哥尔摩举行的联合国人类环境研讨会上正式讨论的。这次研讨会云集了全球的工业化和发展中国家的代表,共同界定了人类在缔造一个健康和富生机的环境上所享有的权利。自此以后,各国致力于界定"可持续发展"的含义,现在已拟出的定义已有几百个之多,涵盖范围包括国际、区域、地方及特定界别的层面,是科学发展观的基本要求之一。1980 年国际自然保护同盟的《世界自然资源保护大纲》指出:"必须研究自然的、社会的、生态的、经济的,以及利用自然资源过程中的基本关系,以确保全球的可持续发展。"1981 年,美国人布朗(Lester R. Brown)出版的《建设一个可持续发展的社会》一书提出,以控制人口增长、保护资源基础和开发再生能源来实现可持续发展。1987 年,世界环境与发展委员会出版报告——《我们共同的未来》,将可持续发展定义为:"既能满足当代人的需要,又不对后代人满足其需要的能力构成危害的发展。"它系统阐述了可持续发展的思想。1992 年 6 月,联合国在里约热内卢召开的"环境与发展大会",通过了以可持续发展为核心的《里约环境与发展宣言》、《21 世纪议程》等文件。随后,中国政府编制了《中国 21 世纪人口、资源、环境与发展白皮书》,首次把可持续发展战略纳入我国经济和社会发展的长远规划。1997 年的中共"十五大"把可持续发展战略确定为我国"现代化建设中必须实施"的战略。

"既满足当代人的需要,又不对后代人满足其需要的能力构成危害的发展"。这是一个密不可分的系统,既要达到发展经济的目的,又要保护好人类赖以生存的大气、淡水、海洋、土地和森林等自然资源和环境,使子孙后代能够永续发展和安居乐业。可持续发展与环境保护既有联系,又不等同。环境保护是可持续发展的重要方面。可持续发展的核心是发展,但要求在严格控制人口、提高人口素质和保护环境、资源永续利用的前提下进行经济和社会的发展。发展是可持续发展的前提,人是可持续发展的中心体;可持续长久的发展才是真正的发展,使子孙后代能够永续发展和安居乐业。该概念得到了国际社会的广泛共识。

在该理论中,持续发展要求人类在空间上应遵守互得互补的原则,不能以邻为壑(包括人和自然两类邻居),利他利己均衡合理发展;在时间上应遵守社会的理性分配原则,不能在赤字状态下发展,保证代际协调发展;在伦理上应遵守"只有一个地球"、"人与自然互利互惠、协同进化"、"人与人和衷共济、平等发展"的原则。

从经济可持续发展方面来看,可持续发展鼓励经济增长而不是以环境保护为名取消经济增长,因为经济发展是国家实力和社会财富的基础。但可持续发展不仅重视经济增长的数量,更追求经济发展的质量。可持续发展要求改变传统的以"高投入、高消耗、高污染"为特征的生产模式和消费模式,实施清洁生产和文明消费,以提高经济活动中的效益、节约资源和减少废物。从某种角度上,可以说集约型的经济增长方式就是可持续发展在经济方面的体现。

三 自组织理论

自组织现象是指系统演化过程中,在没有外部力量强行驱使的情况下,系统内部各成员协调动作,导致时间的、空间的、功能上的联合行动,出现有序的活动结构。20世纪七八十年代,产生了系统自组织理论。自组织理论主要是 L.Von Bertalanfy 的一段系统论的新发展。它的研究对象主要是复杂自组织系统(生命系统、社会系统)的形成和发展机制问题,即在一定条件下,系统是如何自动地由无序走向有序、由低级有序走向高级有序的。自组织理论主要由耗散结构理论、协同学理论、突变理论和超循环理论四部分组成。这些理论的侧重点是不一样的,它们从不同角度阐述了自组织的形成和发展过程。

其中，比利时物理化学家普利高津（I.Prigogine,1917～）于1967年提出了耗散结构理论（dissipative structure theory）。与此同时，德国物理学家哈肯（H.Haken,1927～）提出了协同学（synergetics）。耗散结构理论和协同学从宏观、微观及两者的联系上回答了系统自动走向有序结构的基本问题，其成果被称为自组织理论。20世纪70年代还有一些理论对系统科学的发展有着重要的意义。德国科学家艾根（M.Eigen）吸收了进化论思想和自组织理论，于1979年提出了超循环理论（super circulation theory），把生命起源解释为自组织现象，提出了自然界演化的自组织原理。法国数学家托姆（R.Thom,1923～）于1972年发表了《结构稳定性与形态发生学》，对突变现象及其理论作出了系统的深刻的阐述，创建了突变论（catastrophe theory，又称突变论）。

耗散结构理论由普利高津（I.Prigogine）于1967年提出。其核心思想是：一个远离平衡态的开放系统，通过不断与外界交换能量，在外界条件的变化达到一定的阈值时，可能从原有的混沌无序状态过渡到一种空间上、时间上和功能上的有序状态。这种在远离平衡态情况下形成的稳定有序结构就叫耗散结构（dissipative structure）。耗散指系统与外界有能量的交换，结构则说明系统在空间上、时间上和功能上有序，因此，耗散结构理论就是研究系统如何从混乱无序的初始状态向稳定有序的组织结构演化的过程和规律，并试图描述系统在变化的临界点附近的状态和行为。形成耗散结构必须具备的基本条件是：①系统处于远离平衡态。远离平衡态是指系统内部多个区域的物质和能量分布极不平衡。系统只有处于远离平衡态，才能形成秩序，才能形成动态特征。②系统具有开放性。在一个孤立系统中，物质的高能区总是要向低能区转化，直至趋于平衡，系统有效性也就转化为无序性了。系统只有处在开放时，才能从外部补充一定的物质和能量，即输入负熵，以抵消内部产生的熵增，才能使系统从无序变为有序。③系统内不同要素存在非线性机制。非线性机制是指事物要素之间以网状形式相互作用的机制。正是这些网状非线性机制，使得系统内各要素之间产生相干效应和临界效应，使得系统从无序变为有序。耗散结构理论实际上反映了系统演进的内在机制和演化途径，即耗散系统的产生与进化过程，完全可以经过突变，通过能量的耗散与系统内非线性动力学机制，形成和保持与平衡结构完全不同的时空有序结构。

协同学是20世纪70年代初由原联邦德国斯图加特大学理论物理学教授哈肯（Herman Haken）创立的。"synergetics"一词来自希腊文，主要研究自然界和社会中的开放系统在远离平衡态时,与外界有物质或能量交换的情况下,如何通过自己内部协同作用,自发地出现时间、空间和功能上的有序结构。协同论吸取了结构耗散理论的大量营养,采用统计学和动力学相结合的方法,通过对不同领域的分析,提出了多维相空间理论,建立了一整套的数学模型和处理方案,在微观到宏观的过渡上,描述了各种系统和现象中从无序到有序转变的共同规律。协同学的基本原理有两个:支配原理和自组织原理。他指出开放系统中大量存在的子系统,却只受少量的"序参量"支配,实现系统在总体上形成有序结构。

突变理论由法国数学家勒内·托姆勒内·托姆于1965年提出。托姆将系统内部状态的整体性"突跃"称为突变,其特点是过程连续而结果不连续。他指出自然界或人类社会中任何一种运动状态,都有稳定态和非稳定态之分。在微小的偶然扰动因素作用下,仍然能够保持原来状态的是稳定态;而一旦受到微扰就迅速离开原来状态的则是非稳定态,稳定态与非稳定态相互交错。非线性系统从一个平衡态到另一个平衡态的转化,是以突变形式发生的。突变论从数学上解决了突变行为的数学分析及突变形式的分类。突变理论是研究系统序演化的有力数学工具。突变理论可以被用来认识和预测复杂的系统行为。突变理论是以拓扑学、奇点理论为数学工具,对不连续现象作定性研究的一个新的数学分支。其以不光滑的曲线或曲面来描述突变现象,阐述了系统如何随着外部条件的连续变化而引起结构突然的飞跃式变化。系统只要满足一定条件,突变就会由系统的内在因素产生出来。不论构成系统的基质特性和引起结构或形态变化的"力"如何,只要控制参量变化到临界点上,就会出现从一种稳定态向另一种稳定态的突变。概括起来主要有三个要素产生突变:临界条件、切入方向及转变区结构的曲线模型。这些要素的界定,决定了系统突变的方向和水平。在控制变量不多于四个的情况下,会产生七种基本突变类型,其中以折叠突变和尖顶突变的应用最为常见。

超循环理论思想是由艾根(M. Eigen)提出的一种自组织理论,认为"循环"是事物普遍的联系概念,按进化的层次性,循环又可分为三种差异性描述机理,它们是反应循环、催化循环、超循环,这三种机理构成了对超循环理论的描述,而其描述的"拟种"突变过程较好地解释了系统结构的进化过程。超循环理论的三种差异性机理描述概念如下:①反应循环是指多步骤化学反应序列,是持续不断的反应过程,是较低级的组织形式。反应循环可以包含催化剂,但催化剂是外来的,不是由反应自身产生的。

②催化循环是比反应循环高一级的组织形式，反应至少存在一种能够对反应本身进行催化的中间物或者是相当于中间物的反应网络结构型，这种反应物是循环中自己产生的，又对循环本身起作用。显然，催化循环具有自复制单元或自催化单元。③超循环是比催化循环更高级的组织形式，是维持两个或多个催化循环的动态系统的循环圈。超循环是通过催化功能把自复制单元或自催化单元连接起来的高级循环形式，是催化循环之上的循环。在超循环中，复制单元不仅指导自身的复制，而且控制下一个复制单元的复制。

四 循环经济理论

（一）循环经济的含义

"循环经济"一词，首先由美国经济学家 K. 波尔丁提出，主要指在人、自然资源和科学技术的大系统内，在资源投入、企业生产、产品消费及其废弃的全过程中，把传统的依赖资源消耗的线形增长经济，转变为依靠生态型资源循环利用来发展的经济。其"宇宙飞船理论"可以作为循环经济的早期代表。

解振华认为，循环经济是在生态环境成为经济增长制约要素、良好的生态环境成为一种公共财富阶段的一种新的技术经济范式，是建立在人类生存条件和福利平等基础上的以全体社会成员生活福利最大化为目标的一种新的经济形态。开放型物质流动模式转向为闭环型物质流动模式，仅仅是循环经济这种新经济形态的表面技术范式方面的特征，其本质是对人类生产关系进行调整。解振华指出，在技术层次上，循环经济是与传统经济活动的"资源消费→产品→废物排放"开放（或称为单程）型物质流动模式相对应的"资源消费→产品→再生资源"闭环型物质流动模式。其技术特征表现为资源消耗的减量化、再利用和资源再生化。其核心是提高生态环境的利用效率。循环经济的技术主体要求在传统工业经济的线性技术范式基础上，增加反馈机制。在微观层次上，要求企业纵向延长生产链条，从生产产品延伸到废旧产品回收处理和再生；横向技术体系拓宽，将生产过程中产生的废弃物进行回收利用和无害处理。在宏观层次上，要求整个社会技术体系实现网络化，使资源实现跨产业循环利用，综合对废弃物进行产业化无害处理。

（二）循环经济的原则

学者们普遍认同循环经济的"3R"基本原则，即"减量化、再利用、再循环"。

1. 减量化原则

减量化（reduce）原则属于系统输入端方法，是指在生产活动的源头即减少进入生产与消费过程中物质和能量的流量，用较少的原料和能源投入来达到既定的生产目的和消费目的，进而节约资源和减少污染。在生产中，这一原则要求企业通过技术改造、采用先进生产工艺或实施清洁生产等方法来减少投入和降低污染物的排放，倡导产品小型化、轻量化，产品包装简朴化。在消费中，要求消费者改变消费观念，倡导适度消费和"绿色消费"。

2. 再利用原则

再利用（reuse）原则属于系统的过程性方法，是指通过尽可能多次及尽可能以多种方式使用物品，延长产品和服务的时间强度以减少资源使用量和污染排放量。这一原则目的在于提高产品和服务的利用效率，因此，要求企业在生产中采用标准设计和制造工艺，产品和包装容器以初始形式多次重复使用，减少一次性用品的污染量；在消费中要求人们对废物能够维修再使用、返回市场或转给他人使用。

3. 再循环原则

再循环（recycle）原则属于系统的输出端或终端方法，是指物品在完成使用功能后把废弃物再加工后变成资源加入新的生产循环中，以减少最终处理量。再循环有两种途径：一是原级再循环，即废品被用来产生同种类型的新产品，这是最理想的方式；二是次级再循环，即将废物转化成其他产品的原料。这一原则要求消费者和生产者应该通过购买用最大比例消费后转变成再生资源制成的产品，使得循环经济的整个过程实现闭合。

（三）循环经济下的资源循环利用

在可持续发展的要求下，改变"大量生产、大量消费、大量废弃"的粗放式发展方式，进入"以资源的高效利用和循环利用为核心，以'减量化、再利用、资源化'为原则，以低消耗、低排放、高效率为基本特征"的循环经济发展模式，是我国发展现代制造业的必然选择。目前，"走循环经济这条可持续发展之路"仍处于探索过程中,"循环型社会的制造业——制造业的可持续发展"将制造业的发展推到了经济发展舞台的前端。作为人类社会文明物质基础的制造业,始终对人类社会进步发展起着基础、先导的作用。一方面,制造业为人类社会的文明进步作出了突出的无法替代的贡献;另一方面,产业生产过程中的制备、生产、使用、废弃全过程又是资源、能源的最大消耗者和污染环境的主要责任者之一。对自然资源相对短缺的中国来说,发展资源循环利用产业,势在必行。有关资料表明,用1吨废钢铁炼钢可节约2吨矿石、1吨焦炭、1吨石灰石,降低能耗40%;用1吨废纸造纸可节约0.4吨煤、少砍树8棵、节电512度;利用废金、银、钢、铁、碎玻璃等废旧物资都能节约大量的原材料和能源。

二次资源的可循环利用是21世纪可持续发展的必然;21世纪是经济、环境保护及社会进步"共赢"的世纪。资源循环利用产业适应了新形势的需要,把生态环境意识贯穿或渗透于产品和生产工艺的设计之中,提高制造业产业中资源能源利用效率、降低生产和制造过程中的环境负担,因而成为21世纪的希望产业。

第二节　中国资源循环利用产业的发展环境

一　中国资源循环利用产业的发展机遇

(一)国际资源循环利用产业的发展趋势

进入21世纪,人类面临着空前严重的资源和生态环境危机。全球金融危机的爆发宣告了传统工业文明已经走到了尽头。为了延续人类文明,满足人类可持续发展的高层次需求,就必须进行一场绿色革命。世界主要工业发达国家对资源循环利用相当重视,认为其是国民经济发展中重要的组成部分,是实现循环经济的重要举措。近年来世界主要发达国家纷纷投入巨额资金,制定优惠政策,提供技术支持,促进循环产业快速发展。

近10年来世界再生铜产量已占原生铜产量的40%~55%,其中,美国约占60%,日本约占45%,德国约占80%。世界再生铝产量也占原生铝产量的35%~50%,其中,美国约占50%,日本约占90%,德国约占45%。世界再生铅产量也占原生铅产量的40%~60%,其中,美国约占75%,日本约占60%,

德国约占55%。锌、镍、镁、锡、锑等再生资源也得到不同程度的利用。

目前，发达国家资源循环利用产业规模已增至6000亿美元，仅美国的再生资源产业规模目前已达2400亿美元，超过汽车行业，成为美国最大、就业人数最多的支柱产业。专家估计，在未来30年内，资源循环利用产业产值将超过3万亿美元，为全球提供的原料将由目前占原料总量的30%提高到80%，提供就业岗位3.5亿个。从世界范围来看，资源循环利用型产业即绿色产业将成为新的利润增长点，成为21世纪的主导产业。可以预计世界资源循环利用产业的迅猛发展将为我国做大做强资源循环利用产业提供巨大的施展空间。

（二）国家政策大力扶持

随着中国经济的持续快速发展，城市化、工业化进程的不断加快，资源约束、环境污染问题日益凸显，国家对资源的重视程度也越来越高，我国资源循环利用产业的战略地位近年来得到了明显的提升。

2009年1月1日起开始施行的《循环经济促进法》第四章第三十七条规定："国家鼓励和推进废物回收体系建设。"这部法律的第四章"再利用和资源化"都是对再生资源回收利用行业的规定性支持；而第五章的"激励措施"规定了国家从产业政策、财政税收、科研开发、价格基金等方面的鼓励措施；第六章则是规定对违反这部法律的惩处措施。可以说《循环经济促进法》为资源循环利用产业提供了法律的保障。

《"十一五"资源综合利用指导意见》中提出了2010年资源综合利用的目标、重点领域、重点工程和保障措施。其中，在资源综合利用领域将要实施的六大重点工程，有三项涉及资源循环利用产业。我国首部《再生金属产业"十一五"及中长期发展规划》已于2005年年底出台，其他资源循环利用产业的专项规划和产业发展的法规政策，也正在抓紧制定。到2012年，我国将建立比较完善的循环经济法律法规体系、政策支持体系、技术创新体系和有效的激励约束机制；建立循环经济评价指标体系，制订循环经济发展中长期战略目标和分阶段推进计划。

2009年5月21日，国务院副总理李克强在出席财政支持新能源与节能环保等新兴产业发展工作座谈会时指出，历史经验表明，每一次危机都孕育着新的技术突破，催生新的产业变革。综合考虑国内外情况，新能源和节能环保产业是促进消费、增加投资、稳定出口一个重要的结合点，也是调整结构、提高国际竞争力的一个现实的切入点。这方面发展的潜力很大，应当重点给予扶持，力求取得突破，努力实现产业化、规模化。李克强强调，在新的形势下，要立足当前，着眼长远，用世界眼光观察问题，从国情出发统筹谋划，加大经济结构调整力度，推动经济发展方式转变。要把政府引导与发挥市场机制作用结合起来，把科技创新与体制创新结合起来，健全和完善财税政策，推进新能源和节能环保技术产业化，加快用新能源和节能环保技术改造传统产业，大力发展循环经济和清洁生产，扩大终端消费，培育新的市场，促进新兴产业发展壮大。

在政策支持方面，明确要把发展循环经济作为政府投资的重点领域，对一些重大项目进行直接投资或资金补助、贷款贴息的支持，并发挥好政府投资对社会投资的引导作用，特别是要引导各类金融机构对有利于促进循环经济发展的重点项目给予贷款支持。目前，我国汽车家电以旧换新行动正如火如荼地开展，而我国正在编制的"十二五"规划中，开发"城市矿山"行动也已经进入规划阶段，将资源循环利用产业作为新兴产业加以重点培育，加大了对资源循环利用产业建设的投资规模，从而为资源循环利用产业的发展提供了一个良好的市场契机。

资源循环利用产业是典型的"政策影响产业"，政策的变化直接决定了一个产业、一个企业的生存与发展。随着国家围绕资源环境领域的投入的不断增大，财政政策将加大对资源循环利用产业的支持，资源循环利用产业将享有得天独厚的优势，势必大有所为。

（三）有利的市场环境

"十二五"期间，中国经济仍将保持快速发展，经济增长对原材料需求巨大，而我国各地区工业发展所需的原材料，如金、银、铜、铝等十分缺乏，原生有色金属材料的市场供给能力已显不足，再生有色金属成为了重要的市场补充，为再生有色金属行业的发展提供了良好的契机。

据《2008年中国再生资源行业发展报告》相关数据，2008年中国共进口废钢铁、废有色金属、废塑料、废纸、报废船舶等五个类别的再生资源共计3827.52万吨，比2007年增长了8.16%。其中，共进口有色金属废料实物量772万吨。自2005年以来，中国废旧有色金属进口量约占世界贸易量的1/3，已成为废旧有色金属第一进口大国和集散地。

随着我国工业化进程的加快，工业废弃物将大量增加，仅七类废旧物资的总回收量每年可达6000多万吨，每年报废的汽车达200万辆，废旧轮胎的产生量将达2亿多条；同时，居民生活废弃物也将不断增长，废旧家用电器将进入更新换代的高峰期，每年将有500万台的电视机、400万台的电冰箱、600万台的洗衣机、2000余万台计算机报废。据对临沂、汨罗、保定等主要回收集散地的调研，2007年1～9月国内共回收废铜56万吨、废铝75万吨、废铅32万吨。

总的来看，中国经济发展仍处在重要战略机遇期，汽车、房地产、基础设施发展空间很大，中国正处在加快推进工业化阶段，城镇化、工业化对钢铁、有色金属等基础性原材料的需求非常大，资源循环利用产业发展潜力很大。

（四）各地政府全力发展

截至2008年年底，全国有多个省市提出将资源循环利用产业作为新兴产业大力扶持。例如，辽宁省沈阳市辽中县正在建设一座"沈阳近海东北亚资源循环利用科技城"，项目已于2010年动工。科技城占地2000亩，投资17.5亿元，是国内首个废旧产品拆解和加工技术的研发推广平台，将汇集中国、日本、法国等国的资源循环利用科研机构和相关企业，为沈阳市有效利用每年产生的300万吨废旧金属、90万吨废塑料和废橡胶、110万吨废纸提供技术和产业支持，为东北亚地区资源循环利用产业合作提供相关服务。东北亚资源循环利用科技城研发部分及配套一期用地为990亩，总建筑面积约为40万平方米，预计总投资约为12亿元人民币。在此基础上，这里将进一步建设我国第一座"城市矿山"，在没有任何矿产资源的地方形成200万吨级的钢铁基地、百万吨级的塑料和橡胶基地、百万吨级的造纸基地及其他多种资源的生产基地。

此外，各省市积极实施资本市场战略，设立资源循环利用产业投资基金。例如，湖北2009年出台的1.3万亿元投资方案中，拟设循环经济产业基金。武汉计划不仅将建立循环经济的专项资金，每年至少拿出1亿来支持其发展，还将申请国家建立1000亿的循环经济产业基金，创办循环经济研究院和国家级实验室，加快东西湖区和青山区两个国家级循环经济试点园区建设；建立垃圾分类收集和处理系统，回收和循环利用各种废旧物资。建立废旧电池、电器回收系统，发展废旧机电产品再制造产业；形成具有国内领先水平的环保产业群，努力打造国家环保产业之都。此外，天津也正在积极组建曹妃甸循环经济产业基金、科技引导基金和河北产业投资基金等。安徽支持经发投集团发起设立循环经济产业基金、宁夏灵武将设立再生资源循环利用经济产业发展基金，全部用于企业的技术创新、人才引进及产业升级。

我们认为，中国国民经济的快速增长，资源环境问题越来越受到社会广泛的重视，资源循环利用产业也得到迅速发展。资源循环利用产业在中国存在的巨大市场潜力有待挖掘，它是解决资源困境和环境污染的技术保障和物质基础，同时又能推动经济的发展。因此，资源循环利用产业在中国具有广阔的市场前景。可以预见，今后资源循环利用政策力度将会进一步加大，资源循环利用产业将迎来难得的发展机遇。

总的来看，各方面的因素都为我国的资源循环利用产业迎来一个快速发展时期提供了很好的条件，使我国的资源循环利用产业有望成为带动我国经济增长的新的亮点。

二 金融危机带来的挑战

受全球金融危机影响，再生资源回收市场呈现萧条景象。钢材、纸张、塑料等原料价格大幅下降，使回收企业的利润缩水，有的甚至发生亏损，迫使许多中小型回收企业减少或停止了回收行为，一些抗风险能力相对较强的大企业也是惨淡经营。

让很多人没有注意到的是，废品回收处理是遭受全球金融打击最严重的行业之一。中国再生资源回收利用协会发布的一则消息称，2008年第三季度以来，国际金融危机迅速蔓延到实体经济，制造业的萎缩导致对原材料需求下降，国内钢铁企业、有色金属加工企业及造纸、塑料等企业停产、减产，部分企业损失惨重，出现破产倒闭现象，原材料价格一直呈下跌趋势。受其影响，国内再生资源市场疲软，价格暴跌达50%以上，80%的回收网点歇业关门，几百万业内城镇工人和农民回收工因行业不景气而失业或者收入大幅减少，再生资源回收量下降70%以上，造成环境污染和资源浪费，再生资源行业面临前所未有的危机。

全球金融危机给再生金属行业造成的打击是致命的，后果也是十分严重的，据中国有色金属工业协会再生金属分会调研，目前再生精炼铜85%以上的产能处于停产状态，废杂铜直接生产铜材的70%以上的产能处于停产状态；再生铝和再生铅的停产产能分别达50%和60%以上。90%以上的企业存在裁员现象。据初步测算，我国再生金属行业约有1万家企业，国内回收、进口拆解、加工利用人数约100万人，目前约有30万人面临失业。有色金属价格直线下滑直接导致废金属价格下跌，仅在2008年9月10日至12月10日的三个月中，进口的2号废杂铜（含铜94%）价格由原来的每吨6395美元下跌为2925美元，下跌了45.7%；废铝切片（含铝94%）由原来的每吨1755美元下跌为815美元，下跌了46.4%；国内还原铅价格由原来的每吨15 750元下跌为8450元，下跌了53.6%。此次金融危机中国再生金属产业至少损失300亿元以上。

受美国金融危机的波及，钢材价格下滑的影响，2008年8月废钢市场急转直下，连续降价，到 10 月底，收购价在 2000 元／吨左右，下降 50%。降幅和降速之大在进入 21 世纪以来从未发生过。

第三节　中国资源循环利用产业的发展趋势

2008 年，我国资源循环利用产业总产值超过 8000 亿元，废金属、废塑料等八大类再生资源回收总量已达 1.23 亿吨。目前，我国资源循环利用产业就业人数达 3000 万人左右。

我国资源循环利用潜力巨大，产业化发展有很大的空间。据统计，我国每年可回收的再生资源近 1 亿吨，价值 2000 多亿元，其中，废钢铁 4000 多万吨、废纸 3000 多万吨、废有色金属 500 多万吨、废塑料 600 万吨、废轮胎 5000 多万条、其他废旧物资 1000 多万吨。以汽车零部件再制造为例，预计 2012 年我国汽车报废量将达 350 万辆，如果零部件再制造比例达到 50%，年产值可达 800 亿元，可解决 40 万人就业。

一　中国资源循环利用产业属性分析

资源循环利用产业作为一个新兴的朝阳产业，包括艺术品级、产品级（二手产品）、零部件级（再制造）和材料级的四类循环，它不同于我国过去"农民游击队"所从事的简单的垃圾回收业。它具有"三密一高"的特点。

（一）政策密集型产业

资源循环利用产业是政策影响产业，国家的法律法规和政策对产业的发展起着非常重要的引导和推动作用。例如，利用废塑料、秸秆和木屑制成的木塑材料可替代原生木材。用塑木材料可代替我国 10% 的木材，形成 3200 万吨／年的塑木产量，产值约为 2560 亿元，减排 CO_2 24 600 万吨。但木塑产业的发展，需要国家相关政策来推动。

（二）技术密集型产业

资源循环利用是逆向制造过程，涉及修复技术（含再制造技术）、改性技术、分离技术、资源循环利用装备制造技术和无害化技术等高新技术。其中，修复技术主要是对原有功能加以修复，如再制造产业中再制造产品质量和性能不低于新品，有些甚至超过新品。汽车发动机再制造，成本只是新品的50%，节能的60%，节材的70%，对环境的不良影响显著降低。改性技术主要是形成复合新材料，如深圳嘉达高科产业发展有限公司，通过材料改性技术，把废塑料制成复合高性能聚合物新型材料，开辟了复合材料新领域，广泛应用于建材产业、电子产业和汽车产业。奥运会"鸟巢"和京津高铁都应用了这种新型材料。分离技术将复合材料加以分离利用，如利乐包铝塑分离技术可解决全国100多万吨饮料纸包装废弃物利用问题。资源循环利用装备技术是资源循环利用产业发展的强力支撑，如废家电处置装备可形成680亿的市场总值。信息技术与资源循环利用产业的结合也将成为热点，如物联网技术应用于资源回收。无害化技术则贯穿资源循环利用产业生产的整个流程。从产业技术发展路径来看，我国资源循环利用产业将沿着引进消化→集成创新→自主创新的过程演化。因此需要不断推进自主创新，提供既循环又经济的技术。

（三）劳动密集型产业

资源循环利用产业是典型的劳动密集型产业，如手机、计算机、空调等废弃的电子电器产品在前期的拆解过程中需要投入大量的手工劳动，可容纳大量就业者。

（四）高附加值产业

从世界各国的发展经验看，高附加值产业的发展对整体经济的带动作用较为明显。正是由于高附加值产业具有高成长性、高收益性、高渗透性和高扩散性，如资源循环利用产业普遍使用高新技术对原有材料进行改性，形成的新材料由于技术含量高而附加值也高。

二 资源循环利用产业是21世纪朝阳产业

（一）从产业演化的历史规律分析

从产业演化的历史规律来看，在工业化进程中，每一个阶段都存在着不同的主导产业。例如，20世纪20年代的石油化工、50年代的钢铁、60~70年代的汽车、80~90年代的IT产业。在每一个主导产业蓬勃发展的时期，均涌现出具有代表性的富豪。

石油，被人们称为黑色黄金，它的发现和利用改变了整个20世纪。1853年，穷困潦倒的美国学者乔治·比斯尔发现石油可以用做燃料，他意识到这可能是一条致富的捷径。在早期，汽油只是毫无用处的石油副产品，但随着内燃机的发明，一个新的文明时代开始了。对石油的需求大幅增加，石油产业快速发展，最早涉足石油行业的人也因此成为国际石油大亨，其中就有大名鼎鼎的美国石油大亨约翰·洛克菲勒。1863年，洛克菲勒在克利夫兰开设了一个炼油厂，把西部的石油运到纽约等东部地区。1882年创建了"标准石油公司"，这是一个史无前例的联合事业——托拉斯。在这个托拉斯结构下，洛克菲勒合并了40多家厂商，垄断了美国80%的炼油工业和90%的油管生意。1935年，洛克菲勒控制了海内外大约200家公司，资产总额达到66亿美元，他的私人财产也超过了15亿美元，成了名噪世界的"石油大王"。标准石油公司几经更名，最后定名为美孚石油公司。

现代钢铁工业始建于19世纪初期，至今已有百年历史。但直到第二次世界大战前，钢铁产量仍然很有限，生产国也不多，且分布十分集中。第二次世界大战后的20世纪50~70年代是世界钢铁产量迅猛发展时期，随着各国经济建设步伐加快，产业结构的调整，工业向重化学化发展，造船、汽车及建筑业的迅速发展，扩大了钢铁的需求量，钢铁工业成为许多国家的重点发展部门。同时，国际市场上的铁矿石、煤炭、石油等原料、燃料不仅供给充足，而且价格低廉，大大加快了世界钢铁工业的发展步伐。还有生产技术的变革，如顶吹转炉与电炉炼钢的广泛应用等都是引起钢铁产量激增的重要因素。随着科学技术的进步与生产力水平的提高，钢铁工业明显走向大型化、现代化，出现了一批典型的超大型钢铁巨头。匹兹堡在近代产业史上曾被称为美国的"钢都"。"钢铁大王"安德鲁·卡内基是最著名的企业家之一。1867年，他在匹兹堡建立了一座庞大的一体化的贝斯麦钢轨用炼钢厂，即埃德加·汤姆森炼钢厂，1873年年底，他终于与人合伙创办了卡内基-麦坎德里斯钢铁公司。到19世纪末20世纪初，卡内基钢铁公司已成为世界上最大的钢铁企业。它拥有2万多员工及世界上最先进的设备，它的年产量超过了英国全国的钢铁产量，它的年收益额达4000万美元。

汽车首次出现的时候，主要是为上层社会服务的。那时候没有人认识到这种精美的、机械上的奇迹将会从根本上改变这个世界，更没有人对它的独特机动性能赋予完全新的含义。但随着它改善了人们的交通方式，带给人们以更自由、更快速的活动空间，开拓的视野和更高效、更舒适的生活，渐渐被人们视为不可缺少的负重和代步的工具。随着人类科技飞速的发展，汽车发展历史可分为：1886～1910年的汽车发明实验阶段；1911～1940年的汽车技术不断完善阶段；1941～1960年的汽车工业迅速发展阶段。尤其是20世纪60年代，汽车产业迅速发展，各国都争相发展汽车，创造了广阔的市场前景。美国底特律汽车产业并存三大巨头，被《财富》杂志称为"20世纪最伟大的企业家"的亨利·福特，就是世界著名的"汽车大王"之一。1903年，亨利·福特在美国底特律市创建了福特汽车公司。1908年福特汽车公司生产出世界上第一辆属于普通百姓的汽车，为福特公司及整个美国汽车业的发展奠定了基石。1913年，公司又开发出了世界上第一条汽车生产流水线。福特先生为此被尊为"为世界装上轮子"的人。目前福特在世界30多个国家拥有生产、总装或销售企业。福特卡车与轿车的销售网遍及六大洲、200多个国家，经销商超过10 500家。福特的企业和员工形成了国际网络，在世界各地从事生产、试验、研究、开发与办公的福特员工超过了37万人。丰田汽车总部位于日本丰田市，丰田汽车创立于1933年，20世纪70年代是丰田汽车公司飞速发展的黄金期，1972～1976年仅4年时间，该公司就生产了1000万辆汽车，年产汽车达到200多万辆。进入80年代，丰田汽车公司的产销量仍然直线上升，到90年代初，它年产汽车已经超过了400万辆接近500万辆，击败福特汽车公司，汽车产量名列世界第二。

进入20世纪90年代，随着人们生活物质水平的不断提高，更多的人开始追求精神层面的享受。如何通过网络获得信息、加强沟通、进行交易，甚至游戏娱乐，越来越成为人们关注的焦点。与此相关的IT产业应运而生。其中典型的代表就是美国比尔·盖茨创办的微软公司，它于1975年成立，在20世纪90年代获得大发展，目前是全球最大的软件公司，IT业新技术变革的领导者。比尔·盖茨39岁便成为世界首富，连续13年登上福布斯榜首的位置，成为新一代高科技CEO的代表人物。截止到2008年，微软公司收入近620亿美元，在60个国家的雇员总数超过了50 000人。

进入21世纪，由于全球资源日益枯竭，资源供应日趋紧张，70%的矿产资源已经从地下搬到了地上，地下的资源日趋枯竭，资源以垃圾的形式堆积在城市之中，以后要想获得资源，就要从我们的城市垃圾中进行挖掘。因此，我们必须重视循环经济模式，大力发展资源循环利用产业。资源循环利用产业是21世纪的新兴产业，三大主要产业将引领未来的发展方向：一是资源循环利用产业。它主要包括再生资源的回收利用与再制造（含产品级、零部件和材料级的再制造）。在发展各种废弃物回收利用的基础上，重点推动废家电拆解、废旧汽车拆解、污泥处理、生活垃圾、生物柴油等再生资源回收利用产业化。二是可再生能源产业。大力开发利用太阳能、风能和生物质能，加快可再生能源技术的市场应用和产业化进程，鼓励进行垃圾发电、光伏发电、风电等，将可再生能源产业作为高技术产业的重点支持发展领域。三是再生利用技术及装备业。重点培育具有自主创新能力和国际竞争力的骨干企业，加强再生利用技术的研发和推广应用，着力研究开发先进装备，不断提高产品质量水平和成套能力，为发展循环经济提供装备支持。特别是开发资源循环利用产业设备，消除再生利用过程中的二次污染，提高无害化利用水平。近年来世界主要发达国家纷纷投入巨额资金，制定优惠政策，提供技术支持，促进了资源循环利用产业快速发展。目前，发达国家资源循环利用产业规模已增至6000亿美元，到2010年达到1.8万亿美元，仅美国的资源循环利用产业规模目前就已达2400亿美元，超过汽车行业，成为美国最大、就业人数最多的支柱产业。专家估计，在未来30年内，资源循环利用产业为全球提供的原料将由目前占原料总量的30%提高到80%，产值超过3万亿美元，提供就业岗位3.5亿个。从世界范围来看，资源循环利用产业将成为新的利润增长点，成为21世纪的主导产业。

（二）从全球区域发展的角度分析

从全球区域发展的角度来看，每一次科学技术革命都会给一些国家实现产业结构的调整和高级化，赶超先进的国家提供难得的历史机遇。

18世纪以英国为首的工业革命使工厂制代替了手工工场，用机器代替了手工，实质上是把专业化的手工操作机械化，几十倍地提高了纺织业的效率，最引人注目的是蒸汽机的改进和推广应用。

20世纪以美国为首的信息革命是一场远比蒸汽技术革命、化工技术革命和电力技术革命更为深刻、更为广泛的科学技术革命，它为发展中国家赶超发达国家带来了严峻的挑战，也带来了巨大的机遇。信息技术逐步成为推动生产力发展的决定性因素，世界经济正在加速从工业社会向以信息为主导、以互联网为载体、以知识创新为核心的信息社会过渡。

21世纪以中国、日本及韩国为首的资源循环利用产业（绿色革命）是继工业革命、信息革命之后，人类社会发展中的又一次伟大革命，它宣告了工业革命的结束和生态文明的开始。

（三）资源循环利用产业发展的新变化

1. 资源循环利用产业的规模经济

中国地域辽阔、经济发展不平衡，在实现工业化的过程中，资源、人口、环境问题日益突出。城乡差异、区域差异的存在，给小型回收企业和劳动力大军提供了巨大的生存空间。在计划经济时期，废旧物资回收纳入各级政府的管理范围，尽管在资源的配置和网点的设置上存在诸多问题，但是，市场流通秩序和资源配置始终处于政府的有序管理之下。随着管理体制的变化，流通市场的开放为众多经济成分涉足废旧物资领域提供了合适的经济环境，因此，出现了大量的劳动力和资本流向再生资源市场的局面。从宏观上分析，整个市场集约化程度低、流通环节多、成本大、管理混乱。

在经济全球化面前，金融危机来势汹汹，考验着并不完善，甚至还没建立起风险防御系统的众多行业，资源循环利用产业就是其中之一。废金属、废塑料、废纸等再生资源市场价格一路暴跌，扮演废品回收业主力的个体户全线溃败，"小、散、乱"的再生资源利用企业面临亏损和破产的危机，资源循环利用产业将面临重新洗牌。这为抗危机能力更强的再生资源规模企业提供了一次机会，而盈利模式将是决定再生资源回收利用业"正规军"能否化危为机的一个主要因素。

例如，台州齐合天地金属有限公司凭借其在再生资源拆解行业的规模优势，紧紧抓住金融危机的机遇，进一步做长再生金属的产业链，提高产品深加工程度，挖掘产品附加值。在前期斥资1000万美元建成一条年产6万吨再生铝合金锭生产线的基础上，2008年下半年建成一条年产2万吨铜线、异型铜材的生产线。在有色金属、黑色金属材料价格大幅下跌的条件下，2008年全年仍然实现销售收入23.15亿元，上缴国家税收4.85亿元，实现进口贸易3.473亿美元，比上年分别增长28.1%、51.8%和63.9%。

2. 资源循环利用产业的升级

在金融危机环境下，再生资源回收利用不只是一般原材料的循环利用，而是由"原材料级"的循环利用上升到"零部件级"、"产品级"的再制造过程。"再制造"是指把废旧产品恢复到具有原产品一样的技术性能和产品质量的生产工艺流程。再制造产业是一种对废旧产品实施高技术修复和改造的产业，它针对的是损坏或行将报废的零部件，在性能失效、寿命评估等分析的基础上，进行再制造工程设计，采用一系列相关的先进制造技术，使再制造产品质量达到或超过新品。再制造产业诞生后，产品的寿命周期就不仅要考虑产品的制造、使用和报废处理三个阶段，而且在产品设计时就充分考虑产品维护及采用包括再制造在内的先进技术对报废产品进行修复和再造，从而使产品性能和价值得以延续，因而产品的全寿命周期链条就拉长为产品的制造、使用、报废、再制造、再使用、再报废。再制造不但能延长产品的使用寿命，提高产品技术性能和附加值，还可以为产品的设计、改造和维修提供信息，最终以最低的成本、最少的能源资源消耗完成产品的全寿命周期。国内外的实践表明，再制造产品的性能和质量均能达到甚至超过原品，而成本却只有新品的 1/4 甚至 1/3，节能达到 60% 以上，节材 70% 以上。

例如，TCL 家电产品的生态设计。2005 年 5 月欧洲委员会通过了 EUP 指令，按照 EUP 指令的要求，设计人员在设计新产品时要考虑整个产品生命周期对能源、环境、自然资源的影响程度，产品要取得认证标志，才能生产并投放到欧洲市场。TCL 德龙每年生产的移动空调有 90% 以上出口欧盟，因此，TCL 从设计、研发环节着手，积极开发符合环保趋势的产品，以规避贸易壁垒的风险。

3. 资源循环利用产业的技术提升

与国外相比，我国再生资源的整体技术水平和装备还处于比较落后的状态，在有色金属的分选和预处理中，大多还采取手工分选和简单机械处理的方法；在废旧塑料的清洗和分选中，主要以人工鉴别和简单的物理方法处理；再生橡胶的生产主要采用 20 世纪 80 年代的水油法生产，低温动态脱硫法还没有在全行业普及应用；在轮胎翻新领域，大多数企业还只能对部分载重汽车轮胎进行翻新，由于我国大多数企业的再生胶生产工艺和装备还比较落后，因此，在旧轮胎的翻新利用领域主要表现为翻新轮胎质量不高；废钢铁的回收还处于简单的物料搬家时的回收模式；大型钢铁企业还必须依靠自身建立的废钢分选预处理系统，致使废钢铁回收利用的优势未能得到发挥；在废旧有色金属的回收利用上，由于众多小冶炼企业的存在，大多数废旧有色金属在简陋的专备和落后的工艺条件下被再生利用，不仅产品质量低，资源流失严重，而且给我国的生态环境带来了巨大的压力。

当前我国资源循环利用产业需要转"危"为"机"，迫切需要进一步提高技术装备水平，在全球金融危机下，通过技术革命，对促进资源循环利用产业技术升级，提高产业整体水平，推动资源循环利用产业规模化发展，培育产业新的经济增长点都具有重要意义。例如，由北京盈创再生资源有限公司投资建设的塑料瓶回收生产线，既是国内首条再生瓶生产线，也是亚洲最大的再生瓶生产线。该生产线具有自动化密闭流程、连续化流水作业、信息化测控、清洁化生产、无害化处理等特点。若满负荷运行，每年可回收处理废旧塑料瓶 6 万吨，占北京市年废弃量的 4 成，每年可生产 3.4 万吨洁净 PET 碎片和 2 万吨瓶级 PET 切片。资源循环利用产业采用新技术提升企业核心竞争力将是一种发展趋势。

4. 资源循环利用产业的运作模式

我国资源循环利用产业发展面临着再生资源市场秩序混乱的局面。在计划经济体制下形成的回收利用网络在市场经济条件下已经逐步淡化,遍布全国城乡的垂直管理体系已经消失,而新的管理体系尚未建立起来,因此,在我国的再生资源回收利用的管理上,表现为管理的缺失和市场体系的不完善,再生资源的回收率比较低,在再生资源的利用率上表现为一些高价值的资源未能得到高值利用,造成了资源的严重浪费。例如,在废旧橡胶的回收利用中,由于我国回收利用体系不健全,回收利用的政策不合理,大量的废旧轮胎没有得到回收利用,我国目前的废旧轮胎产生量已经达到每年1.2亿条,但是翻新数量只有800万条,大量的工程轮胎由于缺乏翻新的技术和设备,还不能得到翻新利用,轿车轮胎基本没有得到翻新利用,再生胶粉的产量只有3万多吨,约有51.8%的废旧橡胶资源没有得到利用;在废旧家用电器的回收利用中,由于缺乏合理的回收利用政策,大量的废旧家用电器从城市转移到偏远的农村,已经建立的废旧家用电器回收利用示范工程项目都面临着没有废旧家用电器可拆借利用的局面;大量的废旧易拉罐由于缺乏合理的技术和装备,致使大量的宝贵资源用于低档产品的生产,易拉罐铝的回收率只有70%左右;在一些废旧塑料和废旧橡胶比较集中的地区,废旧塑料和废旧橡胶被用来进行土法炼油的生产,既浪费了大量的资源,又给环境的污染带来更大的压力;由于废旧干电池和各类手机电池、二次电池没有得到回收利用,每年流失的有色金属就达30多万吨。

金融危机的影响使管理缺失和市场体系的不完善问题更加凸显,资源循环利用产业通过产品价格竞争优势来增加企业利润空间的时代不复存在。为应对高成本时代的挑战,企业必须创新集约型盈利模式,采取"技术+先进设备+产业基金"的链式经营模式,逐步实现由初级简单经营向高级集约经营转变,提升企业的盈利能力和竞争力。

三 中国资源循环利用产业发展对策

新兴产业在其发展初期,大多为缺少竞争优势的弱势产业,对这些产业进行必要的培育和扶持,是促使它们快速发展的重要条件。在世界各国和地区的产业发展中,无论是以市场经济为主导的欧美国家,还是以政府主导型经济为主的东亚国家和地区,大多都会对未来需要重点发展的新兴产业给予必要的培育和扶持。扶持的重点一方面体现在相关配套政策体系的建立上,另一方面则更多地表现在对这些产业的技术研发、支撑体系建设等的资金投入上。

经过金融危机的考量，我们应该意识到，资源紧缺制约着中国的可持续发展，中国未来资源战略的核心是原生资源与再生资源并重。制度创新与技术创新是推动资源循环利用产业发展的关键。必须从战略高度充分认识资源再生产业在国民经济和社会发展中的重要地位，各级政府都要把大力发展资源再生产业作为发展循环经济、建立节约型社会、增强可持续发展能力的重要举措，纳入国民经济和社会发展的总体规划，并为资源再生产业发展提供政策、制度、资金和组织保障。尽快提高我国资源循环利用产业的规模水平、技术水平和管理水平，提升行业整体凝聚力、抗风险能力和核心竞争力，才能实现再生资源回收利用的最终价值，才能使资源循环利用产业成为真正的朝阳产业。具体建议如下。

（一）实施政府奖励与优惠政策

现阶段我国资源循环利用产业的回收体系仍不健全，产品回收利用率低，与发达国家相比有很大差距。应加大对资源再生产业的长期稳定的政策扶持力度，在相关技术，产业、税收、信贷、外贸政策及市场准入等方面给予倾斜。第一，建立国家再生资源战略储备机制，对再生资源商业储备实施贴息、风险分担和利润分配方面的优惠。第二，制定回收处理企业的准入条件，对从事资源回收处理业务的企业实行核准管理制度。第三，来源于国外的再生资源，要由现有的"圈区管理"转向建立"国际资源监管区"，进而形成国际资源大循环；在严格准入和监管前提下，在沿海地区建设2~3个进口再生资源监管区，区内允许进口废旧家电、废旧汽车、废旧轮胎等再生资源。鼓励企业"走出去"建立再生资源海外生产和研发基地。第四，选择若干有条件的城市建立资源循环利用产业示范基地。加强与合理布局再生资源基础设施建设，保证公共和非营利性的再生资源设施得到充分高效利用；对示范基地、集中资源化处理中心和再生资源回收体系等国家支持的项目用地，明确为公益用地，给予供地优先保障和税收、价格优惠。第五，支持一些经营好、符合上市条件的资源再生企业上市，为企业直接融资创造条件。第六，加大财政对资源循环利用产业的支持。建立和扩展再生资源财政专项基金。利用低息贷款、债券、新产品研发和展示费用补贴等多种形式支持再生资源企业；对再生资源回收加工处理中心、再生资源信息网络等方面的示范项目，优先安排技改投资并给予财政贴息。第七，进一步完善再生资源税收返还政策。减免资源循环利用产业各个环节的税费。建议对采用再生材料达到全部材料30%以上的新产品，给予相应比例1/3的税收减免。

（二）加强技术研发和自主创新

我国再生资源企业多数处于粗放型经营状态。这种现象急需转变。再生资源加工利用业的技术专业性非常强，产业发展需要强大的技术支撑，政府应激励企业开展技术研发，提高技术水平，为资源循环利用产业长期发展注入持久活力。

第一，建立国家资源循环利用研究开发体系，重点建设若干个国家资源循环利用工程技术中心和资源循环利用产品质量检验检测中心。第二，对采纳列入发改委颁布的《当前国家鼓励发展的环保产业设备（产品）目录》、环保部颁布的《国家先进污染防治技术示范名录》等各类目录中的技术及设备的应用企业给予固定资产投资资金补贴。第三，鼓励企业重点开发废旧塑料改性技术，餐厨垃圾无害化资源化技术，复合包装分离技术，再制造技术，复合新材料、废旧线路板处理技术等，支持相关企业通过合资、合作及技术引进等措施，消化、吸收国外先进的资源循环利用产品设计、新型复合材料、再制造及材料回收再生技术，建立新型、高效生产技术体系。第四，对资源回收装备制造业生产企业自主研发成套装备及配套设备给予专项科研及专项产业化资金支持。第五，政府实施绿色采购计划，优先选择可回收利用率高的产品。第六，设立资源循环利用产业研发基金，加大资金投入。充分利用市场配置机制，建立资源循环利用产业技术创新体系。形成一支具有相当规模的技术人才队伍，促进多层次、多部门的环境技术研发与管理协调，促进企业与包装、材料和商业类院校及其他科研机构的合作。使再生资源利用技术的创新达到世界水平。免费提供政府资助的研究机构研发的技术，某些迫切需要的技术由政府购买后予以推广。

（三）推进资源循环利用产品的绿色采购

实施政府优先采购政策。对再生资源利用的项目或产品，政府通过自己优先采购的行为予以鼓励，使有再生成分的产品在政府采购中占据优先地位。制定对使用再生材料的产品实行政府优先购买的相关政策。审计部门有权对政府采购的再生产品进行检查，对未能按规定购买的行为进行处罚。

增加政府对再生产品的购买，引导与带动市场形成对再生产品的稳定需求。提高政府采购部门对采购再生产品意义的认识；在招标和其他合同中规定最低再生资源使用量，或者适当提高利用再生资源的项目和服务的价格。

（四）健全再生资源回收利用体系

我国资源循环利用产业集约化程度低，同时无害化处理环节缺失，二次污染对环境形成相当大的危害。应建立以社区回收网点为基础的回收网络。形成以回收和集中加工预处理为主体、为工业生产提供合格再生原料的再生资源回收体系。发展设施先进、管理手段现代化的再生资源交易市场，以及再生资源综合利用处理中心，最大限度地变废为宝、物尽其用。发挥社会中介、社区和行业组织的作用，促进再生资源利用技术的开发和推广，加强资源循环利用产业政策的宣传、技术人才的培训与积聚。

（五）实行合理的价格收费政策

经济持续快速增长，给我国资源循环利用产业带来重要的发展机遇，而再生资源回收利用面临市场机制发育不足的问题，实行合理的价格收费政策，有利于鼓励再生资源回收利用。废旧物资应实行商品化收费，废弃者支付与废旧物品收集、再商品化等有关费用，其中部分收费用于回收利用再生资源的新技术研究开发。

市场交易都有费用，在完善的市场上交易费用不会抑制交易的发生。但再生资源市场处于发展初期，过高的交易费用可能超出潜在的收益，从而会抑制交易。政府应积极培育再生资源交易市场，建立与完善再生资源回收利用价格形成的市场机制。

（六）完善产业发展的相关法规

我国资源循环利用产业管理有序性不足，社会回收、流通秩序混乱，有些地区因此造成了一些社会治安问题，产业规范化管理不力，尚未建立针对整个资源循环利用产业发展的法规体系，因此，必须制定保障促进资源循环利用产业发展的相关法规。强制企业对各自的废弃物进行社会化再利用，对制造商、进口商和消费者的回收责任作出明确的规定。建议全国人大抓紧研究制定《资源循环利用产业促进法》及配套办法和标准，明确资源再生过程各个环节行为主体各自应承担的权利、责任和义务，从而将资源循环利用产业发展逐步纳入法制化的轨道。

（七）加快技术与贸易标准制定

一国的产品标准、技术标准、贸易标准在国际上领先，将为本国在全球新一轮的发展中抢占先机。第一，我国要加快资源循环利用产业国家技术标准体系的建立，建立健全二手产品市场化认证体系，建立和完善再制造产品标识管理制度，制定装备制造业关键零部件和再制造的技术标准。第二，强化贸易标准的制定，制定居于 WTO 与《巴塞尔公约》之间新的废料贸易体系标准。

在循环经济的大背景下，中国的资源循环利用产业市场将向更为广泛的范围扩展，市场的需求量也将大幅度地增长，资源循环利用产业的发展难以估量。我国资源循环利用产业从发展周期来说，目前尚处在成长阶段；从产业属性分析，又属于"三密一高"产业。基于这两点判断，在未来十年，我国资源循环利用产业发展的总趋势将会是：由小到大，由弱到强，由不成熟到成熟，以较快速度向前发展，成为国民经济的主导产业。预计到 2015 年，中国资源循环利用产业总产值将达到 1.5 万亿元[①]，在政策带动、政府推动、市场驱动、行业发动、企业主动的大环境下，资源循环利用产业巨大的市场需求和良好的发展前景全面彰显，将形成"有多少旧就再生多少新"、"天下无废物"的循环经济、循环社会与循环世界。

---

① 数据来源于 2011 年 4 月 21 日的全国资源综合利用科技大全

参考文献

保罗·萨缪尔森. 1999. 经济学. 萧琛译. 北京：华夏出版社.

博登海默·埃德加. 1999. 法理学：法律哲学与法律方法. 邓正来译. 北京：中国政法大学出版社.

财政部. 2010. 国家税务总局有关负责人就资源综合利用产品和再生资源增值税政策调整答记者问. http://www.gov.cn/zwhd/2008/12/12/content_1176591.htm [2010-08-16].

陈杰, 周露. 2006. 超循环经济的理论建构. 经济问题探索, (1): 92.

陈军. 2008. 中国非可再生能源战略评价模型与实证研究. 中国地质大学博士学位论文.

陈丽丽. 2004. 贸易与环境可持续发展的经济学分析. 国际贸易问题, 10: 84～87.

陈敏德. 2003. 中国可再生资源综合利用的战略思路与对策. 中国软科学, 8: 1～7.

陈迎, 潘家华, 谢来辉. 2008. 中国外贸进出口商品中的内涵能源及其政策含义. 经济研究, 7: 11～25.

陈元, 郑新立, 刘克崮. 2007. 加强对外合作, 扩大我国能源、原材料来源战略研究. 北京：中国财政经济出版社.

邓正来. 1997. 国家与市民社会——中国市民社会研究. 成都：四川人民出版社.

蒂坦伯格. 2005. 环境与自然资源经济学（影印版）. 北京：清华大学出版社.

董立延, 李娜. 2009. 日本发展生态工业园区模式与经验. 现代日本经济, (6): 11～16.

董小琳. 2006. 关于再生资源利用的几点初步构想. 环境科学与管理, 31 (8): 26～57.

杜欢政. 2002. 中国铜再生资源利用状况分析. 统计研究, (05): 62～64.

杜欢政. 2005. 循环经济：区域特色经济发展的法宝. 浙江经济, (21): 61～64.

杜欢政. 2006a. 浙江区域经济的背后还有循环经济在支撑. 经贸实践, (11): 24～27.

杜欢政. 2006b. 浙江循环经济发展的三种模式. 中国国情国力, (5): 61～64.

杜欢政, 王怡云. 2002. 固体废弃物拆解业对环境影响评估及整治. 中国资源综合利用, (6): 11～13.

杜欢政, 张旭军. 2006-02-20. 浙江：内源性民间力量推动循环经济发展. 光明日报, 第11版.

杜欢政, 毛照东, 丁海军, 等. 2008. 我国废旧五金产品再生产业发展的政策研究//周宏春. 变废为宝：中国资源再生产业与政策研究（国家自然科学基金应急项目系列丛书）. 北京：科学出版社：221～310.

范连颖. 2006. 日本循环经济的特点及发展现状. 现代日本经济，（01）：50～54.

冯慧娟，张继承. 2009. 我国再生资源产业市场化运行中的政府调控对策. 经济问题探索，（10）：14～18.

冯之浚. 2005. 中国循环经济高端论坛. 北京：人民出版社.

符淼. 2008. 全要素生产率和产业结构对能源利用影响的实证分析. 数理统计与管理，（2）：189～196.

高敬峰. 2008. 中国制造业比较优势与产业结构升级研究—基于要素禀赋的分析. 山东大学博士学位论文.

高松. 2007. 基于循环经济的资源性固体废物进口贸易管制与利用研究. 天津大学博士学位论文.

谷德近. 2008. 论生产者责任延伸制度. 生态经济，（10）：60～63.

郭廷杰. 2001. 欧盟各国报废汽车再生利用管理简介. 中国资源综合利用，（07）：36～38.

郭学益，宋瑜，徐刚. 2006. 日本再生资源产业发展对我国的借鉴. 中国资源综合利用，12：35～40.

郭艳丽，丁海军，张惠忠. 2008. 电子废弃物回收处理体系比较与建议. 再生资源与循环经济，（7）：17～21.

国家统计局. 2009. 从封闭半封闭到全方位开放的伟大历史转折——新中国成立60周年经济社会发展成就回顾系列报告之二. http://www.ce.cn/macro/more/200909/08/t20090908_19965480_1.shtml [2009-09-08].

韩曙辉，王迪. 2005-06-05. 慈溪旧货业循环出百亿大产业. 宁波日报，第1版.

黄小鹏. 2006. 基于循环经济理念发展再生资源产业. 再生资源研究，（6）：9～14.

吉田文和. 2008. 日本的循环经济. 温宗国，邱勇，莫虹频译. 北京：中国环境科学出版社.

江萍，周景荣. 2005. 欧盟的资源再生利用立法. 中国创业投资与高科技，11：32，33.

解振华. 2003. 关于循环经济理论与政策的几点思考. http://gjs.mep.gov.cn/gjzzhz/200311/t20031103_86947.htm [2003-11-03].

解振华. 2004. 坚持求真务实树立科学发展观推进循环经济发展. 环境经济，（08）：12～20.

金丹阳. 2000. 再生资源行业应成为我国国民经济发展的重要产业. 中国资源综合利用，（12）：5～8.

金通. 2010. 杭州市发展资源回收利用产业促进和谐社会建设的对策研究. http://www.cce365.com/wenzhang_detail.asp?ID=61102&sPage=4 [2010-08-16].

蓝庆新. 2006. 来自丹麦卡伦堡循环经济工业园的启示. 环境经济,（4）: 60~64.

雷健. 2008. 国内外循环经济模式及其对中国新型工业化的启示. 求索,（12）: 29~31.

李斌. 2007. 废旧家电污染现状及回收治理对策的中日比较. 嘉兴学院学报,（2）: 34~39.

李冬艳. 2008. 循环经济模式下资源定价机制改革新探索. 商场现代化,（32）: 25, 26.

李风伟. 2009. 城市生活垃圾处理收费制度的现状与对策研究. 内蒙古科技与经济,（10）: 57, 58.

李俊峰, 时璟丽. 2006. 世界可再生能源发展的大趋势. http://www.newenergy.org.cn/html/0068/ 200688_11365.html [2006-08-08].

李玮玮, 盛巧燕. 2008. 生产者责任延伸制度: 企业承担社会责任的可行路径. 江苏商论,（9）: 101, 102.

李文凯. 2003. 蓬勃发展的美国再生资源行业. 全球科技经济瞭望,（02）: 52~54.

林毅夫. 2004. 发展战略与经济发展. 北京: 北京大学出版社.

刘淑琪. 2001. 我国引进外资过程中的污染转移问题研究. 山东财政学院学报,（01）: 46~49.

刘新民. 2006. 大力发展我国资源再生产业. 中国金融,（5）: 20, 21.

刘兴国. 2001. 企业耗散结构模型分析. 工业工程与管理,（3）: 33~36.

刘艳梅, 姜振寰. 2003. 熵、耗散结构与企业管理. 西安交通大学学报（社会科学版）, 23（1）: 88~91.

龙兴平, 俞海山. 2008. 我国对外贸易中环境成本转移分析. 对外经贸实务, 10: 24~27.

吕颖. 2008. 日本、德国循环经济发展模式的比较及借鉴. 当代经济,（09）: 156~157.

毛照东. 2006. 发展循环经济, 推进资源节约与高效利用之研究. 嘉兴学院学报,（4）: 29~32.

毛照东, 陈天荣. 2007. 浙江资源再生产业全面创新案例探析. 嘉兴学院学报,（5）: 35~39.

毛照东, 杜欢政, 张惠忠. 2006. 再生资源利用与区域特色经济——以浙江省为例. 中国统计,（12）: 55, 56.

苗俊杰. 2005. 未来5到10年我国铜镍铅锌等的自给率只有40%~60%. http://futures.stockstar.com/GA2005071200151947.shtml [2005-07-12].

穆岩, 周晓乐. 2004. 能源利用效益影响因素的计量分析. 统计与决策, 177（9）: 67, 68.

尼科里斯·普利高津. 1992. 探索复杂性. 罗久里, 陈奎宁译. 成都: 四川教育出版社.

牛文元. 1994. 中国式持续发展战略的初步构想. 管理世界,（1）: 195~203.

齐振宏, 王培成, 阮春燕. 2009. 基于循环经济的生态产业链共生耦合研究理论述评. 生态经济,（2）：185～188.

钱俊生，刘向群. 2007. 发展资源再生产业是中国资源战略的一场革命. 中国人口·资源与环境，17（5）：6～11.

邱茜. 2001. 废物贸易与我国进口废物利用. 广东社会科学,（1）：17～21.

曲如晓. 2004. 论国际贸易中的环境关税. 国际经贸探索，7：4～7.

商务部商贸服务管理司. 2009. 2008年中国再生资源行业发展报告.

商务部综合司，商务部国际贸易经济合作研究院. 2008. 中国对外贸易形势报告. www.cenet.cn/wangkan/issue41/issue41n.htm [2008-08-01].

沈东升. 2001. 进口废电器拆解残余固体废物中污染物的溶出试验研究. 环境科学学报,（5）：382～385.

沈东升，冯华军，贺永华，等. 2005. 第七类进口废物拆解业的环境经济分析. 农业环境科学学报,（3）：590～594.

沈利生. 2007. 我国对外贸易结构变化不利于节能降耗. 管理世界，10：43～50.

斯蒂格利茨. 2001. 经济学. 平新乔，胡汉辉译. 北京：中国人民大学出版社.

宋玉，赵由才. 2007. 废汽车回收处理技术的研究进展. 有色冶金设计与研究,（3）：103～108.

孙东川，林福永. 2004. 系统工程引论. 北京：清华大学出版社.

孙小羽，臧新. 2009. 我国出口贸易的能耗效应和环境效应的实证分析. 数量经济技术研究,（4）：33～44.

谭灵芝，张桂君. 2009. 我国再生资源产业发展的环境经济政策分析. 重庆工商大学学报（西部论坛）,（5）：61～65.

汪斌. 2004. 全球化浪潮中当代产业结构的国际化研究——以国际区域为新切入点. 北京：中国社会科学出版社.

王爱兰. 2009. 中国与日本"静脉产业"发展比较研究. 东北亚论谈,（9）：26～30.

王高尚，韩梅. 2002. 中国重要矿产资源的需求预测. 地球学报,（06）：483～490.

王辉，郑祥民，郝瑞彬. 2006. 发展循环经济中的公众参与. 环境科学动态,（1）:33～35.

王晶. 2007. 资源循环利用的经济效应分析. 经济经纬,（5）：30～32.

王敬庚. 2001. 直观拓扑. 北京：北京师范大学出版社.

王明远. 2004. 清洁生产法论. 北京：清华大学出版社.

魏家鸿. 2004. 国外资源再生产业发展现状浅析. 世界有色金属,（4）：26～29.

魏荣道. 2005. 对我国及世界主要金属矿产资源现状的认知. 甘肃科技纵横，B：44～46.

文凤萍. 2006. 我国对外贸易结构的思考. 天津经济,（140）：88～90.

向东．2007．废旧电子电器资源再生产业发展策略与政策建议．国家自然科学基金应急项目．

《系统科学大辞典》编委会．1993．系统科学大辞典．昆明：云南科学技术出版社．

项安波．2010．全球新一轮工业化对矿产品供需格局产生重大影响．http：//www.hnci.gov.cn [2010-10-7]．

肖冬平，顾新．2009．基于自组织理论的知识网络结构演化研究．科技进步与对策，(10)：168~172．

谢姚刚．2004．理性看待污染密集产业转移．国际贸易问题，1：63~65．

胥树凡．2004．循环经济理念下的再生资源产业．有色金属再生与利用，(5)：11~14．

杨公朴，夏大慰．2002．产业经济学教程（修订版）．上海：上海财经大学出版社．

杨辉．2009．清洁生产理念下的企业自律机制．中华纸业，(12)：3~6．

杨建州，周慧蓉，张春霞，等．2006．外部性理论在森林环境资源定价中的应用．生态经济，(2)：32~34．

姚聪莉．2009．资源环境约束下的中国新型工业化道路研究．西北大学博士学位论文．

姚建华．2009．产品生命周期理论的发展述评．广东农工商职业技术学院学报，25(2)：56~58．

佚名．2005．实现产业联动，浙江余姚塑料模具拉动精细化工等产业发展．http：//www.su-liao.com [2012-3-12]．

佚名．2006．日本废弃家电回收处理的法律要求及资源化情况．http：//www.ndrc.gov.cn/hjbh/hjjsjgxsh/t20060614-72848.htm [2006-06-14]．

佚名．2007．中国石油来源多元化趋势逐渐成形．http：//finance.memail.net/070124/129，5，4104052，00 shtml [2012-3-12]．

佚名．2009．他山之石：世界各国垃圾处理方式．http：//www.jieyue.net/html/guoji/page/homepage_show176393.htm [2012-3-12]．

佚名．2010．2009中国行业年度报告系列之有色金属．中国经济信息网．

佚名．2010-03-03．国家生态工业示范园区：青岛新天地静脉产生园．人民日报（海外版），第5版．

余北迪．2005．我国国际贸易的环境经济学分析．国际经贸探索，(03)：26~30．

余祖松，许惠煌．2006．我国能源利用效益的计量经济模型．哈尔滨商业大学学报，90(5)：105~107．

袁奇．2006．当代国际分工格局下中国产业发展战略研究．西南财经大学博士学位论文．

岳思羽，王军，刘赞，等．2009．北九州生态园对我国静脉产业园建设的启示．环境科技，(10)：71~74．

张非拉. 1997. 环境问题与国际贸易. 华中理工大学学报, 4: 79~82.

张宏武, 时临云. 2007. 我国能源利用效率与经济增长关系的分析. 生产力研究, (9): 17~19.

张鸿铭. 2006. 台州产业集群发展基本经验. 浙江经济, (12): 32, 33.

张会恒. 2004. 论产业生命周期理论. 财贸研究, (1): 7~11.

张久铭. 2007. 我国矿产资源安全及其战略对策. 市场透视, 40: 5, 6.

张文显. 2003. 法理学. 北京: 高等教育出版社.

张五常. 2010. 经济解释卷一: 科学说需求. 北京: 中信出版社.

张旭军, 胡文蔚. 2006. 循环经济与区域经济发展——以台州废旧五金拆解业为例. 嘉兴学院学报, (4): 25~28.

赵晓丽, 洪东悦. 2009. 我国国际贸易结构变化对能源消费影响的敏感性分析. 国际贸易问题, (7): 14

郑勇军. 2001. 内源性民间力量推动型经济发展: 浙江经验. 浙江社会科学, (2): 35~40.

周宏春. 2008a. 变废为宝: 我国废旧五金产品再生产业发展的政策研究. 北京: 科学出版社.

周宏春. 2008b. 变废为宝: 中国资源再生产业与政策研究. 北京: 科学出版社.

周宏春. 2008c. 促进我国再生资源产业发展的思路与对策. 再生资源与循环经济, (6): 7~10.

周宏春. 2008d. 我国再生资源产业发展现状与存在问题. 再生资源与循环经济, 1(5): 5~8.

周新生. 2000. 产业兴衰论. 西安: 西北大学出版社.

周玉梅. 2007. 构建发展循环经济的绿色技术支持和保障机制. 学术交流, (12): 106~108.

祖德明. 2007. 关于我国对外贸易结构不平衡的分析. 法制与社会, (01): 350, 351.

Agarwal, Rajshree, Gort, et al. 1996. The evolution of markets and entry exit and survival of firms. Reviews of Economics and Statistics, 78(3): 489~498.

Charles W L H, Gareth R J. 2001. Strategic Management: An Integrated Approach. Boston: Houghton Mifflin Company.

Du H Z, Li B, Ding H J. 2007. Construction of recycling system for E-waste in China. EcoDesign 2007: 5th International Symposium on Environmentally Conscious Design and Inverse Manufacturing, Tokyo, Japan.

Du H Z, Li B, Ding H J. 2009. Circular economy and regional economic development in the Zhejiang province, Southern China. International Journal of Environmental Technology and Management(IJETM), 11(4): 319~329.

Du H Z, Li B, Hu W W, et al. 2008. A note on establishing the national law system to build a circular society in China. Studies in Regional Science, 38(1): 247~255.

Du H Z, Li B, Shibusawa H, et al. 2008. Regional planning and policies for recycling resource-case study of Zhejiang province, China. The Proceedings of the 10th PRSCO Summer Institute 2008 on Regional Development and Millennium Development Goals, Pan Pacific Sonargaon Hotel, Dhaka, Bangladesh.

Faria J R. 1998. Environment, growth fiscal and monetary policies. Economic Modelling, 15: 113~123.

Harte M J. 1995. Ecology, sustainability, and environment as capital. Ecological Economics, 15: 157~164.

Kapur A, Bertram M, Spatari S, et al. 2003. The contemporary copper cycle of Asia. Journal of Material Cycles Waste Management, 5 (2): 143~156.

Klepper S, Graddy E. 1990. The evolution of new industries and the determinants of market structure. RAND Journal of Economics, 21 (1): 27~44.

Li B, Du H Z, Ding H J, et al. 2011. E-waste recycling and related social issues in China. Energy Procedia, 5: 2527~2531.

Li B, Du H Z, Li S, et al. 2007. Recycling industry policy in China. The Proceedings of the 20th Pacific Regional Science Conference, Westin Bayshore and Marina, Vancouver BC, Canada.

Li B, Higano Y. 2007 An environmental socioeconomic framework model for adpating to climate change in China //Donaghy K, Hewings G, Cooper R. Chapter 14 of Series: Advances in Spatial Science Globalization and Regional Economic Modeling. Springer-Verlag: 327~349.

Ministry of the Environment Government of Japan. 2009. Fundamental law for establishing a sound material-cycle society. http://www.env.go.jp/en/laws/recycle/index.html [2009-08-20].

Rich V, Haines B, Dearney P. 1999. Macroeconomic implications of recycling: a response to Di Vita. Resources Policy, 25: 141, 142.

Roberts M C. 1996. Metal use and the world economy. Resource Policy, 22 (3): 183~196.

Vita D. 1997. Macroeconomic effects of the recycling of waste derived from imported non-renewable raw materials. Resources Policy, 23 (4): 179~186.

附录一

国务院关于加快培育和发展
战略性新兴产业的决定

国发〔2010〕32 号

各省、自治区、直辖市人民政府，国务院各部委、各直属机构：

战略性新兴产业是引导未来经济社会发展的重要力量。发展战略性新兴产业已成为世界主要国家抢占新一轮经济和科技发展制高点的重大战略。我国正处在全面建设小康社会的关键时期，必须按照科学发展观的要求，抓住机遇，明确方向，突出重点，加快培育和发展战略性新兴产业。现作出如下决定。

一 抓住机遇，加快培育和发展战略性新兴产业

战略性新兴产业是以重大技术突破和重大发展需求为基础，对经济社会全局和长远发展具有重大引领带动作用，知识技术密集、物质资源消耗少、成长潜力大、综合效益好的产业。加快培育和发展战略性新兴产业对推进我国现代化建设具有重要战略意义。

（1）加快培育和发展战略性新兴产业是全面建设小康社会、实现可持续发展的必然选择。我国人口众多、人均资源少、生态环境脆弱，又处在工业化、城镇化快速发展时期，面临改善民生的艰巨任务和资源环境的巨大压力。要全面建设小康社会、实现可持续发展，必须大力发展战略性新兴产业，加快形成新的经济增长点，创造更多的就业岗位，更好地满足人民群众日益增长的物质文化需求，促进资源节约型和环境友好型社会建设。

（2）加快培育和发展战略性新兴产业是推进产业结构升级、加快经济发展方式转变的重大举措。战略性新兴产业以创新为主要驱动力，辐射带动力强，加快培育和发展战略性新兴产业，有利于加快经济发展方式转变，有利于提升产业层次、推动传统产业升级、高起点建设现代产业体系，体现了调整优化产业结构的根本要求。

（3）加快培育和发展战略性新兴产业是构建国际竞争新优势、掌握发展主动权的迫切需要。当前，全球经济竞争格局正在发生深刻变革，科技发展正孕

育着新的革命性突破,世界主要国家纷纷加快部署,推动节能环保、新能源、信息、生物等新兴产业快速发展。我国要在未来国际竞争中占据有利地位,必须加快培育和发展战略性新兴产业,掌握关键核心技术及相关知识产权,增强自主发展能力。

加快培育和发展战略性新兴产业具备诸多有利条件,也面临严峻挑战。经过改革开放30多年的快速发展,我国综合国力明显增强,科技水平不断提高,建立了较为完备的产业体系,特别是高技术产业快速发展,规模跻身世界前列,为战略性新兴产业加快发展奠定了较好的基础。同时,也面临着企业技术创新能力不强,掌握的关键核心技术少,有利于新技术新产品进入市场的政策法规体系不健全,支持创新创业的投融资和财税政策、体制机制不完善等突出问题。必须充分认识加快培育和发展战略性新兴产业的重大意义,进一步增强紧迫感和责任感,抓住历史机遇,加大工作力度,加快培育和发展战略性新兴产业。

二 坚持创新发展,将战略性新兴产业加快培育成为先导产业和支柱产业

根据战略性新兴产业的特征,立足我国国情和科技、产业基础,现阶段重点培育和发展节能环保、新一代信息技术、生物、高端装备制造、新能源、新材料、新能源汽车等产业。

(一)指导思想

以邓小平理论和"三个代表"重要思想为指导,深入贯彻落实科学发展观,把握世界新科技革命和产业革命的历史机遇,面向经济社会发展的重大需求,把加快培育和发展战略性新兴产业放在推进产业结构升级和经济发展方式转变的突出位置。积极探索战略性新兴产业发展规律,发挥企业主体作用,加大政策扶持力度,深化体制机制改革,着力营造良好环境,强化科技创新成果产业化,抢占经济和科技竞争制高点,推动战略性新兴产业快速健康发展,为促进经济社会可持续发展作出贡献。

(二)基本原则

坚持充分发挥市场的基础性作用与政府引导推动相结合。要充分发挥我国市场需求巨大的优势,创新和转变消费模式,营造良好的市场环境,调动企业主体的积极性,推进产学研用结合。同时,对关系经济社会发展全局的重要领域和关键环节,要发挥政府的规划引导、政策激励和组织协调作用。

坚持科技创新与实现产业化相结合。要切实完善体制机制，大幅度提升自主创新能力，着力推进原始创新，大力增强集成创新和联合攻关，积极参与国际分工合作，加强引进消化吸收再创新，充分利用全球创新资源，突破一批关键核心技术，掌握相关知识产权。同时，要加大政策支持和协调指导力度，造就并充分发挥高素质人才队伍的作用，加速创新成果转化，促进产业化进程。

坚持整体推进与重点领域跨越发展相结合。要对发展战略性新兴产业进行统筹规划、系统布局，明确发展时序，促进协调发展。同时，要选择最有基础和条件的领域作为突破口，重点推进。大力培育产业集群，促进优势区域率先发展。

坚持提升国民经济长远竞争力与支撑当前发展相结合。要着眼长远，把握科技和产业发展新方向，对重大前沿性领域及早部署，积极培育先导产业。同时，要立足当前，推进对缓解经济社会发展瓶颈制约具有重大作用的相关产业较快发展，推动高技术产业健康发展，带动传统产业转型升级，加快形成支柱产业。

（三）发展目标

到2015年，战略性新兴产业形成健康发展、协调推进的基本格局，对产业结构升级的推动作用显著增强，增加值占国内生产总值的比重力争达到8%左右。

到2020年，战略性新兴产业增加值占国内生产总值的比重力争达到15%左右，吸纳、带动就业能力显著提高。节能环保、新一代信息技术、生物、高端装备制造产业成为国民经济的支柱产业，新能源、新材料、新能源汽车产业成为国民经济的先导产业；创新能力大幅提升，掌握一批关键核心技术，在局部领域达到世界领先水平；形成一批具有国际影响力的大企业和一批创新活力旺盛的中小企业；建成一批产业链完善、创新能力强、特色鲜明的战略性新兴产业集聚区。

再经过十年左右的努力，战略性新兴产业的整体创新能力和产业发展水平达到世界先进水平，为经济社会可持续发展提供强有力的支撑。

三 立足国情，努力实现重点领域快速健康发展

根据战略性新兴产业的发展阶段和特点，要进一步明确发展的重点方向和主要任务，统筹部署，集中力量，加快推进。

（1）节能环保产业。重点开发推广高效节能技术装备及产品，实现重点领

域关键技术突破，带动能效整体水平的提高。加快资源循环利用关键共性技术研发和产业化示范，提高资源综合利用水平和再制造产业化水平。示范推广先进环保技术装备及产品，提升污染防治水平。推进市场化节能环保服务体系建设。加快建立以先进技术为支撑的废旧商品回收利用体系，积极推进煤炭清洁利用、海水综合利用。

（2）新一代信息技术产业。加快建设宽带、泛在、融合、安全的信息网络基础设施，推动新一代移动通信、下一代互联网核心设备和智能终端的研发及产业化，加快推进三网融合，促进物联网、云计算的研发及示范应用。着力发展集成电路、新型显示、高端软件、高端服务器等核心基础产业。提升软件服务、网络增值服务等信息服务能力，加快重要基础设施智能化改造。大力发展数字虚拟等技术，促进文化创意产业发展。

（3）生物产业。大力发展用于重大疾病防治的生物技术药物、新型疫苗和诊断试剂、化学药物、现代中药等创新药物大品种，提升生物医药产业水平。加快先进医疗设备、医用材料等生物医学工程产品的研发和产业化，促进规模化发展。着力培育生物育种产业，积极推广绿色农用生物产品，促进生物农业加快发展。推进生物制造关键技术开发、示范与应用。加快海洋生物技术及产品的研发和产业化。

（4）高端装备制造产业。重点发展以干支线飞机和通用飞机为主的航空装备，做大做强航空产业。积极推进空间基础设施建设，促进卫星及其应用产业发展。依托客运专线和城市轨道交通等重点工程建设，大力发展轨道交通装备。面向海洋资源开发，大力发展海洋工程装备。强化基础配套能力，积极发展以数字化、柔性化及系统集成技术为核心的智能制造装备。

（5）新能源产业。积极研发新一代核能技术和先进反应堆，发展核能产业。加快太阳能热利用技术推广应用，开拓多元化的太阳能光伏光热发电市场。提高风电技术装备水平，有序推进风电规模化发展，加快适应新能源发展的智能电网及运行体系建设。因地制宜开发利用生物质能。

（6）新材料产业。大力发展稀土功能材料、高性能膜材料、特种玻璃、功能陶瓷、半导体照明材料等新型功能材料。积极发展高品质特殊钢、新型合金材料、工程塑料等先进结构材料。提升碳纤维、芳纶、超高分子量聚乙烯纤维等高性能纤维及其复合材料发展水平。开展纳米、超导、智能等共性基础材料研究。

（7）新能源汽车产业。着力突破动力电池、驱动电机和电子控制领域关键核心技术，推进插电式混合动力汽车、纯电动汽车推广应用和产业化。同时，开展燃料电池汽车相关前沿技术研发，大力推进高能效、低排放节能汽车发展。

四 强化科技创新，提升产业核心竞争力

增强自主创新能力是培育和发展战略性新兴产业的中心环节，必须完善以企业为主体、市场为导向、产学研相结合的技术创新体系，发挥国家科技重大专项的核心引领作用，结合实施产业发展规划，突破关键核心技术，加强创新成果产业化，提升产业核心竞争力。

（1）加强产业关键核心技术和前沿技术研究。围绕经济社会发展重大需求，结合国家科技计划、知识创新工程和自然科学基金项目等的实施，集中力量突破一批支撑战略性新兴产业发展的关键共性技术。在生物、信息、空天、海洋、地球深部等基础性、前沿性技术领域超前部署，加强交叉领域的技术和产品研发，提高基础技术研究水平。

（2）强化企业技术创新能力建设。加大企业研究开发的投入力度，对面向应用、具有明确市场前景的政府科技计划项目，建立由骨干企业牵头组织、科研机构和高校共同参与实施的有效机制。依托骨干企业，围绕关键核心技术的研发和系统集成，支持建设若干具有世界先进水平的工程化平台，结合技术创新工程的实施，发展一批由企业主导，科研机构、高校积极参与的产业技术创新联盟。加强财税政策引导，激励企业增加研发投入。加强产业集聚区公共技术服务平台建设，促进中小企业创新发展。

（3）加快落实人才强国战略和知识产权战略。建立科研机构、高校创新人才向企业流动的机制，加大高技能人才队伍建设力度。加快完善期权、技术入股、股权、分红权等多种形式的激励机制，鼓励科研机构和高校科技人员积极从事职务发明创造。加大工作力度，吸引全球优秀人才来华创新创业。发挥研究型大学的支撑和引领作用，加强战略性新兴产业相关专业学科建设，增加急需的专业学位类别。改革人才培养模式，制定鼓励企业参与人才培养的政策，建立企校联合培养人才的新机制，促进创新型、应用型、复合型和技能型人才的培养。支持知识产权的创造和运用，强化知识产权的保护和管理，鼓励企业建立专利联盟。完善高校和科研机构知识产权转移转化的利益保障和实现机制，建立高效的知识产权评估交易机制。加大对具有重大社会效益创新成果的奖励力度。

（4）实施重大产业创新发展工程。以加速产业规模化发展为目标，选择具

有引领带动作用,并能够实现突破的重点方向,依托优势企业,统筹技术开发、工程化、标准制定、市场应用等环节,组织实施若干重大产业创新发展工程,推动要素整合和技术集成,努力实现重大突破。

(5)建设产业创新支撑体系。发挥知识密集型服务业支撑作用,大力发展研发服务、信息服务、创业服务、技术交易、知识产权和科技成果转化等高技术服务业,着力培育新业态。积极发展人力资源服务、投资和管理咨询等商务服务业,加快发展现代物流和环境服务业。

(6)推进重大科技成果产业化和产业集聚发展。完善科技成果产业化机制,加大实施产业化示范工程力度,积极推进重大装备应用,建立健全科研机构、高校的创新成果发布制度和技术转移机构,促进技术转移和扩散,加速科技成果转化为现实生产力。依托具有优势的产业集聚区,培育一批创新能力强、创业环境好、特色突出、集聚发展的战略性新兴产业示范基地,形成增长极,辐射带动区域经济发展。

五 积极培育市场,营造良好市场环境

要充分发挥市场的基础性作用,充分调动企业积极性,加强基础设施建设,积极培育市场,规范市场秩序,为各类企业健康发展创造公平、良好的环境。

(1)组织实施重大应用示范工程。坚持以应用促发展,围绕提高人民群众健康水平、缓解环境资源制约等紧迫需求,选择处于产业化初期、社会效益显著、市场机制难以有效发挥作用的重大技术和产品,统筹衔接现有试验示范工程,组织实施全民健康、绿色发展、智能制造、材料换代、信息惠民等重大应用示范工程,引导消费模式转变,培育市场,拉动产业发展。

(2)支持市场拓展和商业模式创新。鼓励绿色消费、循环消费、信息消费,创新消费模式,促进消费结构升级。扩大终端用能产品能效标识实施范围。加强新能源并网及储能、支线航空与通用航空、新能源汽车等领域的市场配套基础设施建设。在物联网、节能环保服务、新能源应用、信息服务、新能源汽车推广等领域,支持企业大力发展有利于扩大市场需求的专业服务、增值服务等新业态。积极推行合同能源管理、现代废旧商品回收利用等新型商业模式。

(3)完善标准体系和市场准入制度。加快建立有利于战略性新兴产业发展的行业标准和重要产品技术标准体系,优化市场准入的审批管理程序。进一步健全药品注册管理的体制机制,完善药品集中采购制度,支持临床必需、疗效

确切、安全性高、价格合理的创新药物优先进入医保目录。完善新能源汽车的项目和产品准入标准。改善转基因农产品的管理。完善并严格执行节能环保法规标准。

六 深化国际合作，提高国际化发展水平

要通过深化国际合作，尽快掌握关键核心技术，提升我国自主发展能力与核心竞争力。把握经济全球化的新特点，深度开展国际合作与交流，积极探索合作新模式，在更高层次上参与国际合作。

（1）大力推进国际科技合作与交流。发挥各种合作机制的作用，多层次、多渠道、多方式推进国际科技合作与交流。鼓励境外企业和科研机构在我国设立研发机构，支持符合条件的外商投资企业与内资企业、研究机构合作申请国家科研项目。支持我国企业和研发机构积极开展全球研发服务外包，在境外开展联合研发和设立研发机构，在国外申请专利。鼓励我国企业和研发机构参与国际标准的制定，鼓励外商投资企业参与我国技术示范应用项目，共同形成国际标准。

（2）切实提高国际投融资合作的质量和水平。完善外商投资产业指导目录，鼓励外商设立创业投资企业，引导外资投向战略性新兴产业。支持有条件的企业开展境外投资，在境外以发行股票和债券等多种方式融资。扩大企业境外投资自主权，改进审批程序，进一步加大对企业境外投资的外汇支持。积极探索在海外建设科技和产业园区。制定国别产业导向目录，为企业开展跨国投资提供指导。

（3）大力支持企业跨国经营。完善出口信贷、保险等政策，结合对外援助等积极支持战略性新兴产业领域的重点产品、技术和服务开拓国际市场，以及自主知识产权技术标准在海外推广应用。支持企业通过境外注册商标、境外收购等方式，培育国际化品牌。加强企业和产品国际认证合作。

七 加大财税金融政策扶持力度，引导和鼓励社会投入

加快培育和发展战略性新兴产业，必须健全财税金融政策支持体系，加大扶持力度，引导和鼓励社会资金投入。

（1）加大财政支持力度。在整合现有政策资源和资金渠道的基础上，设立

战略性新兴产业发展专项资金，建立稳定的财政投入增长机制，增加中央财政投入，创新支持方式，着力支持重大关键技术研发、重大产业创新发展工程、重大创新成果产业化、重大应用示范工程、创新能力建设等。加大政府引导和支持力度，加快高效节能产品、环境标志产品和资源循环利用产品等推广应用。加强财政政策绩效考评，创新财政资金管理机制，提高资金使用效率。

（2）完善税收激励政策。在全面落实现行各项促进科技投入和科技成果转化、支持高技术产业发展等方面的税收政策的基础上，结合税制改革方向和税种特征，针对战略性新兴产业的特点，研究完善鼓励创新、引导投资和消费的税收支持政策。

（3）鼓励金融机构加大信贷支持。引导金融机构建立适应战略性新兴产业特点的信贷管理和贷款评审制度。积极推进知识产权质押融资、产业链融资等金融产品创新。加快建立包括财政出资和社会资金投入在内的多层次担保体系。积极发展中小金融机构和新型金融服务。综合运用风险补偿等财政优惠政策，促进金融机构加大支持战略性新兴产业发展的力度。

（4）积极发挥多层次资本市场的融资功能。进一步完善创业板市场制度，支持符合条件的企业上市融资。推进场外证券交易市场的建设，满足处于不同发展阶段创业企业的需求。完善不同层次市场之间的转板机制，逐步实现各层次市场间有机衔接。大力发展债券市场，扩大中小企业集合债券和集合票据发行规模，积极探索开发低信用等级高收益债券和私募可转债等金融产品，稳步推进企业债券、公司债券、短期融资券和中期票据发展，拓宽企业债务融资渠道。

（5）大力发展创业投资和股权投资基金。建立和完善促进创业投资和股权投资行业健康发展的配套政策体系与监管体系。在风险可控的范围内为保险公司、社保基金、企业年金管理机构和其他机构投资者参与新兴产业创业投资和股权投资基金创造条件。发挥政府新兴产业创业投资资金的引导作用，扩大政府新兴产业创业投资规模，充分运用市场机制，带动社会资金投向战略性新兴产业中处于创业早中期阶段的创新型企业。鼓励民间资本投资战略性新兴产业。

八 推进体制机制创新，加强组织领导

加快培育和发展战略性新兴产业是我国新时期经济社会发展的重大战略任务，必须大力推进改革创新，加强组织领导和统筹协调，为战略性新兴产业发展提供动力和条件。

（1）深化重点领域改革。建立健全创新药物、新能源、资源性产品价格形成机制和税费调节机制。实施新能源配额制，落实新能源发电全额保障性收购制度。加快建立生产者责任延伸制度，建立和完善主要污染物和碳排放交易制度。建立促进三网融合高效有序开展的政策和机制，深化电力体制改革，加快推进空域管理体制改革。

（2）加强宏观规划引导。组织编制国家战略性新兴产业发展规划和相关专项规划，制定战略性新兴产业发展指导目录，开展战略性新兴产业统计监测调查，加强与相关规划和政策的衔接。加强对各地发展战略性新兴产业的引导，优化区域布局、发挥比较优势，形成各具特色、优势互补、结构合理的战略性新兴产业协调发展格局。各地区要根据国家总体部署，从当地实际出发，突出发展重点，避免盲目发展和重复建设。

（3）加强组织协调。成立由发展改革委牵头的战略性新兴产业发展部际协调机制，形成合力，统筹推进。

国务院各有关部门、各省（区、市）人民政府要根据本决定的要求，抓紧制订实施方案和具体落实措施，加大支持力度，加快将战略性新兴产业培育成为先导产业和支柱产业，为我国现代化建设作出新的贡献。

国务院
二〇一〇年十月十日

附录二

国家发展改革委 财政部
关于开展城市矿产示范基地建设的通知

发改环资〔2010〕977号

各省、自治区、直辖市及计划单列市、新疆生产建设兵团发展改革委、经贸委（经委、经信委、工信委、工信厅）、财政厅（局）：

为贯彻落实《循环经济促进法》，推动资源循环利用产业发展，促进循环经济形成较大规模，培育新的经济增长点，缓解资源环境瓶颈约束，加快建设资源节约型、环境友好型社会，国家发展改革委、财政部决定组织开展"城市矿产"示范基地建设。现就有关事项通知如下：

一 开展"城市矿产"示范基地建设的重要意义

"城市矿产"是指工业化和城镇化过程产生和蕴藏在废旧机电设备、电线电缆、通信工具、汽车、家电、电子产品、金属和塑料包装物及废料中，可循环利用的钢铁、有色金属、稀贵金属、塑料、橡胶等资源，其利用量相当于原生矿产资源。"城市矿产"是对废弃资源再生利用规模化发展的形象比喻。

（1）开展"城市矿产"示范基地建设是缓解资源瓶颈约束的有效途径。当前我国仍处于工业化和城镇化加快发展阶段，一方面，经济增长对矿产资源的需求巨大，2009年我国石油消费量由2000年的2.24亿吨增加到4亿吨，钢消费量从2000年的1.4亿吨增加到5.3亿吨。另一方面，国内矿产资源不足，难以支撑经济增长，重要矿产资源对外依存度越来越高。与此同时，我国每年产生大量废弃资源，如有效利用，可替代部分原生资源。2008年，我国10种主要再生有色金属产量约为530万吨，占有色金属总产量的21%，其中再生铜约占铜产量的50%。

（2）开展"城市矿产"示范基地建设是减轻环境污染的重要措施。"城市矿产"资源已经载有原生资源加工过程中能耗、物耗、设备损耗等。利用"城市矿产"资源就是充分利用废旧产品中的有用物质，变废为宝，化害为利，可产生显著的环境效益。2008年我国废钢利用量达7200万吨，相当于减少废水排放6.9亿吨，减少固体废物排放 2.3 亿吨，减少二氧化硫排放 160 万吨。开展"城市矿产"示范基地建设，将拆解、加工环节产生的污染集中处理，能有效减少环境污染。

（3）开展"城市矿产"示范基地建设是发展循环经济的重要内容。发展循环经济的根本目的在于提高资源利用效率，保护和改善环境，实现可持续发展。利用"城市矿产"资源能够形成"资源—产品—废弃物—再生资源"的循环经济发展模式，切实转变传统的"资源—产品—废弃物"的线性增长方式，是循环经济"减量化、再利用、资源化"原则的集中体现。

（4）开展"城市矿产"示范基地建设是培育新的经济增长点的客观要求。随着我国全面建设小康社会任务的逐步实现，"城市矿产"资源蓄积量将不断增加，资源循环利用产业发展空间巨大。同时，利用"城市矿产"资源有助于带动技术装备制造、物流等相关领域发展，增加社会就业，形成新的经济增长点，是发展战略性新兴产业的重要内容。

二 "城市矿产"示范基地建设的主要任务和要求

（一）主要任务

通过 5 年的努力，在全国建成 30 个左右技术先进、环保达标、管理规范、利用规模化、辐射作用强的"城市矿产"示范基地（以下简称示范基地）。推动报废机电设备、电线电缆、家电、汽车、手机、铅酸电池、塑料、橡胶等重点"城市矿产"资源的循环利用、规模利用和高值利用。开发、示范、推广一批先进适用技术和国际领先技术，提升"城市矿产"资源开发利用技术水平。探索形成适合我国国情的"城市矿产"资源化利用的管理模式和政策机制,实现"城市矿产"资源化利用的标志性指标。

（二）示范基地建设要求

示范基地建设要按照可复制、可推广、可借鉴的要求，坚持多元化回收、集中化处理、规模化利用。具体要求如下：

（1）回收体系网络化。示范基地要积极创新回收方式，通过自建网络或利用社会回收平台，形成覆盖面广、效率高、参与广泛的专业回收网络。

（2）产业链条合理化。示范基地要形成分拣、拆解、加工、资源化利用和无害化处理等完整的产业链条，着力资源化深度加工。推动示范基地内企业之间构建分工明确、互利协作、利益相关的产业链。

（3）资源利用规模化。示范基地要通过吸纳企业入园、重组兼并等方式，实现企业集群、产业集聚效应，提高产业集中度。要结合本地区实际，开展多种"城市矿产"资源的循环利用。

（4）技术装备领先化。示范基地要通过产学研相结合，开展共性关键技术开发，引进、消化、吸收国外先进技术，培育形成具有成套处理装备研发、设计、制造能力的企业。要加快推广应用先进适用技术，淘汰落后工艺、技术，向产品高端化发展。

（5）基础设施共享化。示范基地要加快建设完善的基础设施，实现"五通一平"，建立物流体系，组织搭建促进资源循环利用的公共服务、信息服务、技术服务等平台。

（6）环保处理集中化。示范基地要建立完善的污染防治设施，对废水、废气和固体废物实行集中收集和处理，严禁产生二次污染。支持示范基地开展清洁生产审核、质量管理体系和环境管理体系认证。

（7）运营管理规范化。示范基地要建立完善的规章制度和指标考核体系，建立符合现代企业制度要求的组织结构，实现行业管理规范化、高效化，切实解决单个企业"小、散、乱"的问题。

三 组织实施

（1）示范基地条件。各地推荐的园区（企业）应具备以下基本条件：①已被确立为国家或省级循环经济试点单位；②实行园区化管理；③符合土地利用总体规划和城市总体规划；④有符合标准的各项环保处理设施；⑤年可利用的资源量不低于30万吨，有合理产业链，加工利用量占"城市矿产"资源量的30%以上，且工艺技术水平国内领先。

（2）地方组织推荐。各地循环经济发展综合管理部门、财政部门根据本地"城市矿产"资源状况，将经营管理规范、规模化回收和加工利用、符合示范基地条件、资源环境效益突出的园区或企业，联合向国家发展改革委（环资司）、财政部（经建司）推荐。推荐截止期为2010年6月15日。

（3）编制实施方案。被推荐园区（企业）要按照"城市矿产"示范基地建设的任务和要求，制定具体的实施方案，包括本地区资源循环利用现状、开展示范基地建设的指导思想、重点任务、重点内容、标志性目标、主要措施（包括重点工程项目和技术进步项目）和实施进度安排等。并经所在地省级循环经济发展综合管理部门、财政部门联合审核后报国家发展改革委、财政部。报送截止期为 2010 年 7 月 15 日。

（4）确定示范基地。国家发展改革委、财政部会同有关部门组织专家分批对被推荐园区（企业）报送的实施方案进行评审，确定纳入国家示范基地建设的名单。对实施方案获得批复的园区（企业），可在适当位置标注"国家循环经济——城市矿产示范基地"标志。标志式样由国家发展改革委、财政部另行发布。

（5）落实建设任务。示范基地要按照批复的实施方案开展建设工作。各地循环经济发展综合管理部门、财政部门要加强跟踪，督促落实，并帮助协调解决示范基地建设中遇到的问题。国家发展改革委、财政部适时开展督查，并帮助示范基地落实相关政策措施。

（6）组织评估验收。对已实现"城市矿产"示范标志性目标的基地，向省级循环经济发展综合管理部门、财政部门提出验收申请，省级循环经济发展综合管理部门、财政部门联合向国家发展改革委、财政部申请验收。国家发展改革委、财政部适时组织专家进行评估验收。

（7）落实支持政策。中央和地方要加强协调配合，共同推进示范基地设施建设、公共信息服务平台建设、技术开发和资源循环利用等相关工作。中央财政资金主要发挥引导和鼓励作用，地方财政应立足自身做好示范基地建设的相关资金支持和政策引导工作。积极落实支持循环经济发展的金融政策措施，同时研究完善土地、税收等优惠政策。对示范基地建设中实施效果好、先进适用的技术、工艺、设备、材料和产品，国家发展改革委将列入国家鼓励的技术、工艺、设备、材料和产品目录，促进示范与推广的有机结合。

（8）加强监督管理。各级循环经济发展综合管理部门、财政部门要加强对示范基地的监督管理，确保示范基地严格执行国家产业政策，环保法规和标准，职业安全的法规和标准。国家发展改革委、财政部将不定期组织抽查，对达不到要求的，责令限期整改，经整改仍达不到要求的，取消示范基地称号。

（9）开展宣传推广。国家发展改革委、财政部对通过评估验收的示范基地进行模式总结和推广，采取制作案例、召开现场会等方式，利用电视、广播、报刊、网络等各种媒介进行宣传推广。

根据资源循环利用产业发展现状及循环经济试点成效，首批选择天津子牙循环经济产业区、宁波金田产业园、湖南汨罗循环经济工业园、广东清远华清循环经济园、安徽界首田营循环经济工业区、青岛新天地静脉产业园、四川西南再生资源产业园区等 7 家区域性资源循环利用园区开展"城市矿产"示范基地建设（建设目标见附件）。请有关园区按本通知要求抓紧编制方案，率先实施。

各地要高度重视"城市矿产"示范基地建设,加强统筹协调,合理优化资源循环利用发展布局,切实提高资源循环利用水平。对工作中出现的新情况、新问题要认真研究解决,并及时向国家发展改革委(环资司)、财政部(经建司)提出意见和建议。

国家发展改革委环资司联系人:罗恩华　么新
电话:010-68505572,68505640(兼传真)
财政部经建司联系人:刘毅飞
电话:010-68552879(兼传真)
附件:"城市矿产"示范基地名单(第一批)(从略)

国家发展改革委
财政部
二〇一〇年五月十二日